JIS にもとづく

標準機械製図集

第 8 版

工学博士　北郷　薫　監修
工学博士　大柳　康・蓮見善久　共著

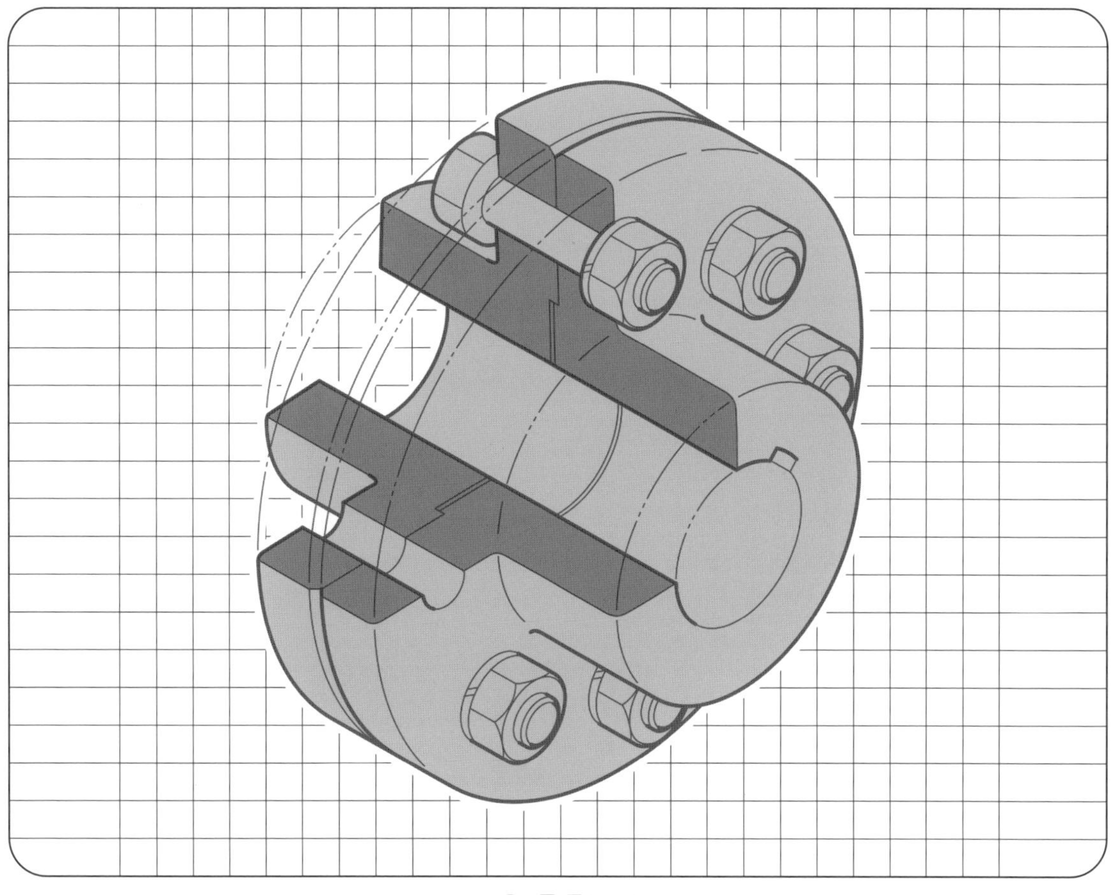

序

工業技術が人類のいずれの時代にも前進を続けていたことは，科学史，技術史をひもとくまでもなく明らかなことであるが，第二次大戦後（1945年以降），とくに1960年以降の技術革新は，各分野の専門家でも少し勉強を怠ると，たちまち時代遅れになってしまうほどすさまじいものである．このような激動のなかにあって，工業技術系の学校（高校，専門学校，短大，大学）において，何を教育すべきかということは，むつかしい問題として関係者の前に提出されている．

いまここで，工業技術系の全科目にわたって詳細に論じるのは適当でないと考えるので，ただ一言だけで筆者の考えを述べさせていただくなら，やはり"学校では基礎となるものを教育すべきである．"という昔から言い古された考えかたが正しいと思う．そこで問題となるのは，激動に耐えながら本当の基礎となって残るものは何であるかを明確にすることである．

本書の主題である"製図"は，昔から工業技術教育の基礎科目と考えられていたものであったが，最近のコンピュータを中心とする技術革新の嵐は"製図"教育の意義をはげしくゆすぶったのであり，一部には"製図"無用論を提唱する声も聞かれたほどである．しかし，"製図"はその嵐を耐えて立ち直った．

人間にとって図面ほど便利な情報伝達手段はない．また，人間が実際に金物を使用して機械，器具を試作する前に紙の上に，図面の形で"もの"を作り上げ，それに対して考慮をめぐらし，"評価"し，必要なら修正をしてより良い"もの"を設計していく"事前評価"の一道具として役立てられる図面の意義が最近では強く再認識されている．人間が図面を自由にかいたり理解したりする能力を養成することを自ら否定するのは，人間が自分で自分の目をふさぎ，手をしばってしまうことと同じである．コンピュータ制御による自動製図機の意義が大きいことはもちろんであり，それを活用できるところには大いに活用すべきである．ただここで強調したいのは，自動製図機があらわれたから人間の製図教育は不要であるなどという無責任な意見に反論しているだけである．自ら製図がわからない人にどうして自動製図機の良い活用法が見出せよう．

とはいうものの製図教育は昔から悩み多いものであった．とくに最近のように工業技術系の学生が習得すべき学科が多方面にわたり，しかも内容的に高級になっていくなかでは，製図にそう多くの時間をさくわけにはいかない．このような状況下で比較的短期間に有効な製図教育を実施することは容易でない．その際，最も必要となるものは良い図例を含んだ良い教科書である．

この度，工学院大学の大柳先生と蓮見先生が多年の製図教育の経験を生かして新しい製図の教科書"JISにもとづく標準機械製図集"を世に出されるのは誠に時宜をえたものといわなければならない．

著者の先生方は多年にわたって機械工学の研究に従事されるかたわら，実際に鉛筆あるいは烏口を手にして図面をかくことを趣味にしていられたので，本書にある図例は全部，先生方自らの手でえがかれたものである．

また，本書では製図の対象となっている実物を立体図として示し実物と三面図との関係を示している．本書のこの特色は，学校での製図の授業にも，また独学者の自習にも非常に役立つことと思う．

おわりに読者諸氏におかれては，本書を充分に活用されると同時にきたんのない御意見を著者によせられることを期待したい．

1986年3月

東京大学名誉教授　工学博士

北郷　薫

はじめに

機械製図は，単に図形を描くことだけではなく，その品物を実際に製作または使用し得るのに必要な寸法・材料・工作法・加工工程ならびに使用法，あるいは性能などが正しく第三者に伝えられるものでなければならない．

機械製図を修得するためには，製図についての基礎知識はもちろんであるが，機械工学の各種専門知識を充分に活用して，できるだけ多く，正しく描く練習を繰り返すことが最も重要である．しかし，限られた時間内での図面作成には限度があるため，これらをより効果的にするには，正しく描かれた図面を多く写図して体得し，同時にこれから得られる多くの情報を読み取り，理解し，検討を加えることが，修得に大いに役立つ．

本書はこのような考えに基づいて，実際に用いられている各種機械器具の中から22の課題を厳選し，大学，高専，工高の機械系および化学系学生の指導用として，ならびに現場技術者にも便宜をはかり，つぎにあげる特色をもたせて編集した．

1. 製図規格はJISに，また用語はJIS用語集にすべて基づいた．
2. 製図課題は初歩的なものから，順次高度なものへと配列した．
3. 課題ごとに，形状あるいは内部構造を明示した立体図もしくは写真を掲げ，また，それぞれに使用法の概略ならびに製図上の注意事項を付した．
4. 巻頭にJIS機械製図ならびに製図に関係する規格の簡単な解説を掲げ，また巻末には，付録としてJIS主要機械要素の規格表を掲げて，学習の便をはかった．

したがって本書を活用するには，初歩的段階から比較的高い程度まで，順次に配列されている課題のうちから，専攻に応じて最適な課題を選ぶとともに，その課題の平面図形と立体図形との相関について，理解を深めるようにすることも望ましい．

本書の刊行にあたり，快く監修の労をとられ，多大のご指導を賜わった北郷 薫先生に厚く御礼申し上げるとともに，種々ご協力いただいた工学院大学機械製図教室の関係各位に深く謝意を表する．

本書は，当初「JISとISOにもとづく標準機械製図集」と題して刊行したが，その後JISがISOの製図規格にほぼ整合して改正になり，本書もこれに則って全面改訂を行い，現題名のように改題して刊行した．その後JISにおいて，SI単位の統一表示をはじめ，機械製図，幾何公差，寸法公差，材料，用語，記号そして各種機械要素等に関わる規格改正があり，さらに“面の肌の図示方法”が“表面性状の図示方法”に全面的に改正されたが，本書もこれら改訂に則ってそのつど改訂を行いつつ，全図面をCADで製図して図面の正確さを図り，また製図課題最後の図例を新型機の図面に入れ替え，幸いにして読者の皆さんに受け入れられて版を重ねてきた．

今回（2010年），JIS機械製図，溶接記号の改正があり，これを契機に本書もまた改訂を行い，併せて機械要素関係規格を見直して修正し，第7版として刊行した次第である．

2011年12月

著　者

第８版の刊行にあたって

本書は1972年の初版発行以来，機械系教育機関，機械系技術者から好評を得て，通算64刷，累計12万部を超えたJIS機械製図の「完成図例集」です．

著者の工学院大学名誉教授 大柳康先生，工学院大学助教授 蓮見善久先生はいずれも他界されたため，本書の改訂に際しては，本書の監修者である東京大学名誉教授 北郷薫先生（故人）とご縁がありました東京都市大学名誉教授 平野重雄先生にご協力をお願いし，快諾を得て，ようやく改正規格への対応ができました．

本書の特長として，前半のPART 1（機械製図法）はJIS規格にもとづいて「機械製図」の基礎知識を解説し，後半のPART 2（機械製図集）は教育・実務に役立つ22の課題の「完成図」を例示し，3Dイラストを添えて，その完成形をイメージしやすいよう工夫しました．また初版当初より，教育的配慮から図面の一部を2色刷（墨／赤）にして「図面への具体的な指示法」をわかりやすく解説してあります．

今回の改訂は，令和元年５月改正のJIS B 0001：2019［機械製図］規格に対応するため，また「日本工業規格（JIS）」がその規格の対象を広げ，「日本産業規格（JIS）」と改称（2019年７月１日施行）されたことを受けてのものです．本書のPART 1（機械製図法）は，全般的に改正内容との整合・見直しを行ない，PART 2（機械製図集）は，具体的な指示記号等の図例を刷新し，設計製図をする上で必要な「JIS機械製図に関わる各種規格」の巻末付録についても内容を見直しました．

なお，PART 2（機械製図集）の図面は，前回の第７版において，著者の蓮見善久先生がCADで作成したものを最大限活かす方向で，今回の見直しを行ないました．図面の内容については，改訂ご協力者の平野重雄先生とともに，平野重雄先生よりご紹介いただいた厚生労働省ものづくりマイスター 金子英二氏にもご協力をいただきました．平野重雄先生，金子英二氏の丁寧な検図作業にあらためて感謝申し上げます．

また，前掲の「はじめに」は，前回，第７版当時の著者のはしがきとなりますが，両先生のお考えが示された貴重な指針と考え，第８版ではそのまま掲載することにしました．

ここに，本改訂版の刊行を，故 大柳康先生，故 蓮見善久先生にご報告するとともに，本書がこれまでと同様に，図面を描くための「製図の手本」として，読者のみなさまのお役に立つことを願う次第です．

2024年２月

オーム社編集局

改訂協力　東京都市大学名誉教授　平野重雄

目　　　次

PART 1　機械製図法

PART 2　機械製図集

付　　表

PART 1　機械製図法

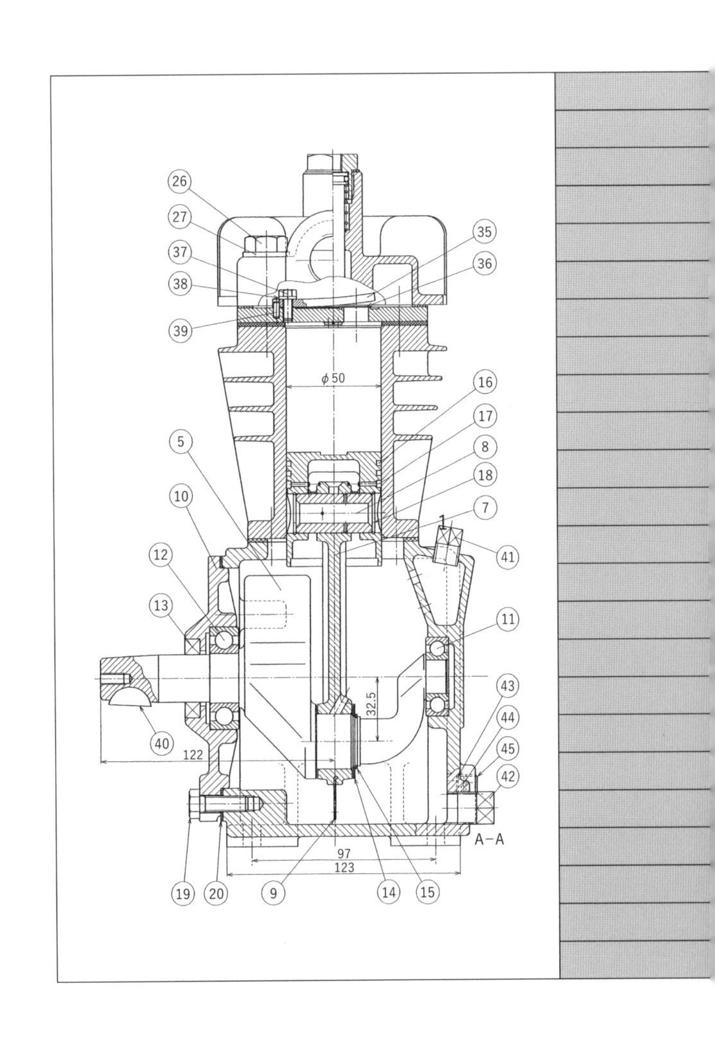

26
27
37
38
39
35
36
φ50
16
17
8
18
7
41
5
10
12
13
11
32.5
43
44
45
42
40
122
A−A
97
123
19
20
9
14
15

01　製図規格について

日本産業規格（**JIS**）の中で，直接製図方式に関するものとしては，**製図総則**（**JIS Z 8310：2010**）があり，一般工業に適応する共通で基本的な事項について規定している．また，この規格に基づいて規定された**機械製図**（**JIS B 0001：2019**）は，機械工業の分野で使用され，主として部品図および組立図の製図について規定したものである．

表 1-1　製図規格一覧

規格分類	規格番号	規格名称
総　則	Z 8310	製図総則：2010
用　語	Z 8114	製図－製図用語：1999
① 基本的事項についての規格	Z 8311 Z 8312 Z 8313-1 Z 8313-10 Z 8314 Z 8315-3	製図－製図用紙のサイズ及び図面の様式：1998 製図－線の基本原則：1999 製図－文字－第 1 部：ローマ字，数字及び記号：1998 製図－文字－第 10 部：平仮名，片仮名及び漢字：1998 製図－尺度：1998 製図－投影法－第 3 部：軸測投影：1999
② 一般事項についての規格	Z 8315-4 Z 8316 Z 8318 B 0021 B 0031	製図－投影法－第 4 部：透視投影：1999 製図－図形の表し方の原則：1999 製品の技術文書情報（TPD）－長さ寸法及び角度寸法の許容限界記入方法：2013 製品の幾何特性仕様（GPS）－幾何公差表示方式－形状，姿勢，位置及び振れの公差表示方式：1998 製品の幾何特性仕様（GPS）－表面性状の図示方法：2003
③ 部門別に独自な事項についての規格	A 0101 A 0150 B 0001 B 3402	土木製図：2012 建築製図通則：1999 機械製図：2019 CAD 機械製図（2021 年廃止）
④ 特殊な部分・部品についての規格	B 0002 B 0003 B 0004 B 0005 B 0006 B 0011 B 0041	製図－ねじ及びねじ部品－第 1 部～第 3 部：1998 歯車製図：2012 ばね製図：2007 製図－転がり軸受－第 1 部～第 2 部：1999 製図－スプライン及びセレーションの表し方：1993 製図－配管の簡略図示方法－第 1 部～第 3 部：1998 製図－センタ穴の簡略図示方法：1999
⑤ 図記号についての規格	Z 3021 C 0617 C 0303 Z 8207	溶接記号：2016 電気用図記号－第 1 部～第 13 部：2011 構内電気設備の配線用図記号：2000 真空装置用図記号：1999 ほか

これらを含め，その他のおもな製図に関する JIS 規格をまとめると，**表 1-1** のようになる．

以下に，**JIS B 0001：2019** の規定に基づいて，機械製図法の概要を述べる（同規定以外による場合は，その規格番号を示した）．

02　一 般 事 項

機械製図に関する**一般事項**は，次のように定められている．

① 図形の大きさと対象物の大きさとの間には，正しい比例関係が保たれるように描く．ただし，読み誤るおそれがない場合には，この限りではない．

② 線が太い場合には，線の太さの中心を，線の理論上描くべき位置の上になるように描く．

③ 平行線間隔は最も太い線の太さの 2 倍以上とし，線と線とのすき間は 0.7 mm 以上あけるとよい．また，交差線が密集するような場合には，**線間の最小すき間**を最も太い線の太さの 3 倍以上あけるのがよい〔**図 2-1**（**a**）〕．

④ 多数の線が一点に集中するような場合は，**線間の最小すき間**が最も太い線の太さの約 2 倍になる位置で止め，点の周囲をあけるのがよい〔**同図**（**b**）〕．

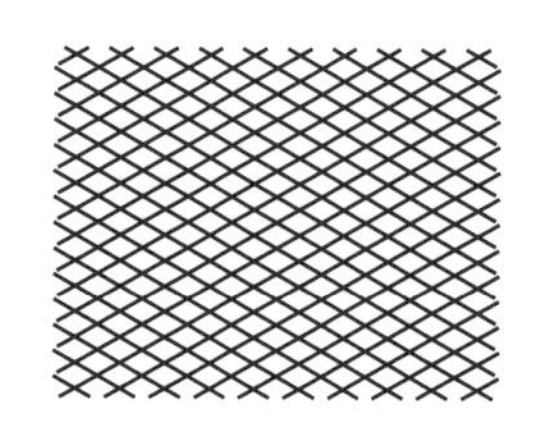

（a）線間最小すき間　（b）密集する線

図 2-1　線の引き方

⑤ 投影図では，透明な材料でつくられる対象物または部分は，すべて不透明なものとみなして描く．

⑥ 長さ寸法は，通常，対象物の二点測定によるものとして指示する．なお，**寸法公差**は通常，その形状を規制しない．

⑦ 寸法には，参考寸法や理論的に正確な寸法など特別なものを除いては，必要に応じて**寸法の許容限界**を指示する．

⑧ 機能上の要求などが不可欠な場合には，**JIS B 0021** または **JIS B 0419** によって**幾何公差**を指示する．

⑨ **表面性状**に関して指示する場合は，**JIS B**

0031による．

⑩ **溶接**に関する指示に溶接記号を用いる場合には，**JIS Z 3021**による．

⑪ **ねじ，ばね**などのように**特殊な部分の図示法**は，別に定める日本産業規格による．

⑫ 製図に用いる記号を，規定通り用いる場合には，一般には特別の注記を必要としない．

03 図面の大きさ・様式・尺度

① 原図には，明りょうさと適切な大きさを保つことができる最小の用紙を用い，**A列サイズ**（**表3-1**）以外は，特別延長サイズ，例外延長サイズの順に選ぶ．また，図面は，A4以外は長辺を横方向に用いる．

表3-1 図面の大きさ（単位 mm）

サイズの種類	呼び方	寸法 $a \times b$
A列サイズ（第1優先）	A 0	841 × 1189
	A 1	594 × 841
	A 2	420 × 594
	A 3	297 × 420
	A 4	210 × 297
特別延長サイズ（第2優先）	A 3 × 3	420 × 891
	A 3 × 4	420 × 1189
	A 4 × 3	297 × 630
	A 4 × 4	297 × 841
	A 4 × 5	297 × 1051
例外延長サイズ（第3優先）	A 0 × 2 *1	1189 × 1682
	A 0 × 3	1189 × 2523 *2
	A 1 × 3	841 × 1783
	A 1 × 4	841 × 2378 *2
	A 2 × 3	594 × 1261
	A 2 × 4	594 × 1682
	A 2 × 5	594 × 2102
	A 3 × 5	420 × 1486
	A 3 × 6	420 × 1783
	A 3 × 7	420 × 2080
	A 4 × 6	297 × 1261
	A 4 × 7	297 × 1471
	A 4 × 8	297 × 1682
	A 4 × 9	297 × 1892

〔注〕 *1 このサイズは，A列の2A0に等しい．
*2 このサイズは，取扱上の理由で使用を推奨できない．

② 図面には，**表3-2**の寸法によって**輪郭線**を設ける．その線の太さは最小0.5 mmとする．

③ 図面には，右下隅に，**図面番号，図名，企業（団体）名，責任者の署名，図面作成年月日，尺度，投影法**などを記入するための**表題欄**を設ける．

表3-2 図面の輪郭の幅（単位 mm）

用紙サイズ	c（最小）	d（最小）とじない場合	d（最小）とじる場合
A 0	20	20	20
A 1			
A 2	10	10	
A 3			
A 4			

〔備考〕 dの部分は，図面をとじるために折りたたんだとき，表題欄の左側になる側に設ける．A4を横置きで使用する場合には，上側になる．

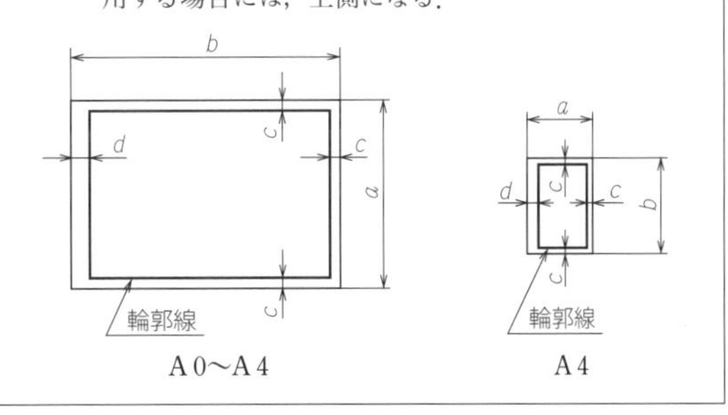

④ 図面に設ける**中心マーク**，方向マーク，比較目盛，格子参照方式などは，**JIS Z 8311**による．

⑤ 複写した**図面を折りたたむ場合**には，210 × 297 mm（A 4 サイズ）とするのがよい．

⑥ **尺度**はA：Bで表す．ただし，Aは図形上の長さ，Bは実物の長さとする．

現尺の例　1：1　（A，Bとも1として示す）
倍尺の例　5：1　（Bを1として示す）
縮尺の例　1：2　（Aを1として示す）

⑦ 尺度の値は**表3-3**による．

表3-3 推奨尺度

種別	推奨尺度		
現尺	1：1		
倍尺	50：1 5：1	20：1 2：1	10：1
縮尺	1：2 1：20 1：200 1：2000	1：5 1：50 1：500 1：5000	1：10 1：100 1：1000 1：10000

⑧ 1枚の図面で複数の尺度を用いる場合には，主要尺度だけを表題欄に示し，その他は関係部品の照合番号（例：①），あるいは詳細図（または断面図）の**照合文字**（例：A部）の近くに示す．

比例寸法でない図形の場合には，その旨を適切な箇所に明記する．この明記は，見誤るおそれがなければ，省略してもよい．

⑨　小さい対象物を大倍尺で描く場合には，参考として，**現尺の図**（輪郭によってもよい）を加えるのがよい．

⑩　尺度は，描かれる対象物を表現する目的および複雑さに対応して適宜に選ぶが，**表 3-3** 以外の尺度を必要とする場合には，推奨尺度に 10 の整数乗を乗じた値にする．

またこれでも適用できない場合には，**表 3-4** の中間の尺度から選ぶとよい．

表 3-4　中間の尺度（**JIS Z 8314：1998** より抜粋）

種　別	中　間　の　尺　度				
倍　尺	$5\sqrt{2}:1$	$2.5\sqrt{2}:1$	$\sqrt{2}:1$		
縮　尺	1：1.5	1：2.5	1：3	1：4	1：6
	1：15	1：25	1：30	1：40	1：60
	$1:\sqrt{2}$	$1:2\sqrt{2}$	$1:5\sqrt{2}$		

04　文字の使用法

図面に用いる漢字は**常用漢字**表によるが，16 画以上の漢字はできる限り**仮名書き**とする．仮名は**平仮名**または**片仮名**を用い，同一図面内では混用しないが，外来語，動・植物の学術名および注意を促す表示に片仮名を用いる場合は，この限りでない．

ラテン文字，**数字**および**記号**の**書体**は，**A 形書体**（$d=h/14$：**図 4-1** 参照）または **B 形書体**（$d=h/10$：同）のいずれかの**直立体**または**斜体**とし，混用してはならない（**JIS Z 8313-0** 参照）．ただし，量記号は斜体，単位記号は直立体とする．

文字の大きさは，一般に基準枠の高さ h の呼びで表す（**図 4-1**）．漢字の大きさには，呼び 3.5，5，7 および 10 mm の 4 種がある．また，仮名の大きさには，原則として，呼び 2.5，3.5，5，7 および 10 mm の 5 種類を用いる．

“ゃ”，“ゅ”および“ょ”といった**拗音**，“っ”のような**促音**などを小書きする場合には，その比率を 0.7 とする．

ラテン文字，**数字**および**記号**の**大きさ**は，原則として，呼び 2.5，3.5，5，7 および 10 mm の 5 種とする．

文字間のすき間 a は，文字の線の太さの 2 倍以上

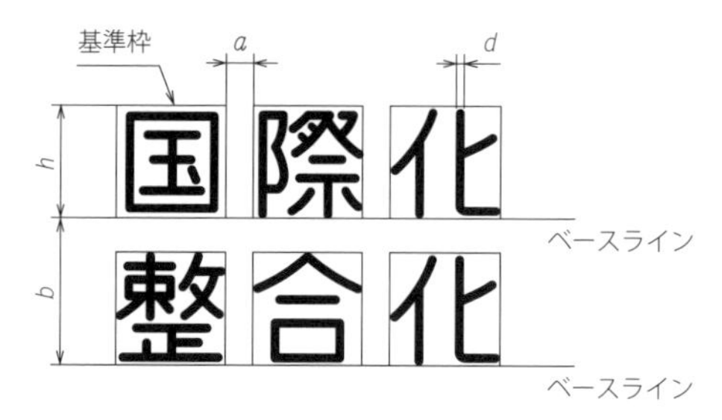

図 4-1　文字の大きさ

とし，ベースラインの最小ピッチ b は，文字の最大呼びの 14/10 とする．

漢字，**仮名**，**数字**および**ラテン文字**の例を**図 4-2**～**図 4-4** に示す．ただし，これらはいずれも書体・字形を規制するものではない．

大きさ 10mm　断面詳細矢視側図計

大きさ 7 mm　断面詳細矢視側図計

大きさ 5 mm　断面詳細矢視側図計

大きさ 3.5 mm　断面詳細矢視側図計

図 4-2　漢字の例（1/2 大）

大きさ 10mm　アイウエオカキクケ

大きさ 7 mm　コサシスセソタチツ

大きさ 5 mm　テトナニヌネノハヒ

大きさ 3.5 mm　フヘホマミムメモヤ

大きさ 2.5 mm　ユヨラリルレロワン

大きさ 10mm　あいうえおかきくけ

大きさ 7 mm　こさしすせそたちつ

大きさ 5 mm　てとなにぬねのはひ

大きさ 3.5 mm　ふへほまみむめもや

大きさ 2.5 mm　ゆよらりるれろわん

図 4-3　仮名の例（1/2 大）

大きさ 10mm　1234567890

大きさ 5 mm　1234567890

大きさ 7 mm　ABCDEFGHIJKLMNOPQR

STUVWXYZ

aabcdefghijklmnopqrstuvwxyz

図 4-4　数字およびラテン文字の例（B 形，1/2 大）

05 線の種類と使用法

① **線の太さ**は，0.13 mm，0.18 mm，0.25 mm，0.35 mm，0.5 mm，0.7 mm，1 mm，1.4 mm および 2 mm を基準とする．

② **線の用途**は**表 5-1** のように用い，例を**図 5-1** に示す．この表によらない場合には，**JIS Z 8312** にしたがって用い，さらに図面中にその旨を注記する．

③ **線の優先順位**は，**外形線**，**かくれ線**，**切断線**，**中心線**，**重心線**，**寸法補助線**の順とする（**図 5-2**）．

表 5-1　線の種類および用途

用途による名称	線の種類*3		線の用途	図 5-1 の照合番号
外形線	太い実線		対象物の見える部分の形状を表すのに用いる．	1.1
寸法線	細い実線		寸法を記入するのに用いる．	2.1
寸法補助線			寸法を記入するために図形から引き出すのに用いる．	2.2
引出線			記述・記号などを示すために引き出すのに用いる．	2.3
回転断面線			図形内にその部分の切り口を 90 度回転して表すのに用いる．	2.4
中心線			図形に中心線（(4.1)）を簡略に表すのに用いる．	2.5
水準面線*1			水面，液面などの位置を表すのに用いる．	2.6
かくれ線	細い破線または太い破線		対象物の見えない部分の形状を表すのに用いる．	3.1
中心線	細い一点鎖線		① 図形の中心を表すのに用いる． ② 中心が移動する中心軌跡を表すのに用いる．	4.1 4.2
基準線			とくに位置決定のよりどころであることを明示するのに用いる．	4.3
ピッチ線			繰返し図形のピッチをとる基準を表すのに用いる．	4.4
特殊指定線	太い一点鎖線		特殊な加工を施す部分など特別な要求事項を適用すべき範囲を表すのに用いる．	5.1
想像線*2	細い二点鎖線		① 隣接部分を参考に表すのに用いる． ② 工具，ジグなどの位置を参考に示すのに用いる． ③ 可動部分を，移動中の特定の位置または移動の限界の位置で表すのに用いる． ④ 加工前または加工後の形状を表すのに用いる． ⑤ 図示された断面の手前にある部分を表すのに用いる． ⑥ 繰り返しを示すのに用いる．	6.1 6.2 6.3 6.4 6.5 6.7
重心線			断面の重心を連ねた線を表すのに用いる．	6.6
破断線	不規則な波形の細い実線またはジグザグ線		対象物の一部を破った境界，または一部を取り去った境界を表すのに用いる．	7.1
切断線	細い一点鎖線で，端部および方向の変わる部分を太くしたもの*4		断面図を描く場合その断面位置を対応する図に表すのに用いる．	8.1
ハッチング	細い実線で，規則的に並べたもの		図形の限定された特定の部分を他の部分と区別するのに用いる．たとえば，断面図の切り口を示す．	9.1
特殊な用途の線	細い実線		① 外形線およびかくれ線の延長を表すのに用いる． ② 平面であることを示すのに用いる． ③ 位置を明示または説明するのに用いる．	10.1 10.2 10.3
	極太の実線		薄肉部の単線図示を明示するのに用いる．	11.1

〔注〕*1 JIS Z 8316 には規定されていない．
*2 想像線は，投影法上では図形に現れないが，便宜上必要な形状を示すのに用いる．また，機能上・工作上の理解をたすけるために，図形を補助的に示すためにも用いる．
*3 その他の用途（ミシン目線，連結線，光軸線，パイプライン，配線，囲い込み線）および線の種類は，JIS B 0001 参照．
*4 他の用途と混用のおそれがないときは，端部および方向の変わる部分を太くする必要はない．
〔備考〕細線，太線および極太線の線の太さの比率は 1：2：4 とする．

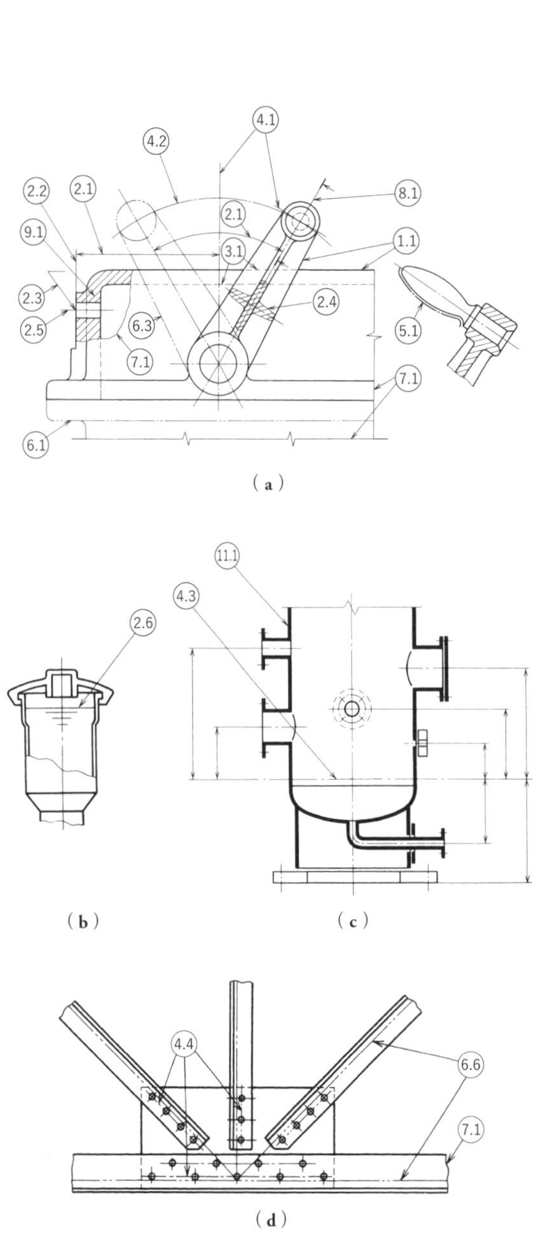

(a)

(b)　(c)

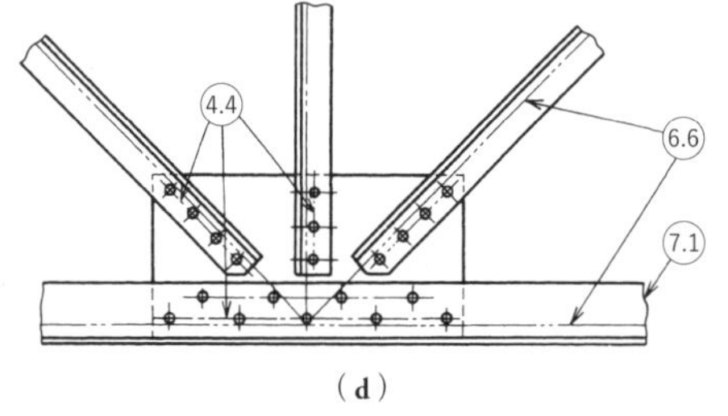

(d)

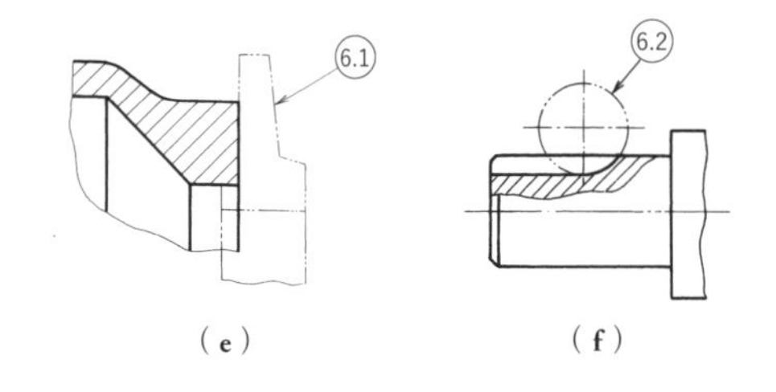

(e)　(f)

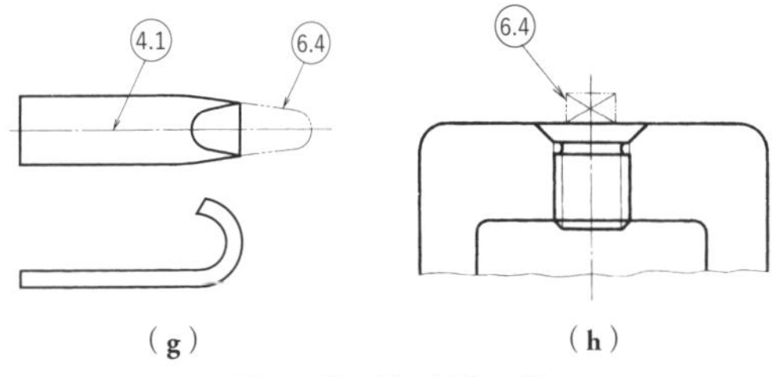

(g)　(h)

図 5-1① 線の用法の例

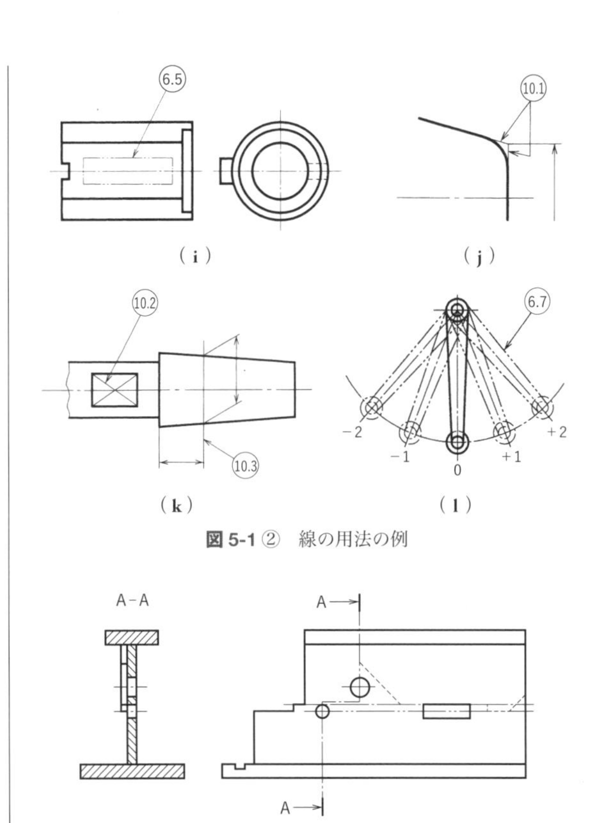

(i)　(j)

(k)　(l)

図 5-1② 線の用法の例

図 5-2 線の優先順位

06 投　影　法

第三角法〔**図 6-1(b)**〕によるが，紙面の都合で正しい配置に描けない場合，または理解しにくくなってしまう場合には，**第一角法**〔**同図(c)**〕，または矢印

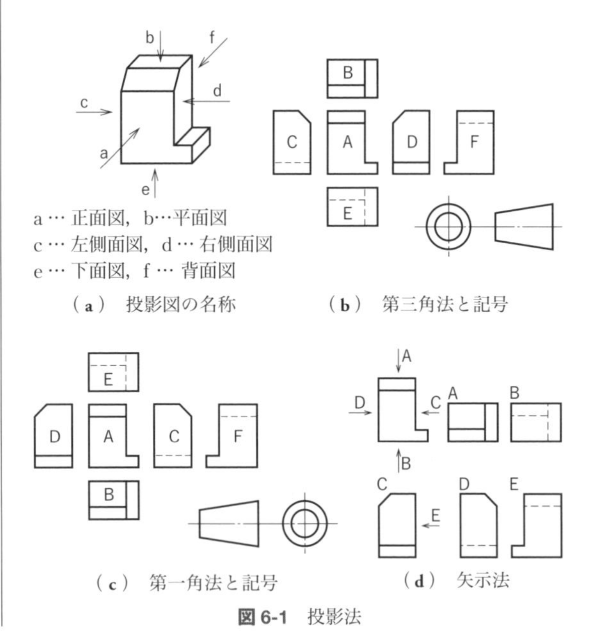

(a) 投影図の名称　(b) 第三角法と記号

(c) 第一角法と記号　(d) 矢示法

図 6-1 投影法

（a）

（b）

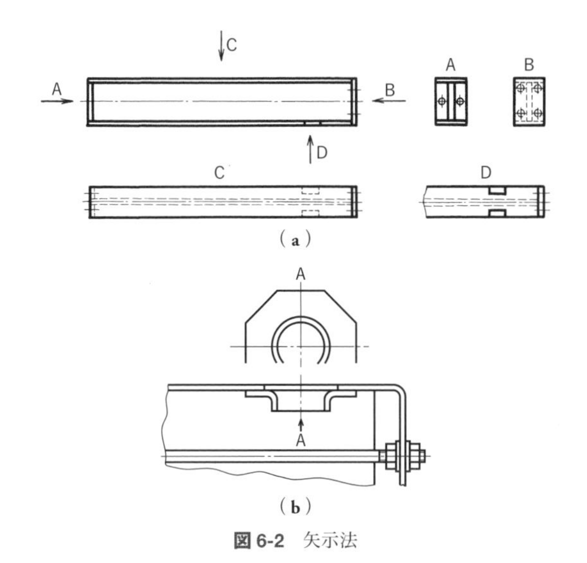

図 6-2　矢示法

と文字を用いた**矢示法**〔**図 6-1**（**d**），**図 6-2**〕を用いてもよい（**JIS Z 8316** 参照）．

07　図形の表し方

07-1　一般原則と投影図の選択

主投影図または**正面図**には，対象物の情報を最も与える投影図を選ぶ．その他に必要な投影図（断面図を含む）は，対象物の規定に必要かつ充分な数とする．また，投影図の選択には，可能な限りかくれた外形線やエッジを表す必要のないものを選び，不必要な細部の繰り返しを避ける．

主投影図には，対象物の形状・機能を最も明りょうに表す面を描き，図示する状態は，図面の目的に応じて，つぎのように描く．

① 組立図などでは，対象物を使用する状態で描く．

② 部品図などでは，加工にあたって最も多く利用する工程に置く状態で描く（**図 7-1**）．

③ 特に理由がない場合には，横長に置いた状態で描く（**図 7-2**）．

補足する他の投影図はできるだけ少なくし，主投影図だけで表せる場合には描かない（**図 7-2**）．

（a）旋削（内面）　（b）旋削（外面）　（c）平削り

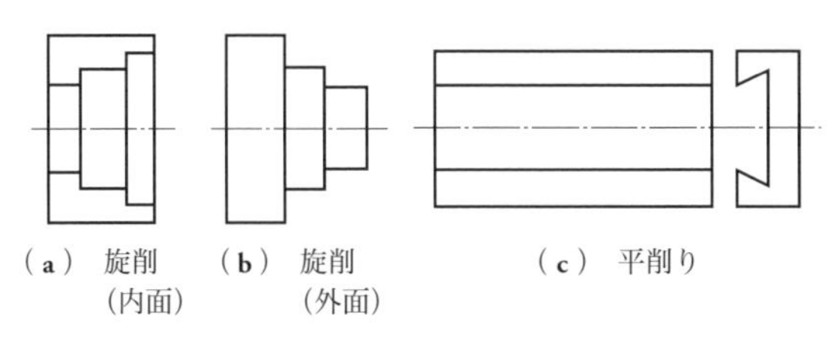

図 7-1　加工工程の向きに描いた投影図

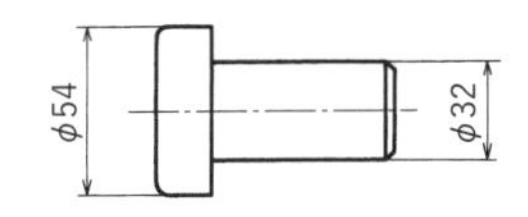

図 7-2　主投影図のみで示した例

互いに関連する図は，不便でない限り，なるべくかくれ線を用いずに描ける配置とする（**図 7-3**）．

（a）かくれ線をなるべく使用しない例　（b）比較参照のためにかくれ線を用いた例

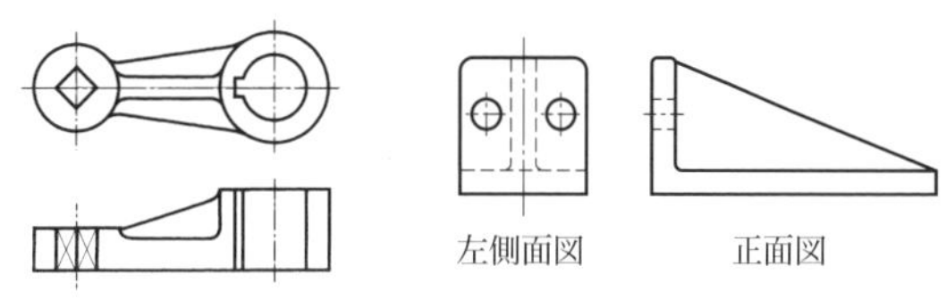

図 7-3　かくれ線の使用例

図の一部を示す場合には，必要な部分だけを**部分投影図**として表し（**図 7-4**），省略部分との境界は破断線で示しておく．

穴，溝など一局部だけの形で図示する場合には，**局部投影図**によって表すとよい．この場合，主となる図とを中心線，基準線，寸法補助線などで結んでおく（**図 7-5**，**図 7-6**）．

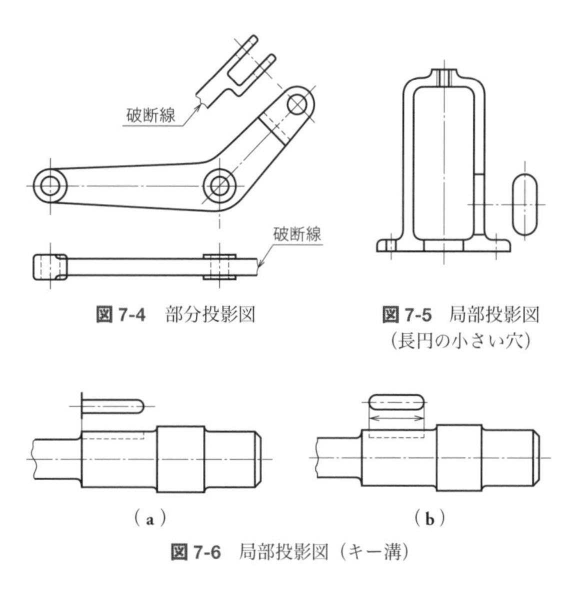

図 7-4　部分投影図

図 7-5　局部投影図（長円の小さい穴）

（a）　（b）

図 7-6　局部投影図（キー溝）

図形の一部分を拡大して示すときは，**図 7-7** のように，その部分を別に拡大して描き（**部分拡大図**），尺度などを付記する．尺度を必要としない場合には“**拡大図**”と付記してもよい．

ハンドルの傾いたアームのように実形を表し得ない場合には，その部分を回転して示す**回転投影図**を用い

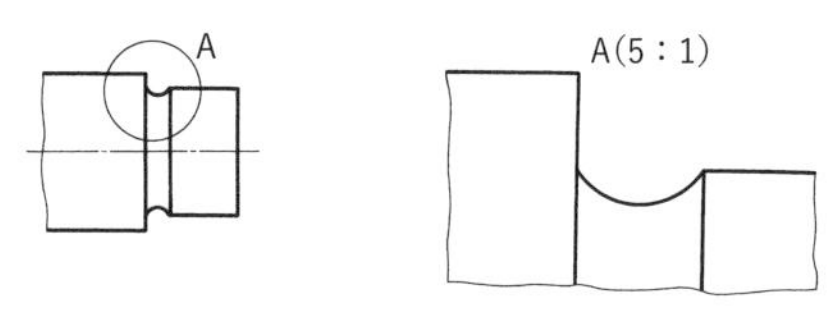

図 7-7　部分拡大図

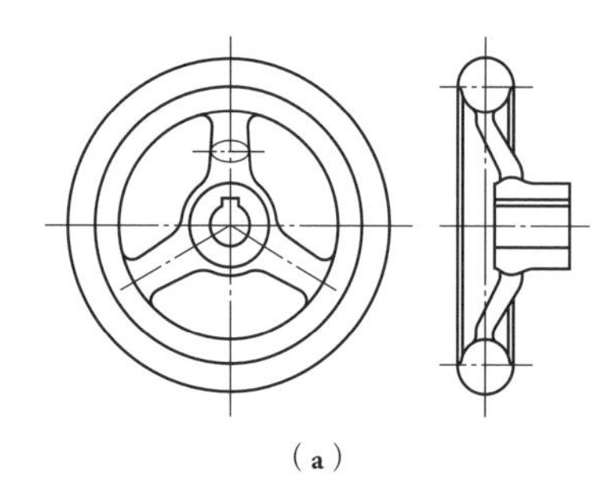

（a）

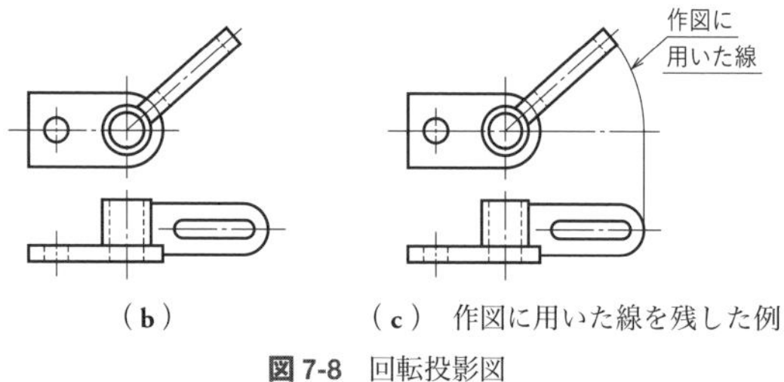

（b）　　（c）作図に用いた線を残した例

図 7-8　回転投影図

る〔**図 7-8**（a），（b）〕．見誤りやすいときには作図線を残すとよい〔**同図**（c）〕．

斜面の実形を図示する場合には，その斜面に対向する位置に**補助投影図**を用いて表す〔**図 7-9**（a）〕．なお，必要な部分だけを**部分投影図**，または**局部投影図**で描くこともできる．

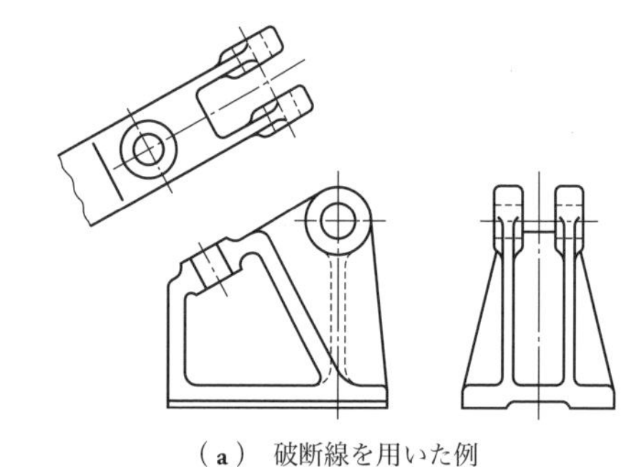

（a）破断線を用いた例

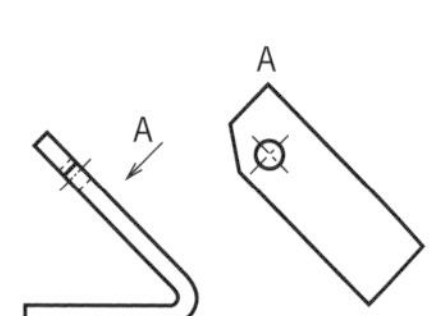

（b）矢示法の例

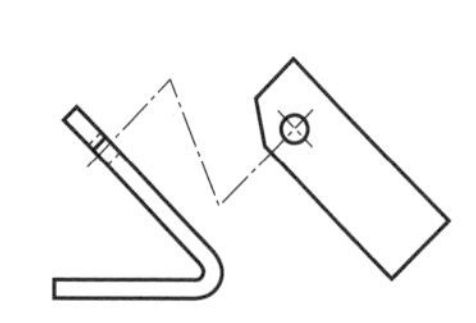

（c）中心線を折り曲げる例

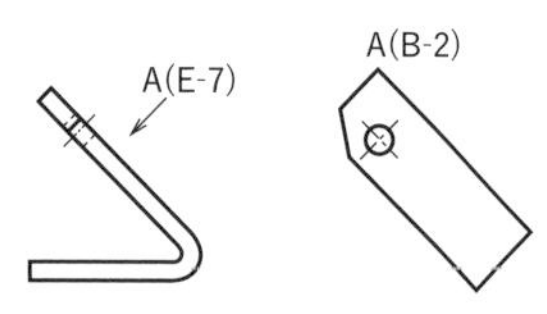

〔**備考**〕 区分記号 (E-7) は，補助投影の描かれている図形の区域を示し，区分記号 (B-2) は，矢印の描かれている図面の区域を示す (**JIS Z 8311**).

（d）区分記号を付記した例

図 7-9　補助投影図

紙面の関係で，補助投影図を斜面に対向する位置に配置できない場合には，**図 7-9**（b）のように，**矢示法**を用いて示し，また，**同図**（c）のように，折り曲げた中心線を用いて示すこともできる．補助投影図の配置関係が分かりにくい場合には，**同図**（d）のように**区分記号**を用いて示す．

07-2　断面図の描き方

断面図は，かくれた部分を分りやすく示すために，切断面を図形化したものである．なお，以下のものは長手方向に切断しない（**図 7-10**）．

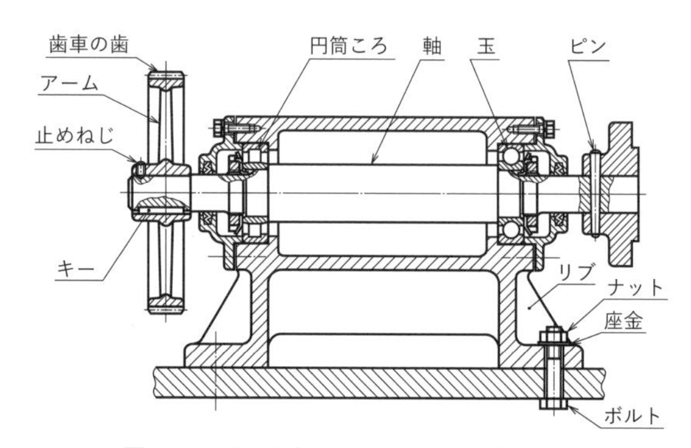

図 7-10　長手方向に切断してはいけないもの

① 切断したために理解を妨げるもの…リブ，車のアーム，歯車の歯．

② 切断しても意味がないもの…軸，ピン，ボルト，ナット，座金，小ねじ，止めねじ，リベット，キー，玉，円筒ころ．

切断面の位置を指示する必要がある場合には，**図 7-11** のように，両端および切断方向の変わる部分を太くした，細い一点鎖線を用いて指示する．さらに，投影方向を示したり切断面を識別する必要がある場合には，矢印やラテン文字の大文字などの記号によって指示する．

断面の切り口を**ハッチング**で示す場合は，細い実線で，基本中心線に対して 45° で等間隔に施す（**図 7-12**）．断面図に材料などの表示をするために，特殊なハッチングを施すこともできる．また，同一断面上の同じ部品の場合には，同じハッチングを施す〔**図 7-10**，**図 7-12**（a）〕が，階段状の切断面の各段に現れる部分を区別するのには，ハッチングをずらして使用する（**図 7-11**）．なお，**スマッジング**は用いない．

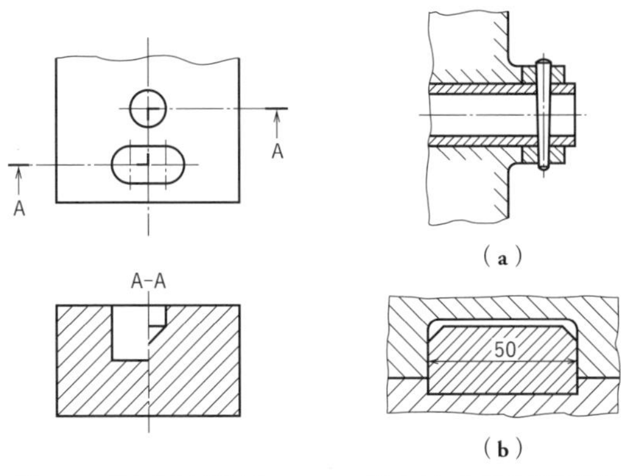

（a）

（b）

図 7-11 異なる断面を同一図に表す例

図 7-12 隣接する断面図のハッチング

隣接する断面のハッチングは，線の向きまたは角度を変えるか，間隔を変えて区別する（**図 7-12**）．また，切り口面積が広い場合には，その外形線に沿った部分だけに施し〔**同図**（**a**）〕，ハッチング中に文字，記号などを記入する場合には，その部分のハッチングは中断する〔**同図**（**b**）〕．

全断面図は基本的な形状を最もよく表す切断面で描く（**図 7-13**）．特定部の切断面を描くときは，**図 7-14** のように切断の位置を示す．

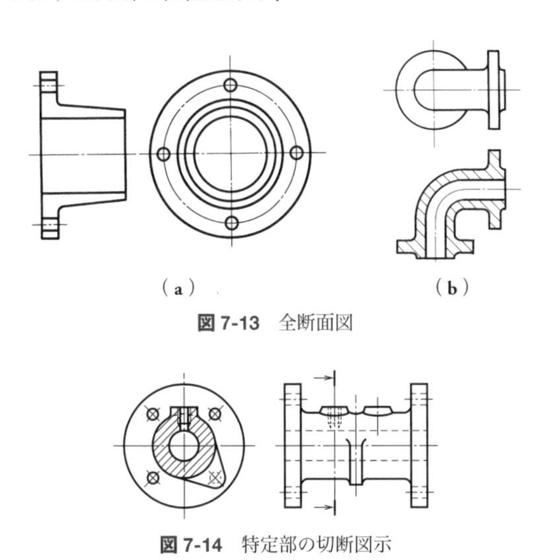
（a）　（b）

図 7-13 全断面図

図 7-14 特定部の切断図示

対称形なものの断面は，**図 7-15** のように，外形図の半分を**片側断面図**や，**図 7-16** のように，外形図の一部だけを**部分断面図**で表すことができる．

ハンドル，車などのアーム，リム，リブ，フック，軸，構造物の部材などの切り口は，**図 7-17**（**a**）のように，一部分を切断し，90° 回転した**回転図示断面図**で表す．また，切断線の延長上〔**同図**（**b**）〕，あるいは図形内の切断箇所に重ねて〔**同図**（**c**）〕描くこともできる．

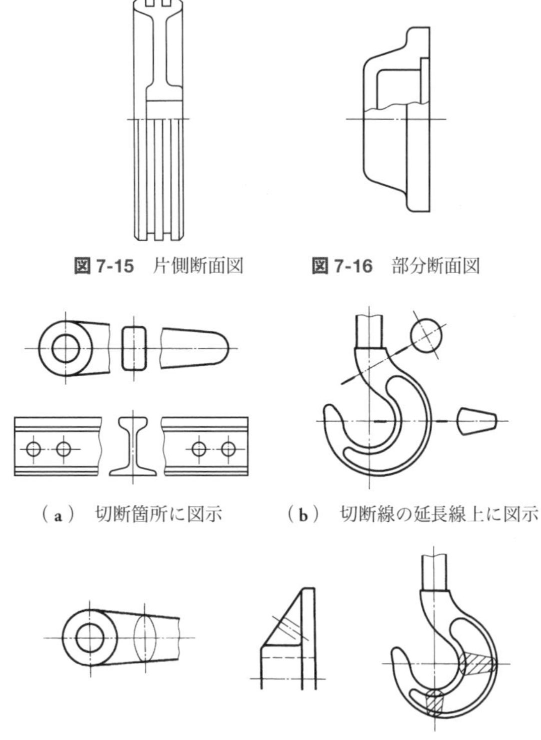
図 7-15 片側断面図

図 7-16 部分断面図

（**a**） 切断箇所に図示　（**b**） 切断線の延長線上に図示

（**c**） 切断箇所に重ねて図示

図 7-17 回転図示断面図

二つ以上の切断面を組み合わせる場合は，必要に応じて断面を見る方向に矢印および文字記号をつけて，**図 7-18** のように描く．

平行な二つ以上の平面で切断した断面は，**図 7-19** のように，必要部分だけを合成して示す．

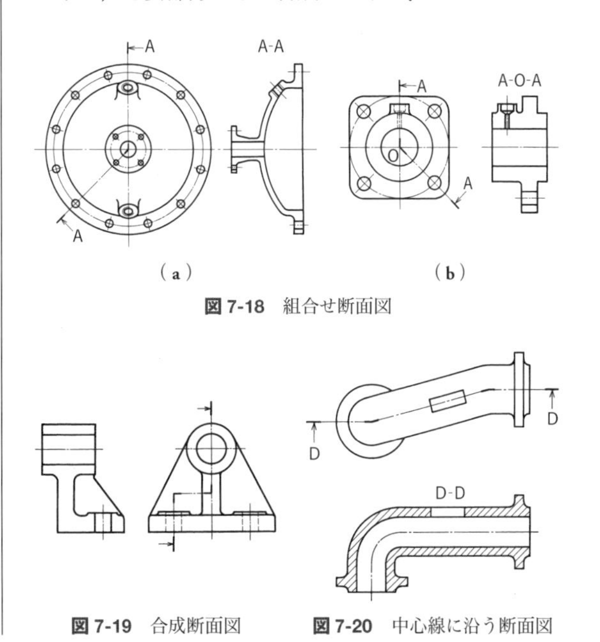

（a）　（b）

図 7-18 組合せ断面図

図 7-19 合成断面図

図 7-20 中心線に沿う断面図

曲管などの断面は，**図 7-20** のように，曲がりの中心線に沿う断面で表すことができる．さらに，必要に応じて，上記の各種断面図を組合せて使用することができる（**図 7-21**）．

複雑な形状の場合には，多数の断面図を描くことができる．一連の断面図は，投影の向きを合わせて描き，切断線の延長線上，または主中心線上に配置する（**図 7-22**）．形状が徐々に変化する場合にも，多数の断面で表すことができる（**図 7-23**）．

ガスケット，薄板，形鋼などの薄肉部の断面は，断

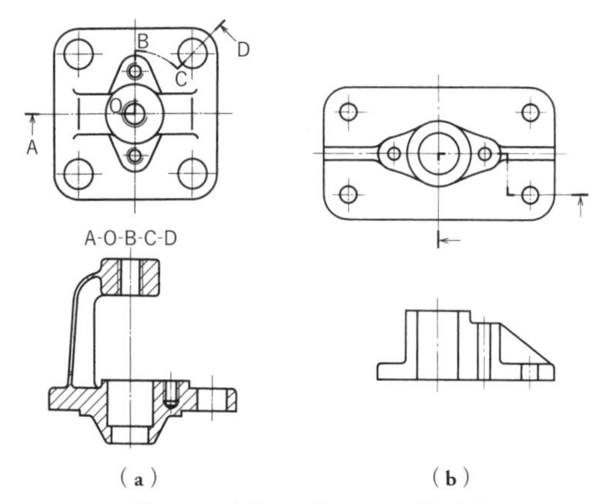

（a）　（b）

図 7-21　多数の組合せによる断面図

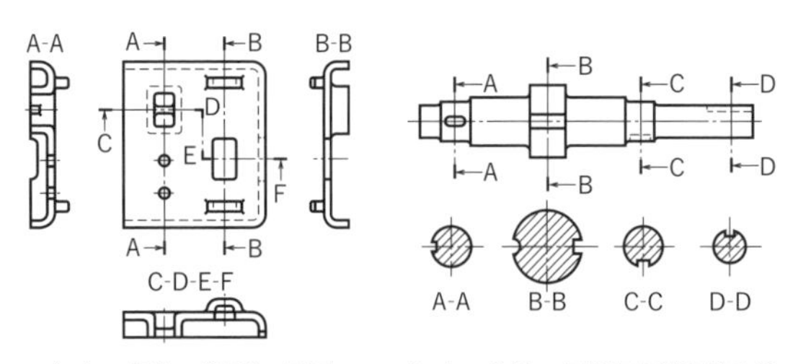

（a）　多数の断面の図示　（b）　多数の回転図示断面図 ①

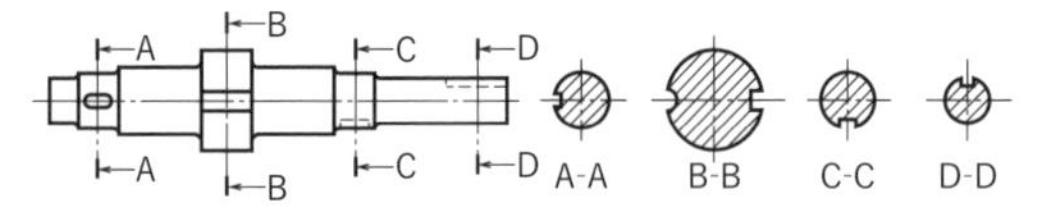

（c）　多数の回転図示断面図 ②

図 7-22　多数の断面図による図示

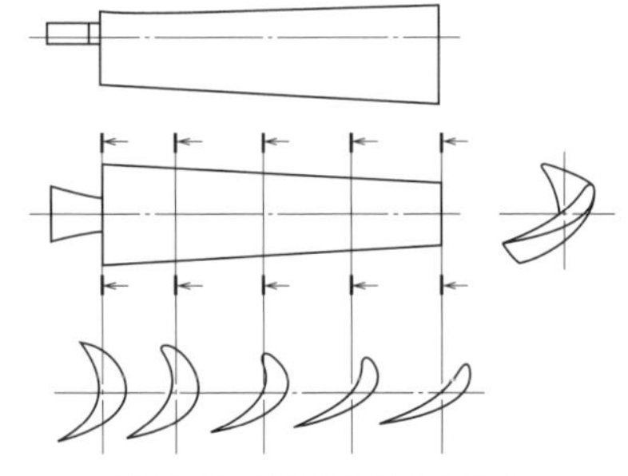

図 7-23　徐変する断面の図示

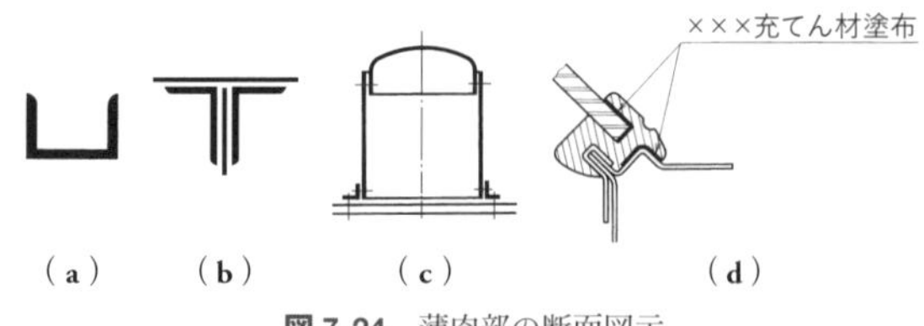

（a）　（b）　（c）　（d）

図 7-24　薄肉部の断面図示

面を黒く塗りつぶす〔**図 7-24**（a），（b）〕か，1本の極太の実線で表す〔**同図**（c），（d）〕．これらが隣接している場合，線間にわずかなすき間（0.7 mm 以上）をあける．

07-3　図形の省略法

図示を簡明化するために，かくれ線はできるだけ省略するのがよい（**図 7-25**）．全部描くと分かりにくくなるような場合〔**図 7-26**（a）〕には，**部分投影図**〔**図**

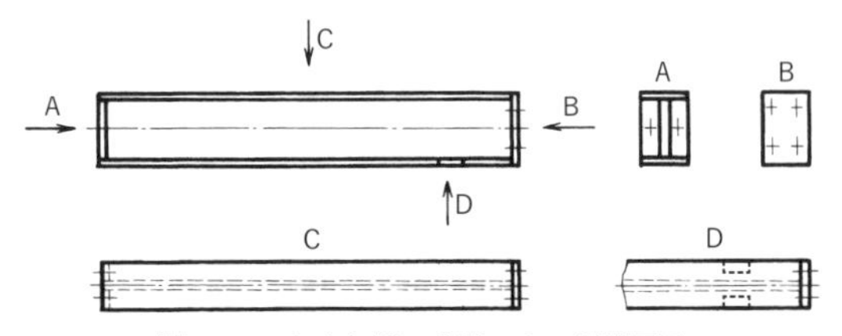

図 7-25　かくれ線の省略による簡明図示

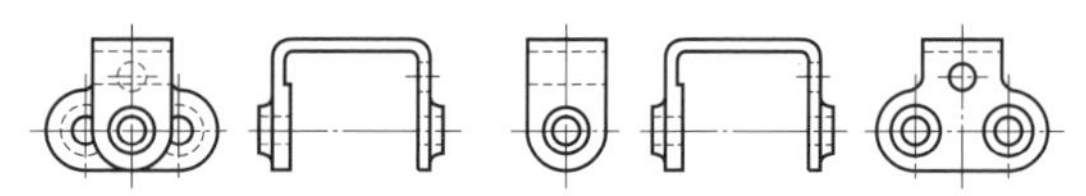
（a）　通常の投影図とした例　（b）　部分投影図とした例

図 7-26　部分投影図による簡明化 ①

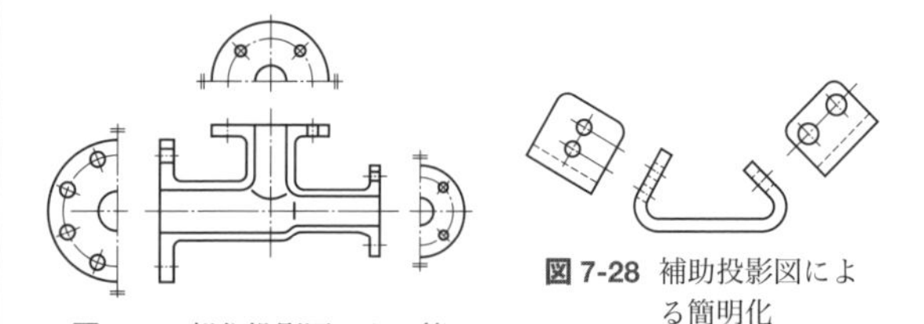
図 7-27　部分投影図による簡明化 ②

図 7-28　補助投影図による簡明化

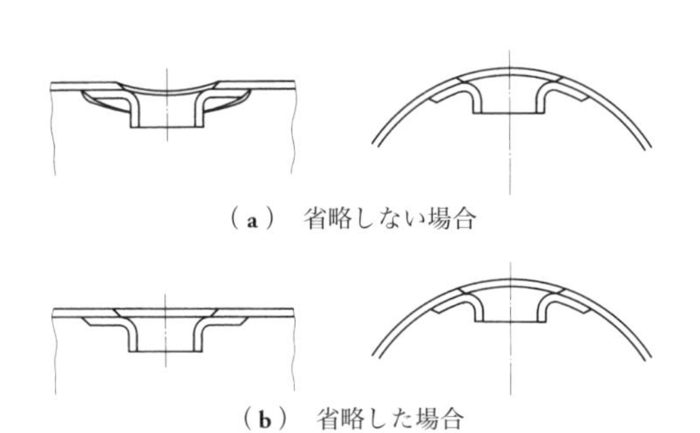
（a）　省略しない場合

（b）　省略した場合

図 7-29　先方の線の省略

7-26（b），**図 7-27**〕，または**補助投影図**として表す（**図 7-28**）．**図 7-29** のように，切断面の先方に見える線は省略できる．

キー溝をもつボス穴，穴，溝をもつ管およびシリンダ，切割りをもつリングなど一部に特定の形をもつものは，**図 7-30** のように，その部分を図の上側に図示するとよい．ピッチ円上の穴などは，正面図において，**図 7-27** および**図 7-31** のように省略する．

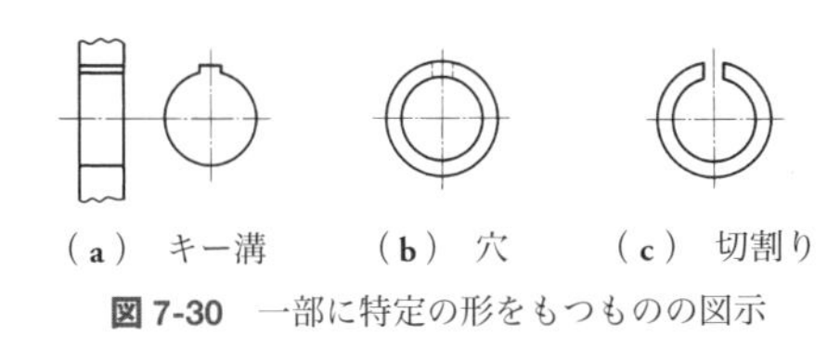
（a） キー溝　（b） 穴　（c） 切割り

図 7-30　一部に特定の形をもつものの図示

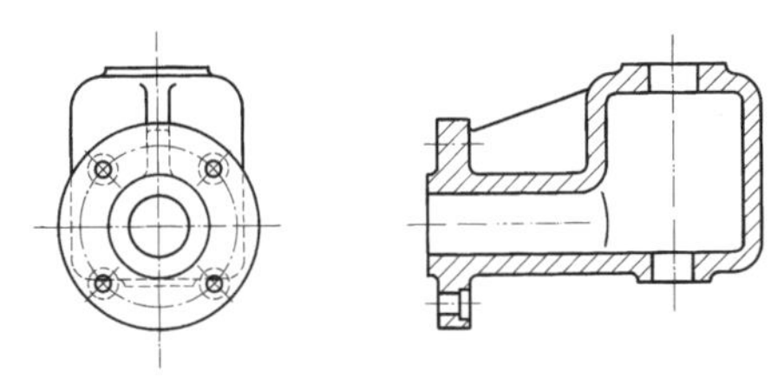
図 7-31　ピッチ円上の多数の穴の省略図示

対称形の場合には，**図 7-32**（a），（b）のように，対称中心線の片側を省略して描くことができ，その場合，対称中心線の両端部に短い 2 本の平行細線（**対称図示記号**）をつける．または，**同図**（c），（d）のように，対称中心線を少し超えた部分まで描いた場合には対称図示記号を省略できる．

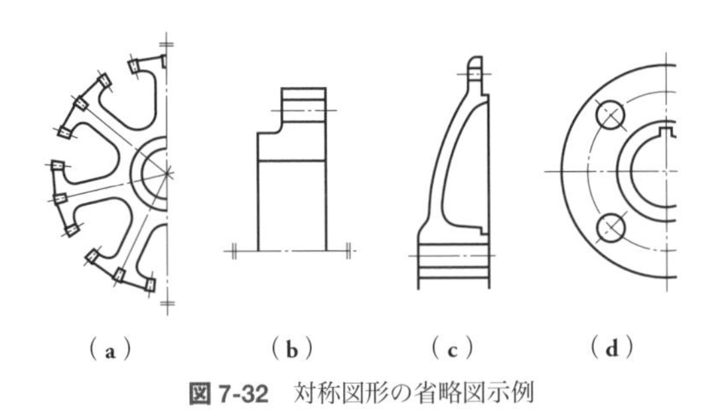
（a）　（b）　（c）　（d）

図 7-32　対称図形の省略図示例

繰返し図形の場合には，**図 7-33** のように，実形の代わりに図記号を記入し，省略することができる．この

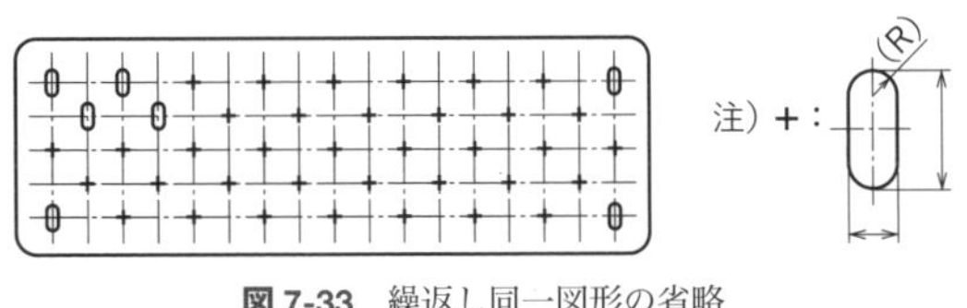

図 7-33　繰返し同一図形の省略

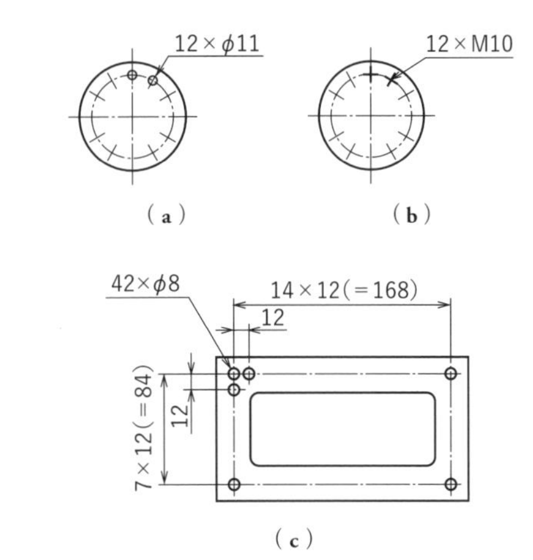

（a）　（b）

（c）

図 7-34　省略図形の引出線による指示

場合には，**図 7-33** のようにその意味を記述するか，**図 7-34** のように引出線を用いて記述する．

長い軸，棒，管，形鋼，ラック，親ねじ，はしごなどの場合には，**図 7-35** のように，中間部分を切り取り，短縮して図示することができる（**中間部分省略法**）．また，テーパ部分で傾斜が緩い場合には，実際の角度で図示しなくてもよい〔**同図**（e）〕．

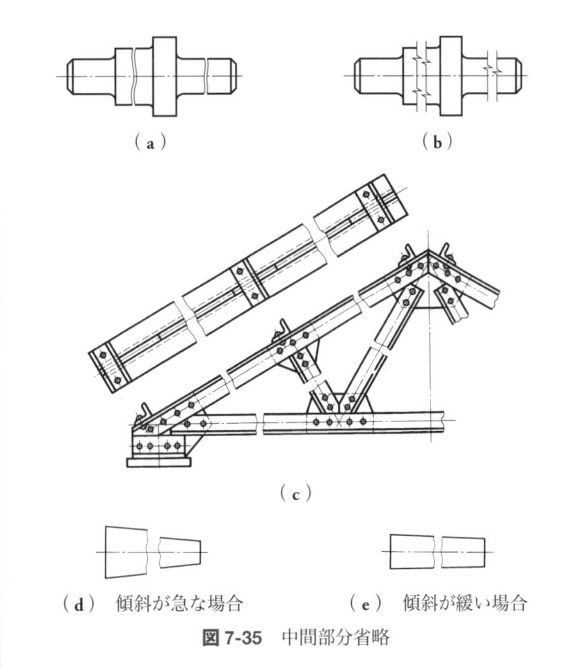
（a）　（b）

（c）

（d） 傾斜が急な場合　（e） 傾斜が緩い場合

図 7-35　中間部分省略

07-4 特殊図示法

二つの面の交わり部分（**相貫部分**）を表すには，**図 7-36** のように，交わり部に丸みがない位置に太い実線で表す．また，曲面相互や曲面と平面が交わる部分の線（**相貫線**）は，直線〔**図 7-37**（a）〜（f）〕または円

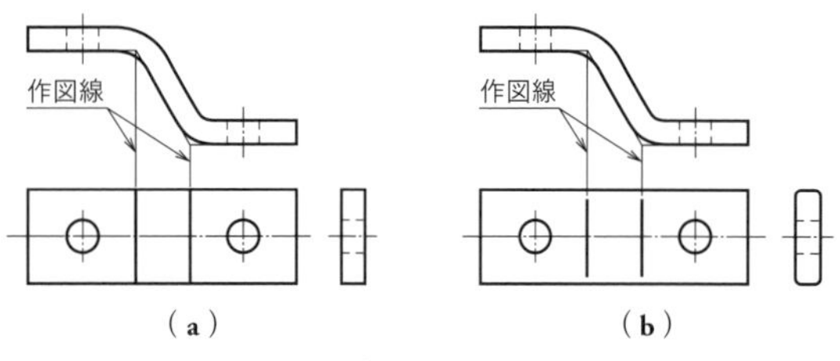

（a）　（b）

図 7-36　面の交わり部分の表示

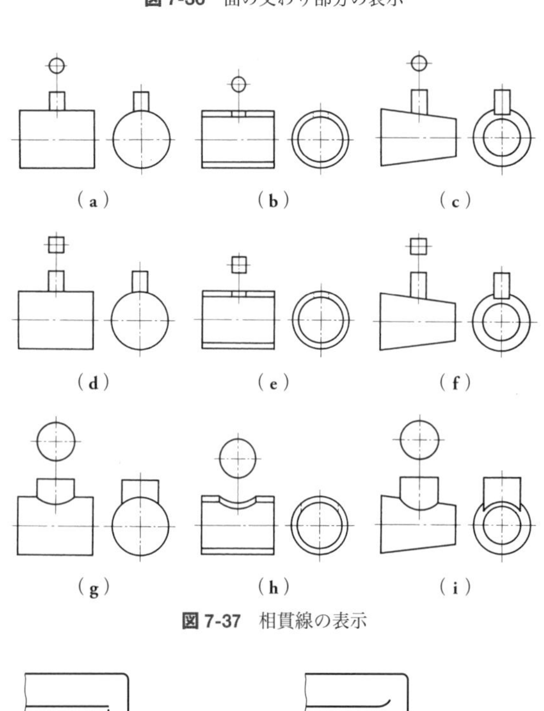

（a）　（b）　（c）
（d）　（e）　（f）
（g）　（h）　（i）

図 7-37　相貫線の表示

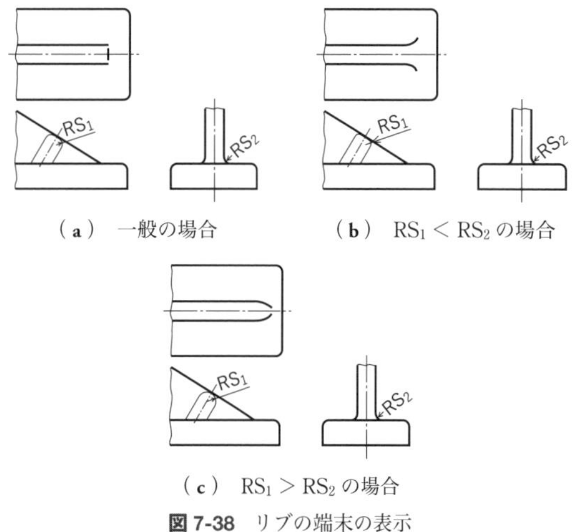

（a）　一般の場合　（b）　$RS_1 < RS_2$ の場合
（c）　$RS_1 > RS_2$ の場合

図 7-38　リブの端末の表示

弧で表す〔**同図**(g)～(i)〕．リブなどのアール部をもつ端末部は，直線のまま止めるか曲げて止める（**図 7-38**）．

図形の特定の部分が平面で，これを明示するときには，細い実線の対角線で示す（**図 7-39**）．

展開した形状で示す必要がある場合には，**図 7-40** のように**展開図**で示し，その上か下側に“展開図”と記

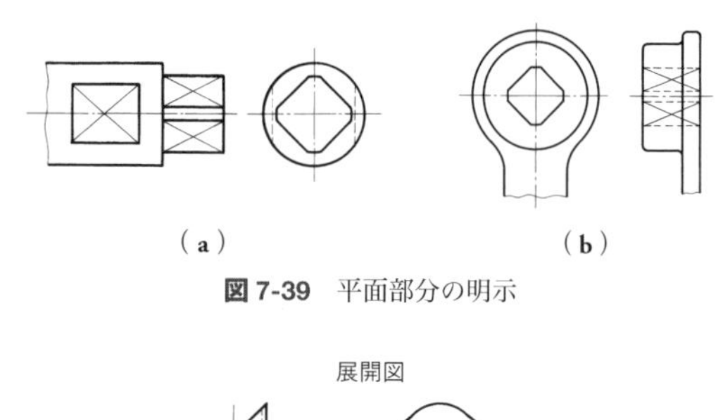

（a）　（b）

図 7-39　平面部分の明示

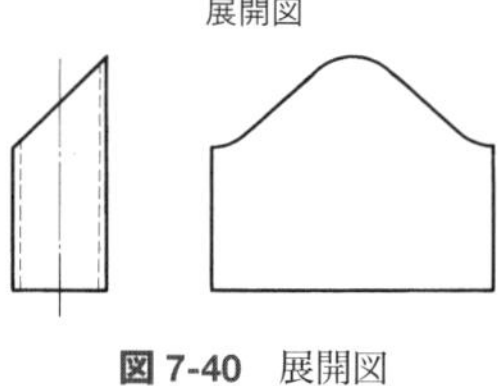

図 7-40　展開図

入する．

面の一部に特殊な加工を施す場合には，**図 7-41** のように，その範囲を太い一点鎖線で示し，必要事項を指示する（**特殊加工表示法**）．

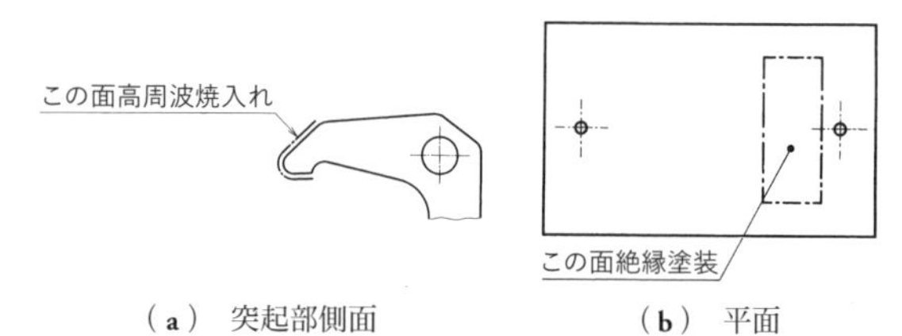

（a）　突起部側面　（b）　平面

図 7-41　特殊加工表示法

その他の加工部の表示法として，溶接部（**図 7-42** ならびに **17 節**「溶接記号」参照），薄板溶接構造体（**図**

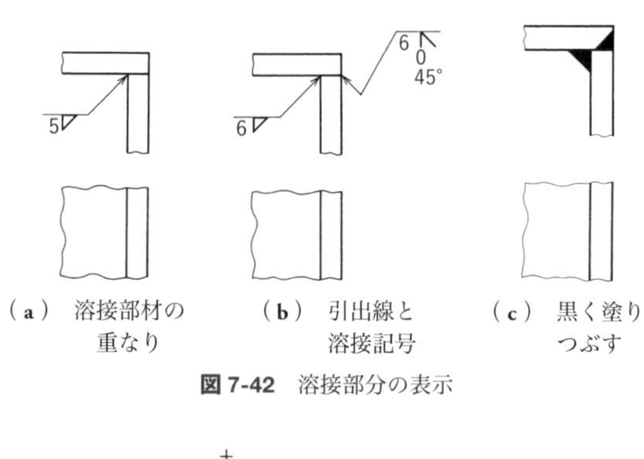

（a）　溶接部材の重なり　（b）　引出線と溶接記号　（c）　黒く塗りつぶす

図 7-42　溶接部分の表示

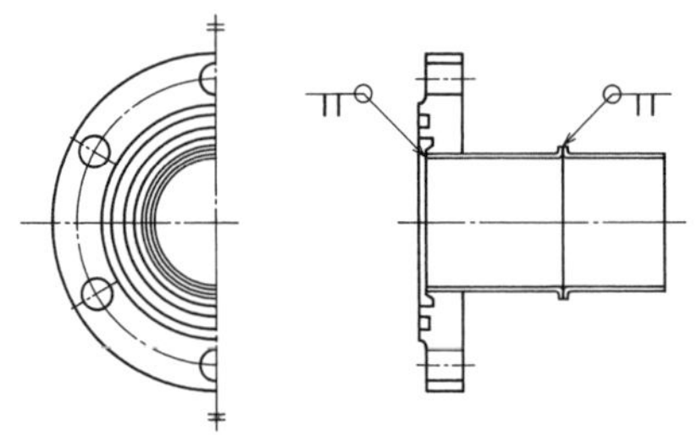

図 7-43　強さを増した薄板の溶接構造例

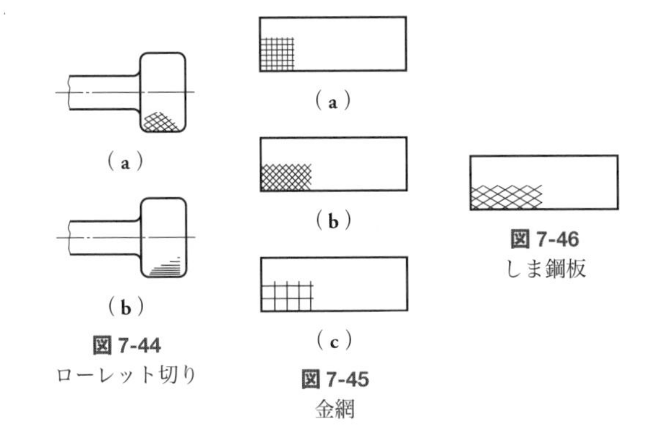

図 7-44 ローレット切り

図 7-45 金網

図 7-46 しま鋼板

7-43），ローレット切り（図 7-44），金網（図 7-45），しま鋼板（図 7-46）がある．

また，非金属材料を示す場合には，図 7-47 の表示方法によるか，該当規格の表示法による．

材　料	表　　示
ガラス	
保温吸音材	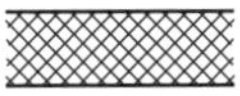
木材	
コンクリート	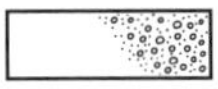
液体	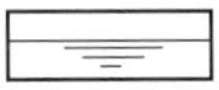

図 7-47　非金属材料の表示

08　寸法記入法

08-1　寸法記入の一般原則

寸法記入法の一般原則として，つぎの点に留意する．

① 機能・製作・組立などを考えて，必要寸法を明りょうに指示する．

② 大きさ，姿勢および位置を明示するために，必要かつ充分な寸法を記入する．

③ 機能上必要な寸法（**機能寸法**，**非機能寸法**および**参考寸法**）は必ず記入する（図 8-1）．

④ 寸法は，**寸法線・寸法補助線・寸法補助記号**などを用いて寸法数値により示す．

⑤ 寸法は，なるべく主投影図に集中させる．

⑥ 特に明示しない限り，仕上がり寸法で示す．

⑦ なるべく工程ごとに配列を分け，計算しないですむように記入する．

⑧ 関連寸法はなるべく 1 箇所にまとめる．

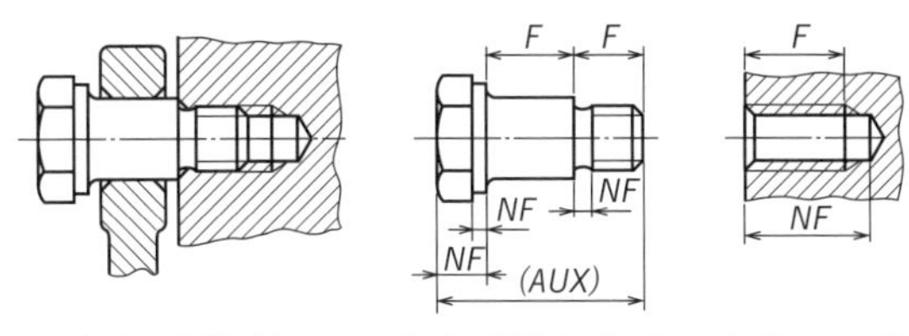

（a） 設計要求　（b） 肩付きボルト　（c） ねじ穴

〔備考〕 *F*：機能寸法，*NF*：非機能寸法，*AUX*：参考寸法

図 8-1　寸法記入法

⑨ 寸法は必要に応じて基準点，線または面を基にして記入し，重複を避ける．ただし，重複記入をしたほうが図の理解を容易にする場合には，重複記入してもよく，この場合，重複するいくつかの寸法数値の前に黒丸を付け，図面にその旨を注記する（図 8-2）．

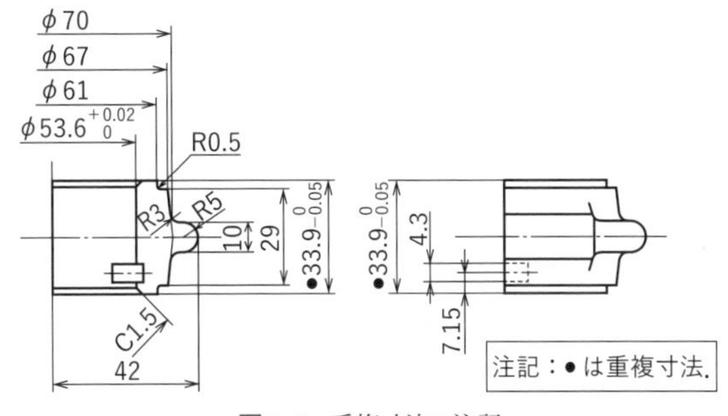

図 8-2　重複寸法の注記

⑩ 寸法には，必要に応じて **JIS B 0401-1** による**寸法の許容限界**（14 節「寸法の許容限界記入法」参照）を指示する．

⑪ **参考寸法**には，寸法数値にかっこをつける〔図 8-1 および後出の図 8-24（a）〕．

08-2　寸法補助線の用い方

寸法は通常，**寸法補助線**を用いるが，これによらなくてもよい（図 8-3）．寸法補助線は，同図（a）のよう

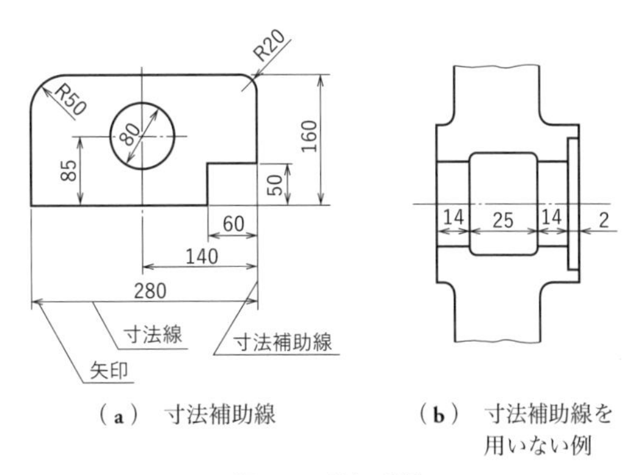

（a） 寸法補助線　（b） 寸法補助線を用いない例

図 8-3　寸法の記入

に寸法線に直角に引き，寸法線をわずかに超えるまで延長して用いるが，寸法補助線と図形との間をわずかに離して引くこともできる．また，**図 8-4** のように，寸法線に対して適当な角度（なるべく 60°）をもつ平行な寸法補助線で示すこともできる．

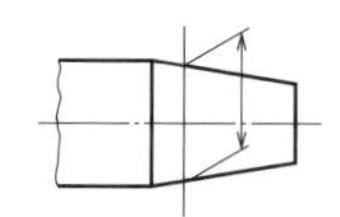

図 8-4　角度をもつ寸法補助線

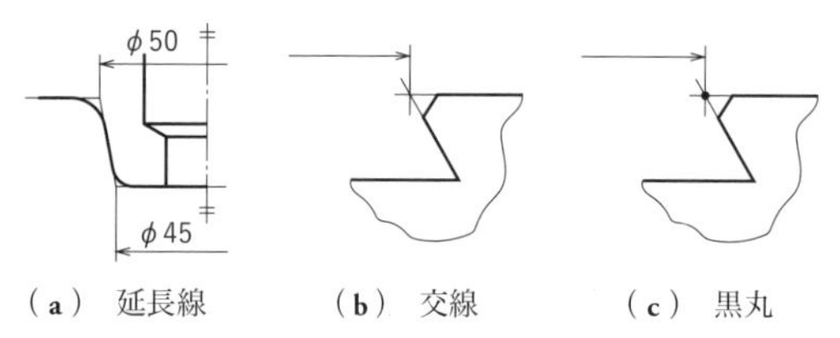

（a）延長線　（b）交線　（c）黒丸

図 8-5　傾斜面の寸法補助線

互いに傾斜する二面内に丸みや面取りが施されている場合には，**図 8-5**（a）のように用いる．交点を明らかにする必要がある場合には，**同図**（b）または（c）のように示す．

08-3　寸法線の引き方

寸法線は，**図 8-6** のように，原則として対象の辺または角度に平行に引き，線の両端には，**図 8-7** のような**端末記号**をつける．

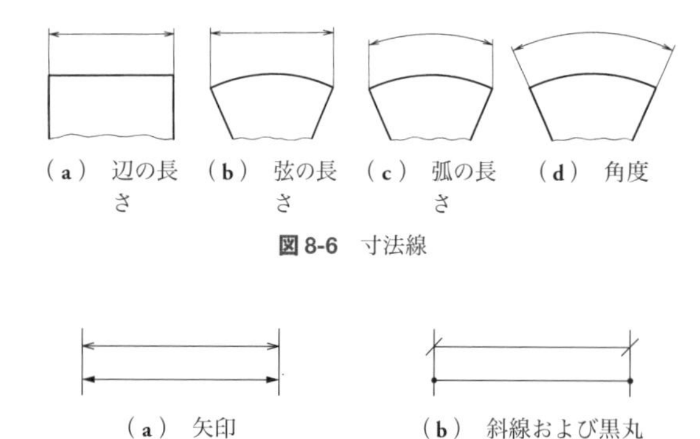

（a）辺の長さ　（b）弦の長さ　（c）弧の長さ　（d）角度

図 8-6　寸法線

（a）矢印　（b）斜線および黒丸

〔**備考**〕1 葉の図面の中で端末記号を混用してはならない．

図 8-7　寸法線の端末記号

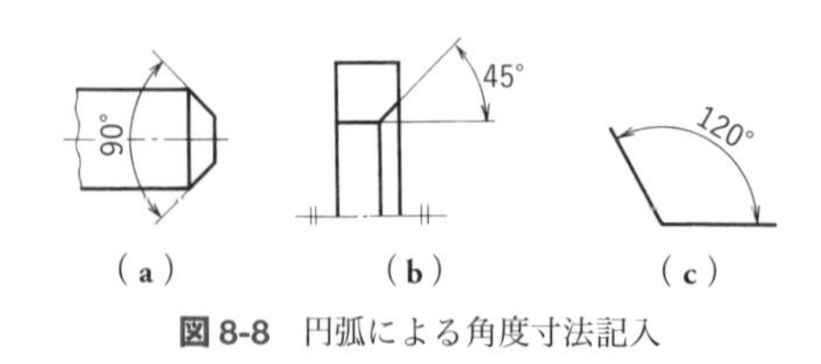

（a）　（b）　（c）

図 8-8　円弧による角度寸法記入

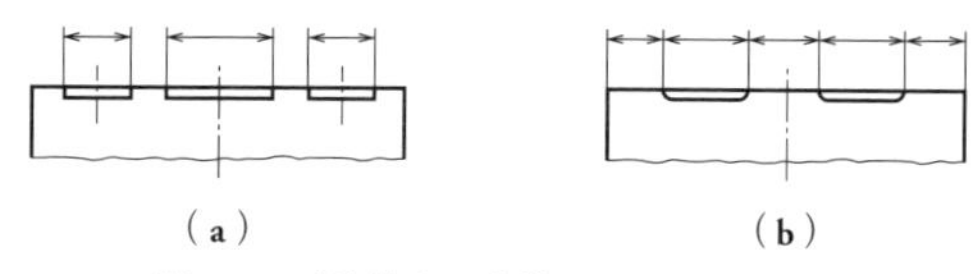

（a）　（b）

図 8-9　寸法線を一直線上にそろえて記入

角度寸法は，**図 8-8** のように円弧によって記入する．隣接する寸法線は**図 8-9**（a）のように，一線上にそろえ，また関連する寸法は**同図**（b）のように一直線に記入する．

狭い箇所での寸法は，部分拡大図を使って示すか，**図 8-10**（a）のように，寸法線から矢印をつけない引出線を引き出して，記入する．参考として，加工方法，注記，照合番号を記入するための引出線は，外形線から引き出す場合には引き出す箇所に矢印(**図 7-34** 参照)を，外形線の内側から引き出す場合には黒丸〔**図 8-10**（b）〕をつける．なお，注記を示す場合には，引出線の端を水平に折り曲げ（参照線），その上に記入する．

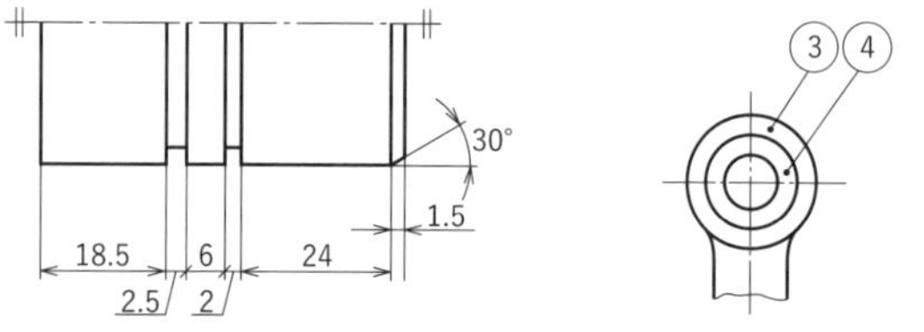

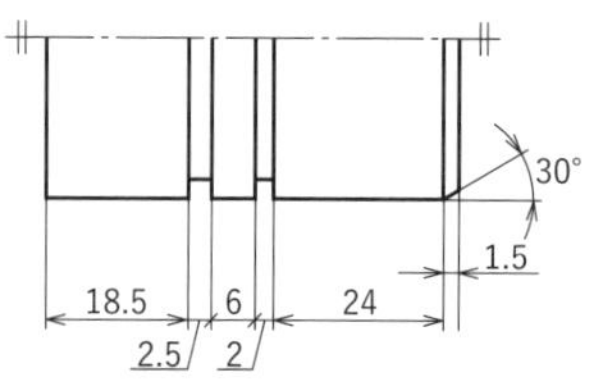

（a）狭い箇所での寸法記入　（b）照合番号の記入

図 8-10　引出線

さらに，形状が狭い部分の場合，**図 8-11** のように記入することもできる．寸法補助線の間隔が狭いときには，矢印の代わりに黒丸を用いてもよい．

ドリル径，フライスカッタ径などを指示すれば設

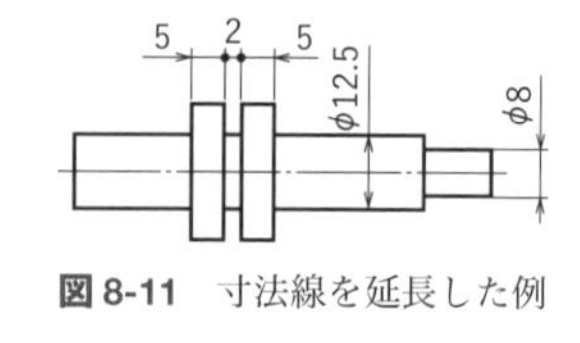

図 8-11　寸法線を延長した例

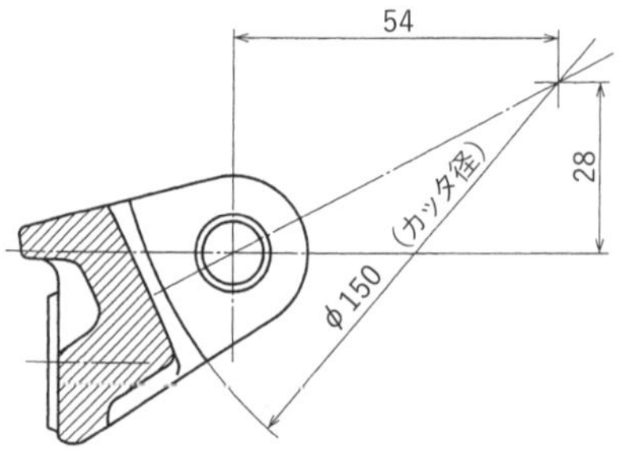

図 8-12　工具サイズの指示

計意図を満たす場合には，その工具径を指示する（**図 8-12**）．

対称図形で対称中心線の片側だけを表した図では，**図 8-13**，**図 8-14** のように記入する．多数の径の寸法を記入するものでは，**図 8-15** のように，数段に分けて記入する．

（a）　（b）

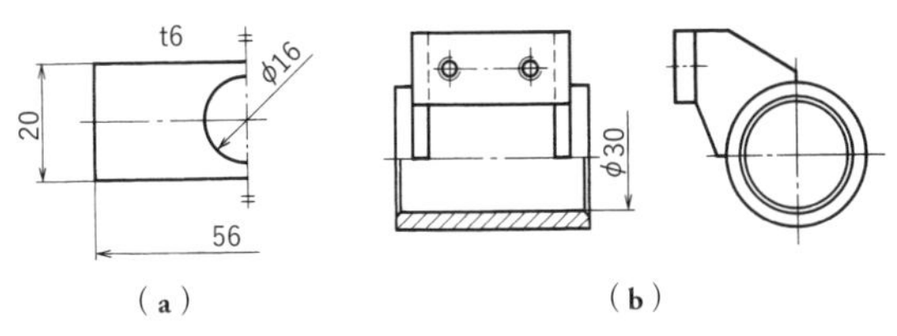

図 8-13　対称図形の寸法線の表し方 ①

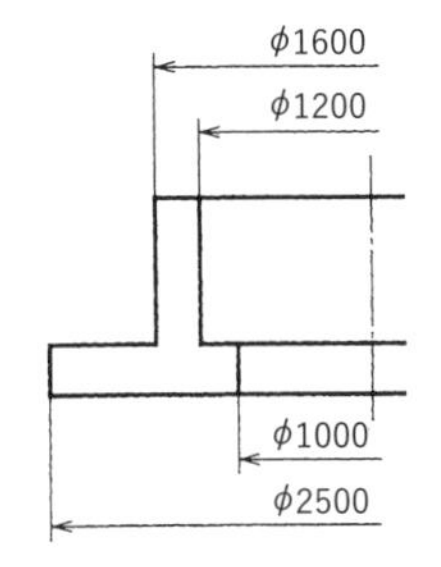

図 8-14　対称図形の寸法線の表し方 ②

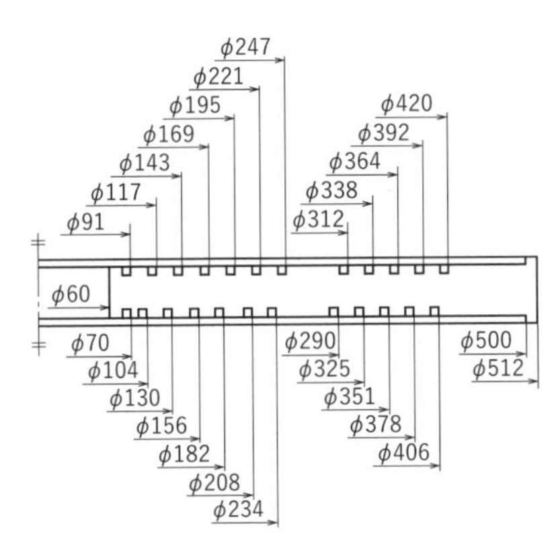

図 8-15　対称図形で多数の径の寸法表示

08-4　寸法数値の入れ方

寸法数値は通常，ミリメートルの単位とし，単位記号はつけない．**角度寸法数値**は度，分，秒の単位記号°，′，″を右肩につけて表す．**ラジアン**で記入する場合には，単位記号 rad を用いる．

寸法数値の小数点は下の点とし，数字の間をあけて大きめに書く．数値のけたが多い場合でも，コンマはつけない．

例：123.25，　12.00，　22320

寸法数値の向きは，**図 8-16** ～**図 8-18** のように，水平方向では図面の下側から，垂直方向では図面の右側から読めるように入れ，斜め方向の場合は**図 8-17** に準じて書く．また，寸法数値は寸法線を中断しないで，**図 8-16** のように記入する．**図 8-19** のような場合，ハッチングの部分への寸法線の記入は避ける．

（a）　（b）

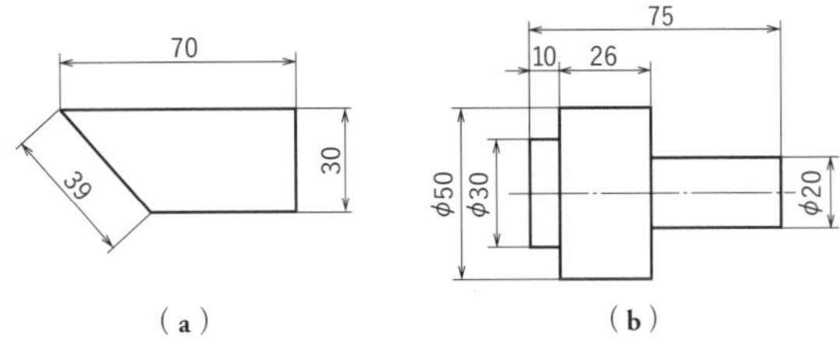

図 8-16　長さ寸法の向き

図 8-17　斜め方向の寸法記入

（a）　（b）

図 8-18　角度寸法の向き

（a）　（b）　（c）

図 8-19　その他の寸法記入例

寸法数値は，図面に描いた線に重ねて記入しない（**図 8-20**）．さらに，寸法線の交わらない箇所に記入する（**図 8-21**）．

（a）中央部から離す

（b）引出線を用いる

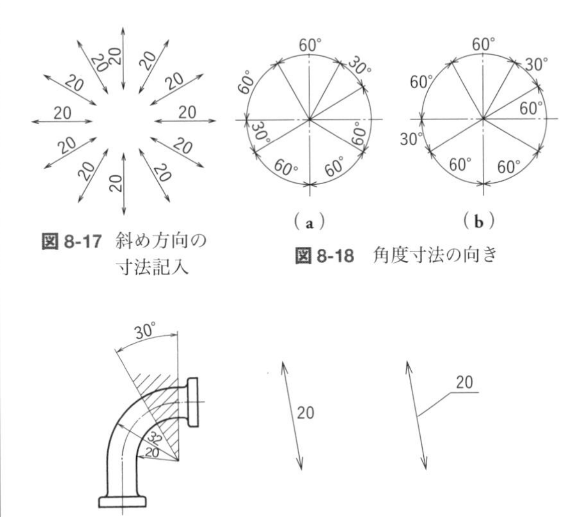

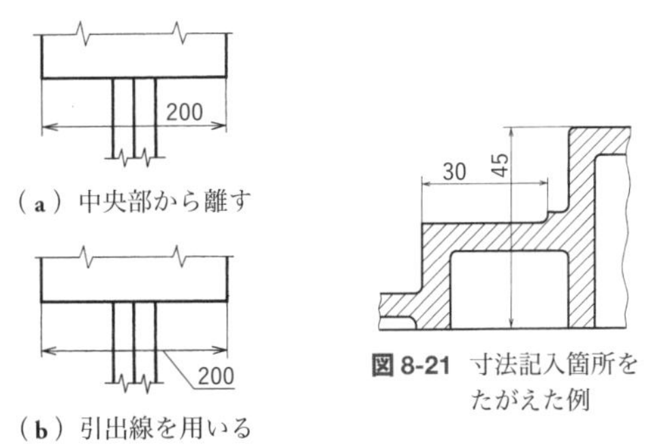

図 8-20　図形と重ねない寸法の記入

図 8-21　寸法記入箇所をたがえた例

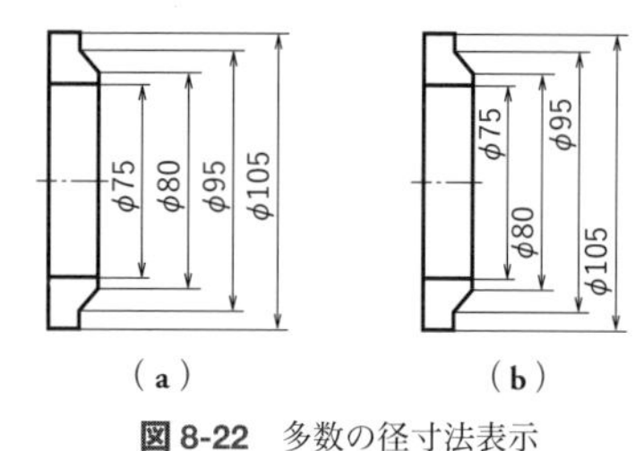

図 8-22　多数の径寸法表示

直径寸法が対称中心線の方向にいくつも並ぶ場合には，**図 8-22** のように記入する．

寸法線が長い場合には，**図 8-23** のように，一方に寄せて記入できる．寸法数値の代わりに文字記号を用いてもよく，この場合には数値を別に表示する（**図 8-24**）．

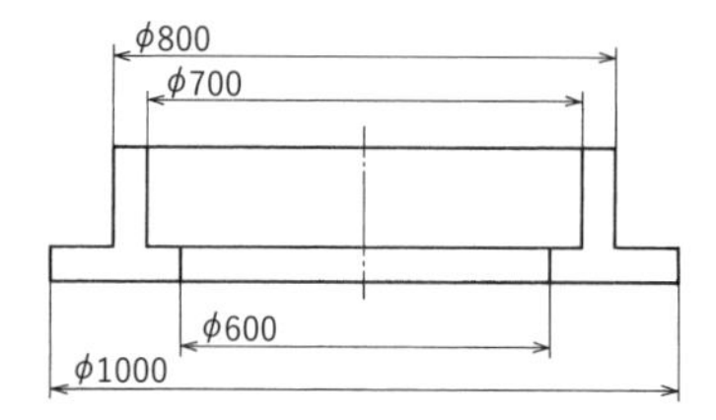

図 8-23　長い寸法線の場合の片寄せ寸法記入

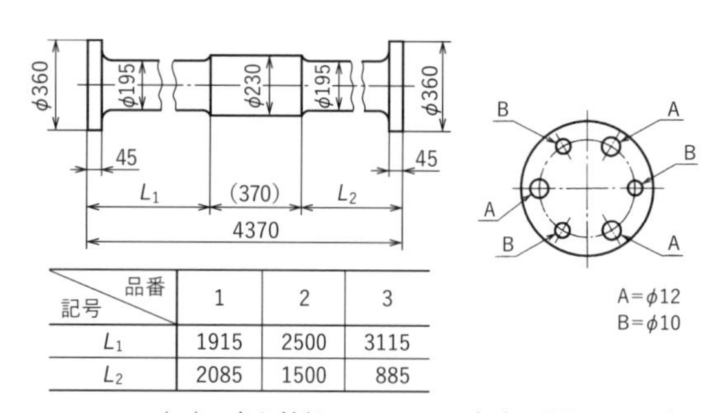

記号＼品番	1	2	3
L_1	1915	2500	3115
L_2	2085	1500	885

（a）表を付記　（b）記号による表示

図 8-24　文字記号を用いた寸法表示

08-5　寸法の配置

個々の寸法公差が逐次累積してもよいときには，**図 8-25** のように直列に寸法を記入し（**直列寸法記入法**），寸法を個々の公差に関係なく示したい場合には，**図 8-26** のように並列に寸法を記入する（**並列寸法記入法**）．このとき，共通側の寸法線の位置は，機能・加工などの条件を考慮して選ぶ．

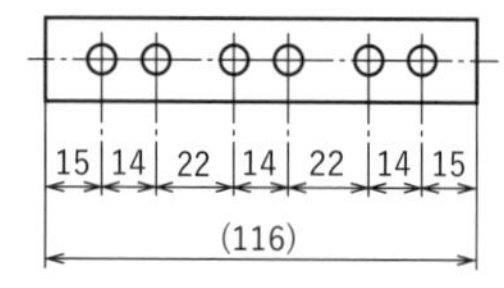

図 8-25　直列寸法記入法

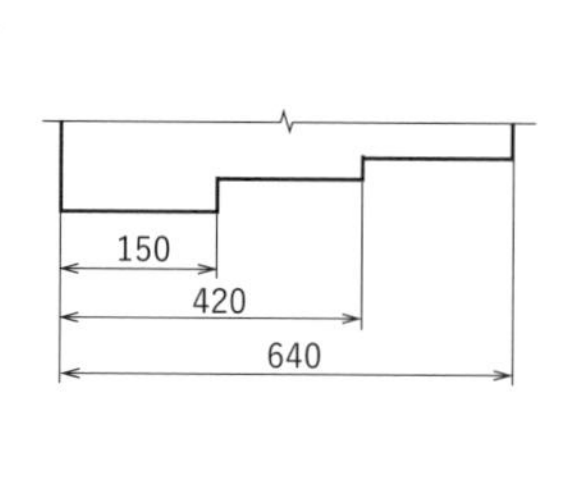

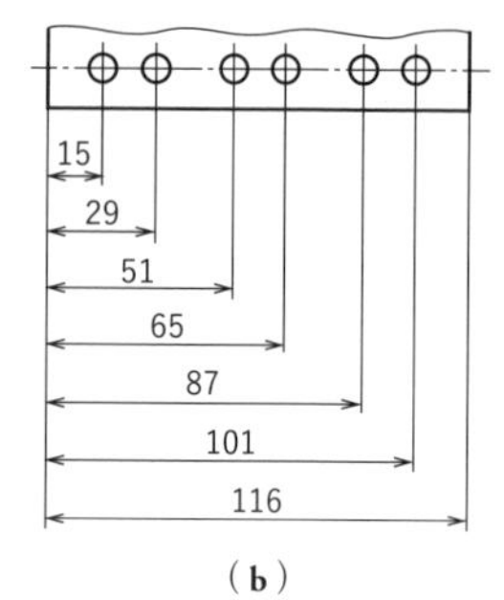

図 8-26　並列寸法記入法

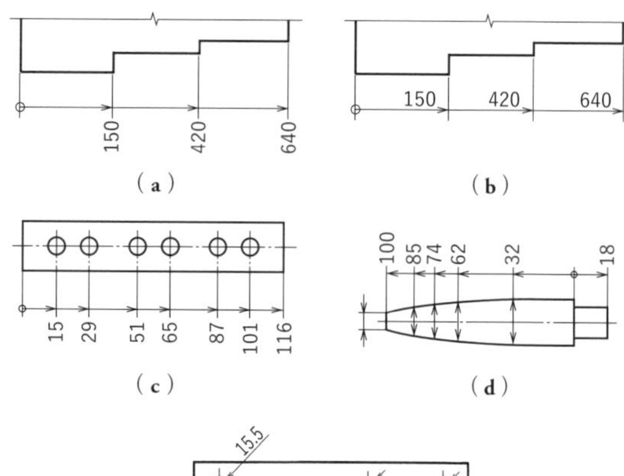

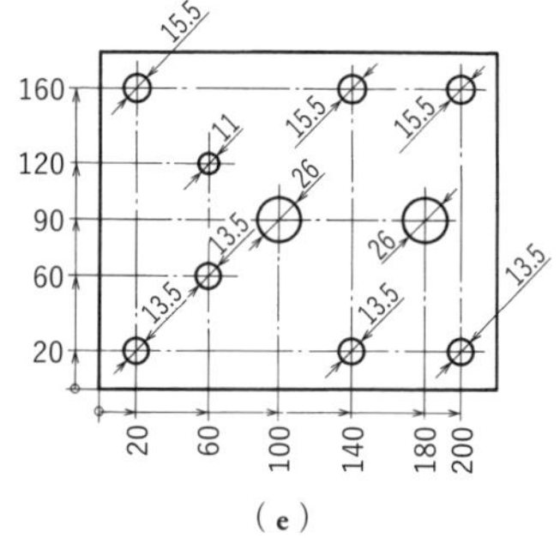

図 8-27　累進寸法記入法

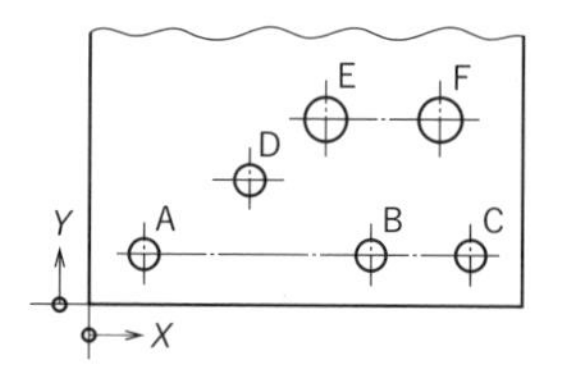

	X	Y	φ
A	20	20	13.5
B	140	20	13.5
C	200	20	13.5
D	60	60	13.5
E	100	90	26
F	180	90	26

（a）多数穴寸法

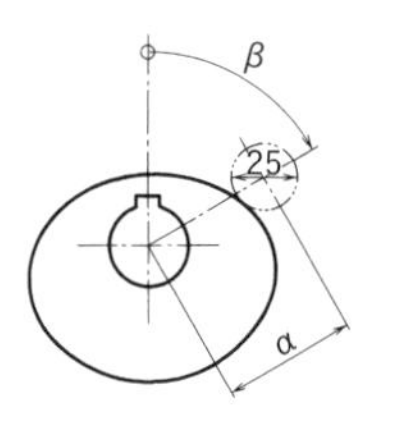

β	0°	20°	40°	60°	80°	100°	120°~210°
α	50	52.5	57	63.5	70	74.5	76

β	230°	260°	280°	300°	320°	340°
α	75	70	65	59.5	55	52

（b）変動寸法

図 8-28　座標寸法記入法

並列寸法記入法と同じような考えで，かつ1本の連続した寸法線で表示するときには，**図 8-27** のように，**累進寸法記入法**により記入する．このとき，寸法の起点は**起点記号**（○）で示す．

寸法の異なる多数の穴の位置と大きさや，変動する寸法などの場合は，**図 8-28** のように，座標などの表にして示すことができる．ただし，これらの数値は起点からの寸法とする．

08-6　寸法補助記号

製図上では，寸法数値とともに種々な記号を併用して，図形を直感させると同時に，図面あるいは説明の省略をはかっている．このような記号を寸法補助記号といい，**表 8-1** に示すものが規定されている．

表 8-1　寸法補助記号の種類

記号	意　味	呼び方
ϕ	180°をこえる円弧の直径または円の直径	“まる” または “ふぁい”
Sϕ	180°をこえる球の円弧の直径または球の直径	“えすまる” または “えすふぁい”
□	正方形の辺	“かく”
R	半径	“あーる”
CR	コントロール半径	“しーあーる”
SR	球半径	“えすあーる”
⌒	円弧の長さ	“えんこ”
C	45°の面取り	“しー”
t	厚さ	“てぃー”
⌴	ざぐり＊1 深ざぐり	“ざぐり” “ふかざぐり”
∨	皿ざぐり	“さらざぐり”
↧	穴深さ	“あなふかさ”

〔注〕＊1 ざぐりは，黒皮を少し削り取るものも含む．

08-7　寸法補助記号の使い方

半径寸法は，**図 8-29** のように，**半径記号**“R”（あーる：radius）を寸法数値の前に数値と同じ大きさで記入して表す．ただし，**同図**（**b**）のように，円弧の中心まで寸法線を引く場合には R は省略できる．

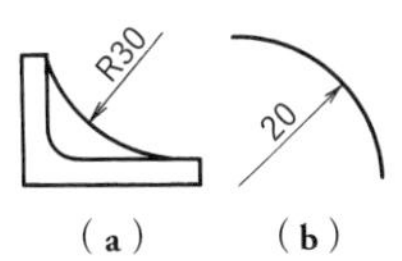

図 8-29　半径の表示

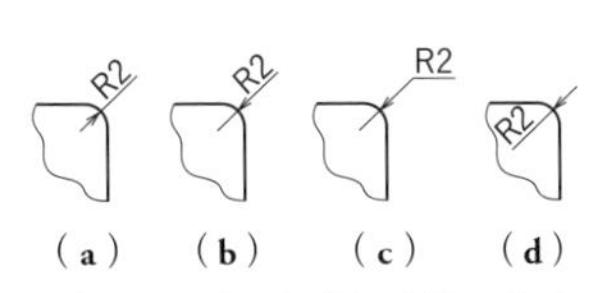

図 8-30　小さな半径寸法の表示

小さな円弧の場合には，**図 8-30** に従う．なお，円弧の中心位置を示したいときは，十字または黒丸でその位置に示す．

大きな半径の場合には，**図 8-31** のように，寸法線を折り曲げて記入することもできる．この場合，寸法線の矢印のついた部分は，正しい中心の位置に向いていなければならない．また，同一中心をもつ，いくつもの半径寸法を記入する場合には，**図 8-32** のように，**半径累進寸法記入法**を用いることもできる．

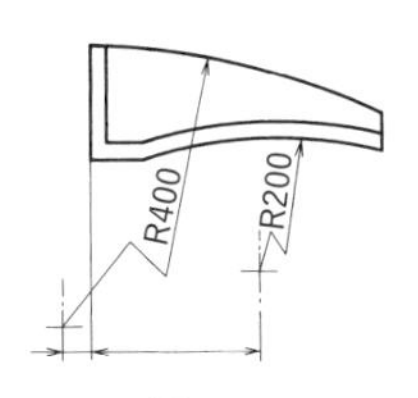

図 8-31
大きな半径寸法の表示

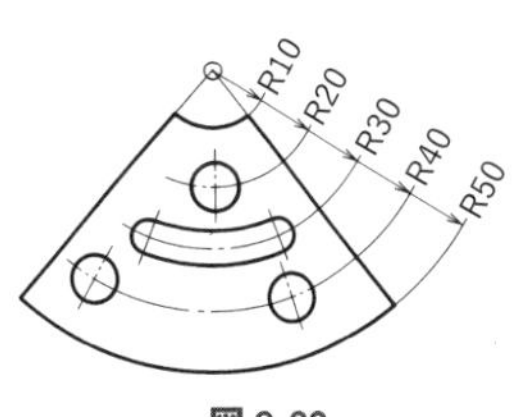

図 8-32
半径の累進寸法記入法

実形を示さない図形の場合には，**図 8-33**（**a**）のように，寸法数値の前に“実 R”（じつあーる）を，また，展開した状態の場合には**同図**（**b**）のように“展開 R”の文字記号を記入する．

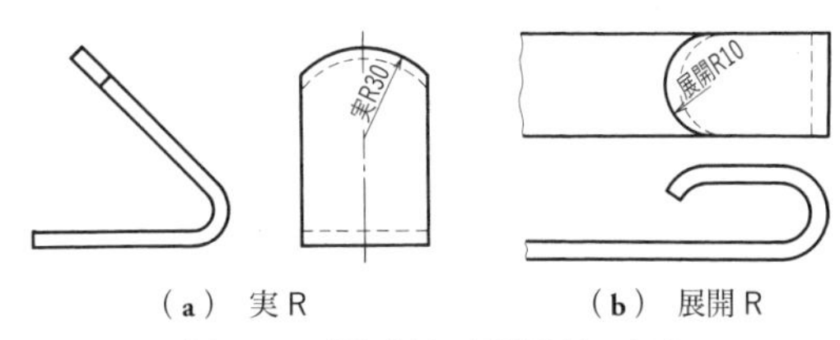

（**a**）　実 R　　（**b**）　展開 R

図 8-33　実際半径，展開半径の表示

半径寸法が，他の寸法からおのずとわかるような場合には，**図 8-34** のように，記号“(R)”によって指示できる．

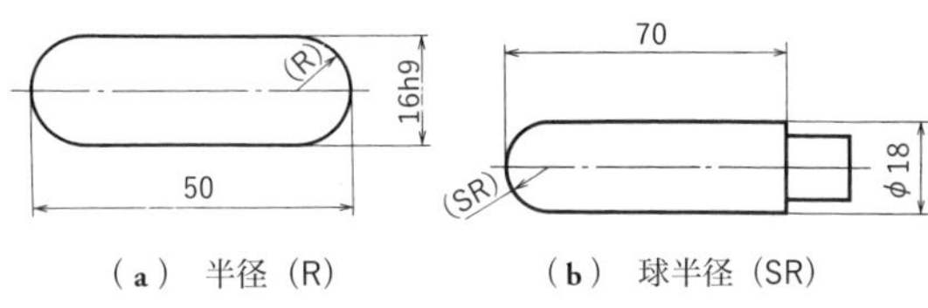

（**a**）　半径（R）　　（**b**）　球半径（SR）

図 8-34　寸法上決まってくる半径の表示

かどの丸み，隅の丸みに**コントロール半径**を要求する場合には，**図 8-35** のように，数値の前に記号“CR”（しーあーる：control radius）を付して指示する．

この CR は**同図**（b）のように，直線部と半径曲線部との接続が滑らかにつながって，最大許容半径と最小許容半径との間に半径が存在するように意図する半径である．

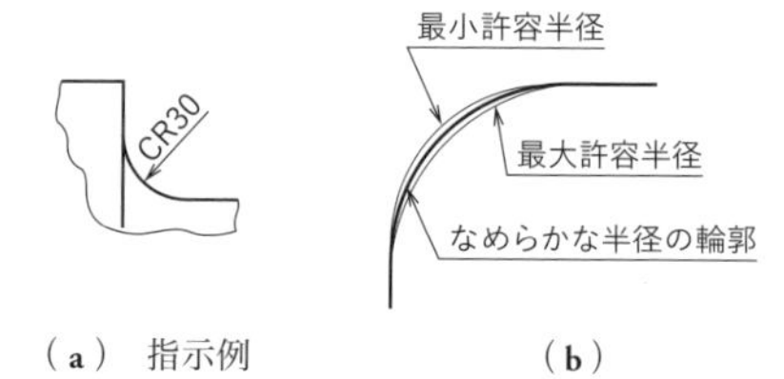

（a） 指示例　　　（b）

図 8-35 コントロール半径

直径寸法は，**図 8-36**（a）のように円形が現れない図形の場合には，数値の前に直径記号“ϕ”（まる，ふぁい）を同じ大きさで入れるが，完全な円形で表されている場合や，欠円でも直径寸法線の両端に端末記号がつく場合には，**同図**（b）のように“ϕ”を省略する．

ただし，引出線を用いた場合や欠円で端末記号が片側だけの図の場合には“ϕ”を入れる〔**同図**（b），**図 8-37**（a）〕．また，円形の図および側面図で円形が現れないとき，円形となる加工方法が併記されている場合には“ϕ”は省略する〔**同図**（b）〕．

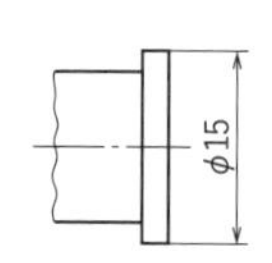

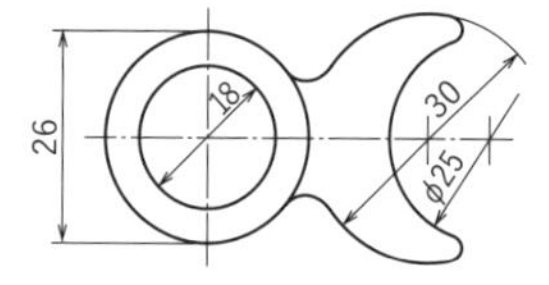

（a）“ϕ”の記入例　　（b）“ϕ”を省略する場合

＊ ϕ25 は端末記号が片側だけなので記入している．

図 8-36 直径の表し方

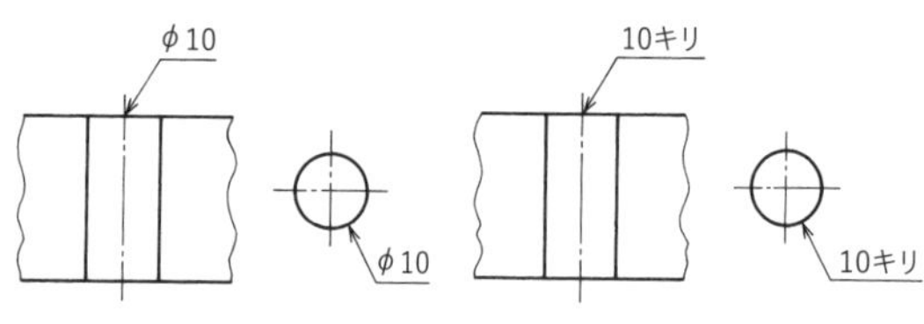

（a） 引出線で表した例　（b） 加工法引出線による指示例

図 8-37 直径の記入例

直径記号が連続していて，記入する余地がない場合には，**図 8-38** のように記入することもできる．

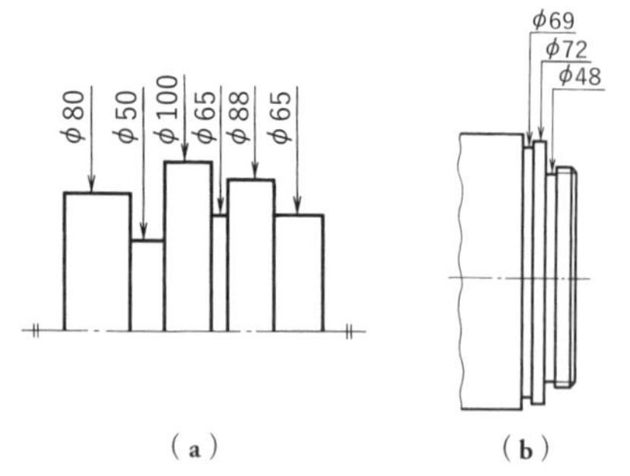

（a）　　（b）

図 8-38 狭い場所での直径寸法記入

球の直径または半径の記入法は，**図 8-39** のように，寸法数値と同じ大きさで記号“Sϕ”（えすまる：sphere）または“SR”（えすあーる）と記入する．

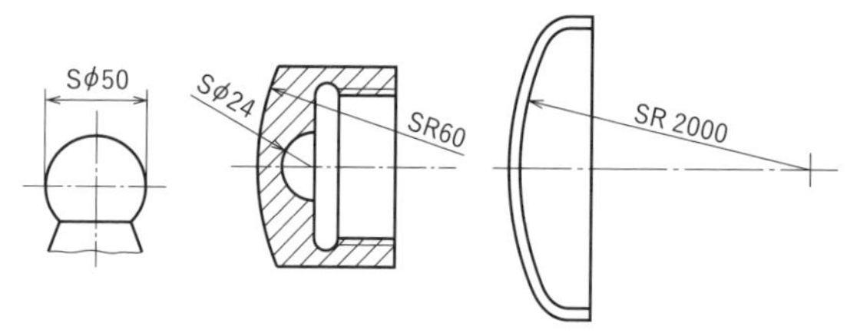

（a） 直径　（b） 直径と半径　（c） 半径

図 8-39 球面の寸法表示（Sϕ，SR）

正方形の辺の表し方は，断面が正方形の場合，**図 8-40**（a）のように図形に正方形が現れない場合には記号“□”（かく）を記入し，**同図**（b）のように，正方形が現れている場合には，“□”はつけずに両辺の寸法を記入する．

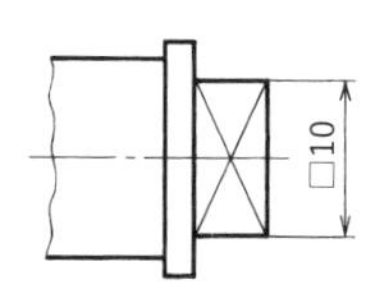

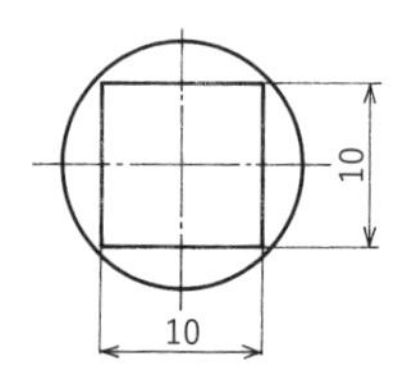

（a） 記号“□”　（b） 正方形が現れる場合□を省略

図 8-40 正方形の表示

厚さの表し方は，**図 8-41** のように，図中見やすい位置に，厚さの記号“t”（てぃー：thickness）を寸法数値の前に同じ大きさで記入して示す．

弦の長さの表し方は，**図 8-42**（a）のように，弦に直角な寸法補助線を用いて表す．

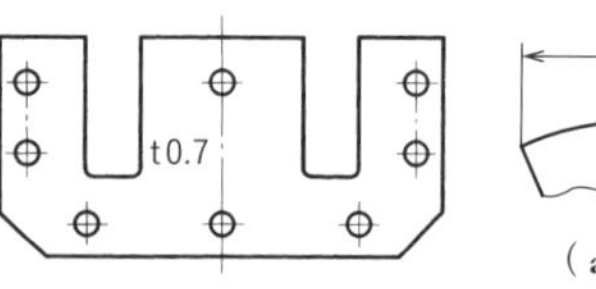

（a） 弦　（b） 円弧

図 8-41 厚さ表示記号“t”　**図 8-42** 弦および円弧の長さ

円弧の長さの表し方は，**図 8-42**（b）のように，弦の場合と同様な寸法補助線と同心の円弧の寸法線で表し，数値の前に**円弧記号“⌒”**（えんこ）を付す．また，連続して円弧を記入する場合や，弧を構成する角度が大きい場合には，**図 8-43** のように記入する．

面取りの表し方は，一般には，**図 8-44** のように，通常の寸法記入法による．45°面取りの場合には，“面取り寸法数値×45°”と記入するか〔**図 8-45**（a）〕，面取り寸法数値の前に記号“C”（しー：chamfer）を添えて表す〔**同図**（b）〕．

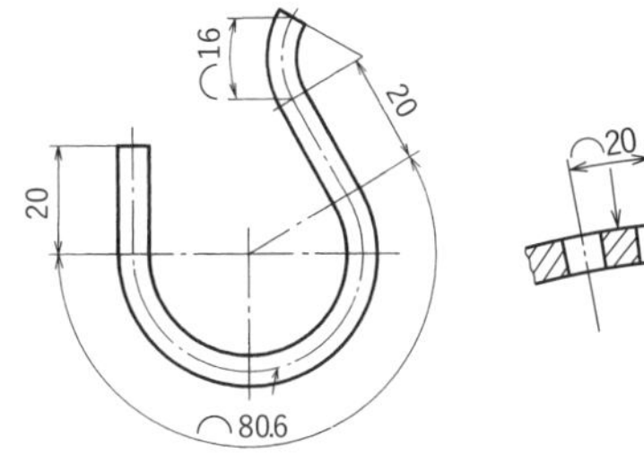

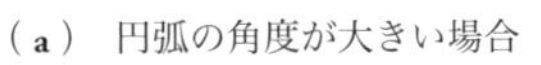

（a） 円弧の角度が大きい場合

（b） 引出線による連続円弧の表示

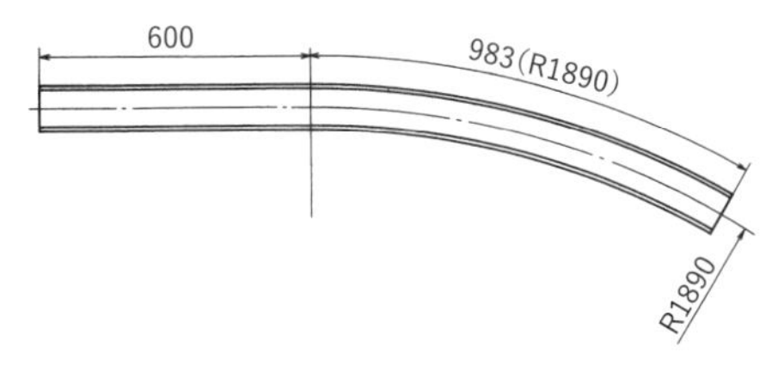

（c） かっこによる円弧半径の付記（円弧記号はつけない）

図 8-43 連続する円弧の長さの表示

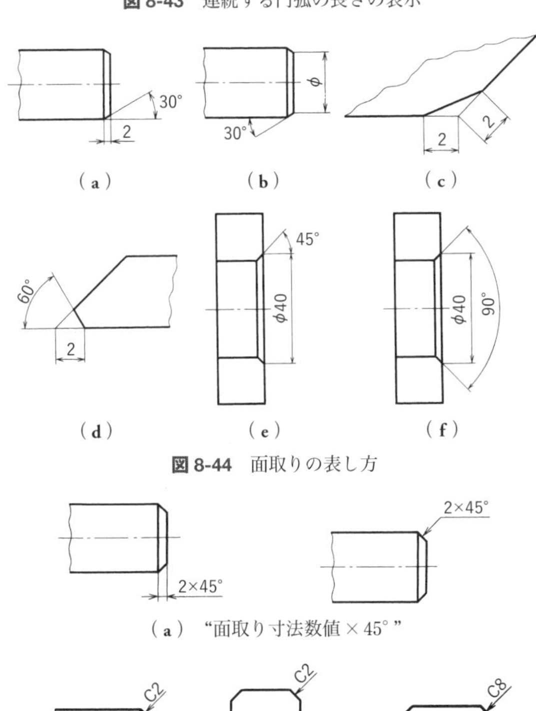

図 8-44 面取りの表し方

（a） “面取り寸法数値 × 45° ”

（b） 記号 “C”

図 8-45 45°面取りの表し方

曲線の表し方は，円弧で構成される曲線の寸法は，円弧の半径とその中心または円弧の接線の位置とで表し（**図 8-46**），円弧で構成されない曲線では，**図 8-47**（**a**）のように座標寸法で表す．この座標寸法の記入方法は，円弧で構成する曲線でも用いてよい〔**同図**（**b**）〕．

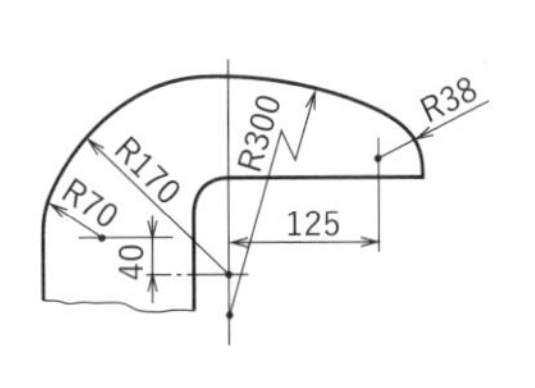

（a） 円の中心で表示　　（b） 円弧の接線で表示

図 8-46 曲線の寸法記入法

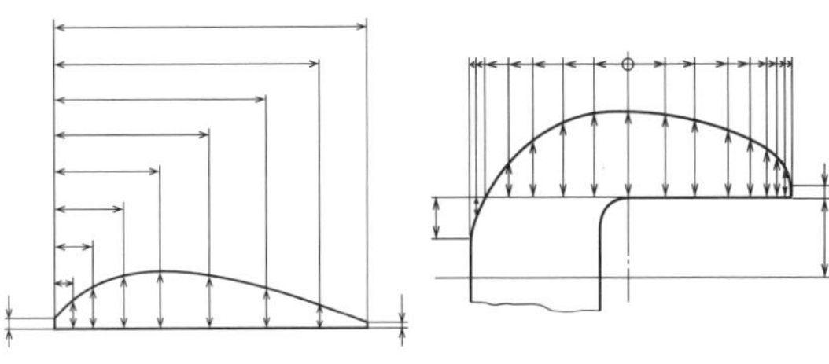

（a） 円弧で構成されない曲線　（b） 円弧で構成される曲線

図 8-47 任意の点の座標寸法による曲線の表示

08-8 穴の寸法の表し方

きり穴，打抜き穴，鋳抜き穴などの加工方法の区別を示したい場合には，**図 8-48** のように，工具の呼び寸法または基準寸法の後に加工方法（**表 8-2**）を記入する．また，一群の同一寸法のボルト穴，小ねじ穴，ピン穴，リベット穴などの寸法は，**図 8-49** のように表示する．

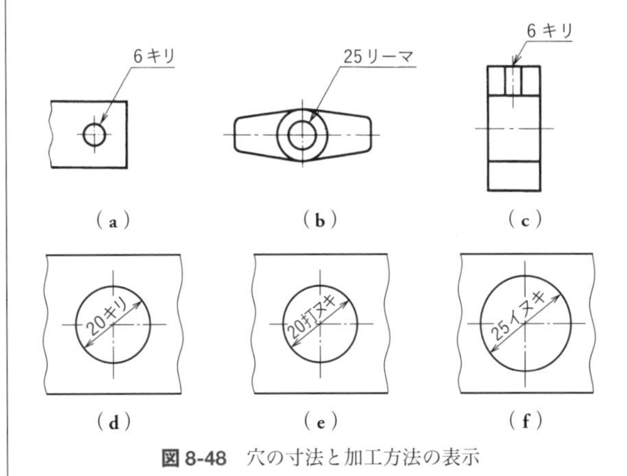

図 8-48 穴の寸法と加工方法の表示

表 8-2 加工方法の簡略指示

加工方法	簡略指示
鋳放し	イヌキ
プレス抜き	打ヌキ
きりもみ	キリ
リーマ仕上げ	リーマ

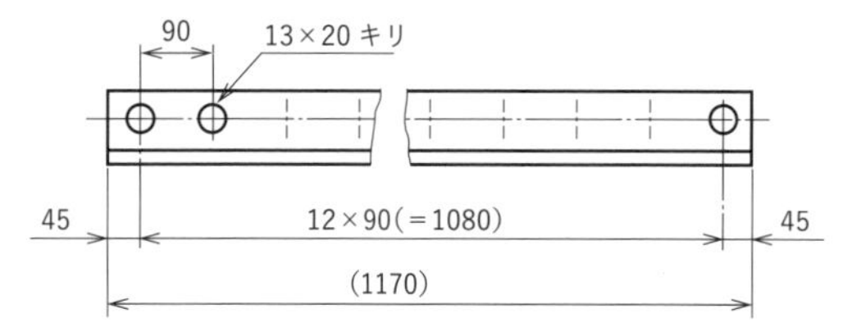

図 8-49　同一寸法の穴の個数表示

穴の深さを指示するときは，**図 8-50** のように深さを示す記号“↧”（あなふかさ）に続けて深さの数値を記入する．傾斜した穴の深さは，穴の中心線上の長さ寸法で表す〔**図 8-50**(c)〕．

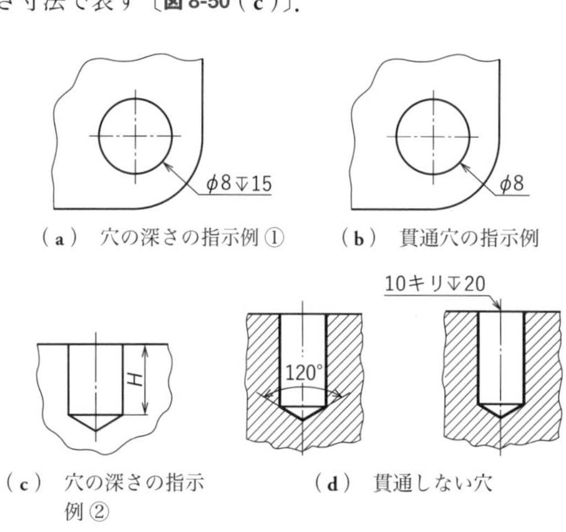

(a)　穴の深さの指示例①　(b)　貫通穴の指示例

(c)　穴の深さの指示例②　(d)　貫通しない穴

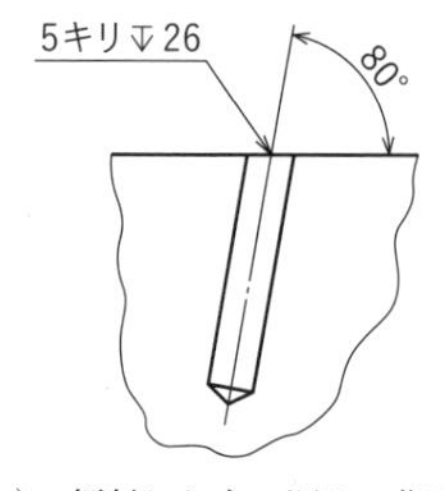

(e)　傾斜した穴の深さの指示例

図 8-50　穴の深さの表示

ざぐり，または深ざぐりの表し方は，**図 8-51**，**図 8-52** のように，ざぐりを示す記号“⌴”（ざぐり，ふかざぐり）に続けて，ざぐりの直径数値を付記し，続けて穴の深さ記号“↧”の後に，ざぐり深さの数値を記入する．

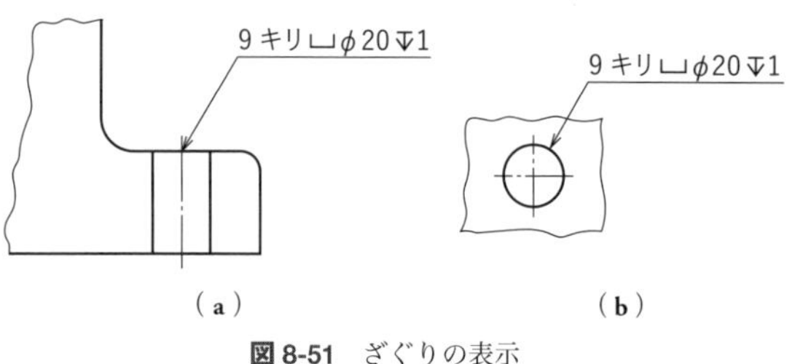

(a)　(b)

図 8-51　ざぐりの表示

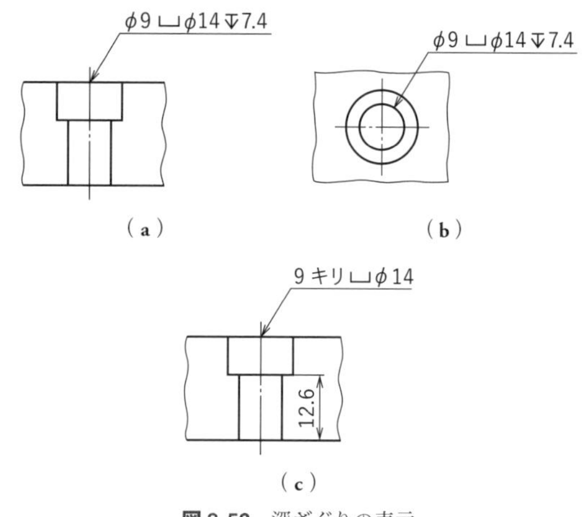

(a)　(b)

(c)

図 8-52　深ざぐりの表示

皿ざぐりは**図 8-53**(a)，(b)のように，これを示す記号“∨”（さらざぐり）に続けて皿ざぐりの穴の直径を記入する．**同図**(c)，(d)は皿ざぐりの深さ，開き角および簡略指示方法の例を示す．

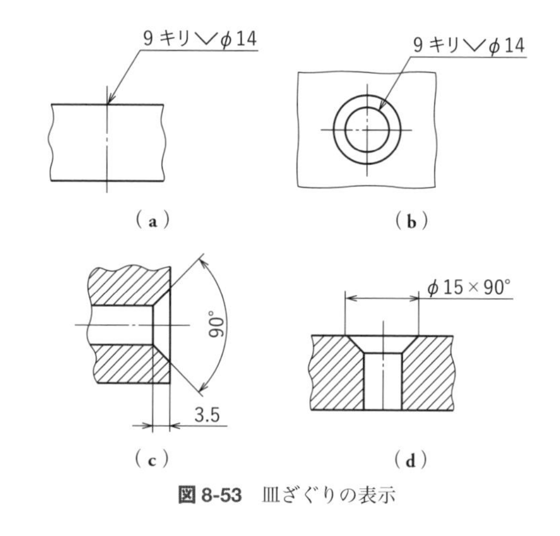

(a)　(b)

(c)　(d)

図 8-53　皿ざぐりの表示

長円の穴は，機能または加工方法によって**図 8-54** のように表す．

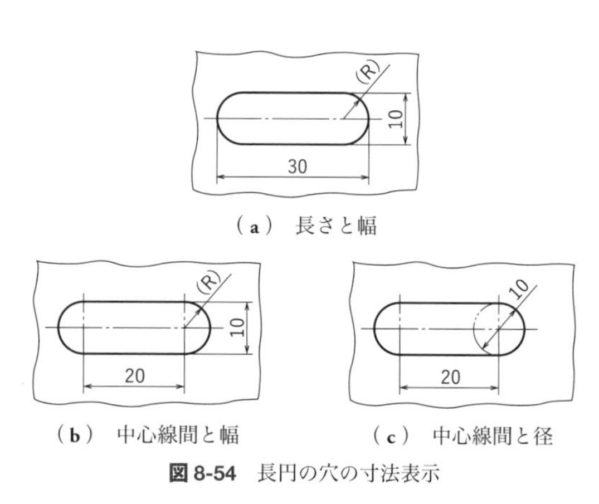

(a)　長さと幅

(b)　中心線間と幅　(c)　中心線間と径

図 8-54　長円の穴の寸法表示

08-9　キー溝の表し方

軸のキー溝の表し方は，**図 8-55**（a），（b）のように，キー溝の幅，深さ，長さ，位置および端部を表す寸法による．また，キー溝の端部をフライスなど加工する場合は，**同図**（c）のように表す．軸のキー溝深さは，**同図**のように，反対側の軸径面からキー溝の底までの寸法で表す．

また，**図 8-56** のように，切込み深さとしてもよい．複数の同一寸法のキー溝は，一つの溝の寸法を示し，他のキー溝にその個数を指示する（**図 8-57**）．

テーパ軸のキー溝は個々の形体の寸法を指示する（**図 8-58**）．

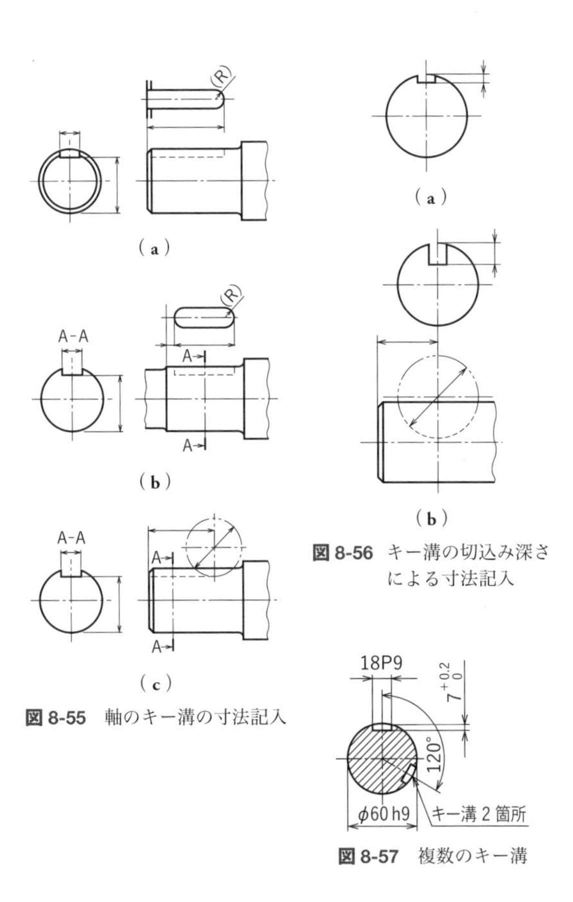

図 8-55　軸のキー溝の寸法記入

図 8-56　キー溝の切込み深さによる寸法記入

図 8-57　複数のキー溝

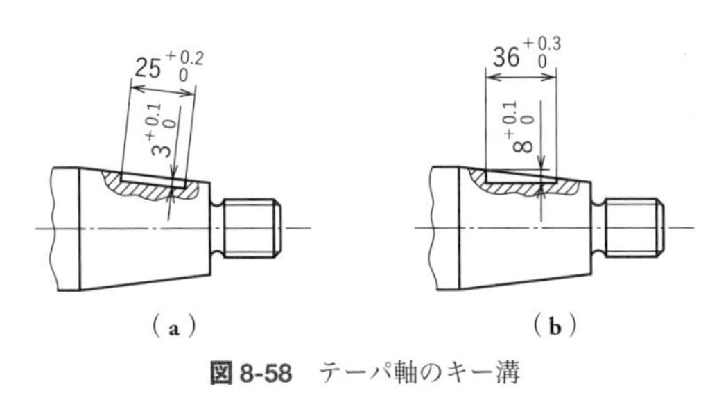

図 8-58　テーパ軸のキー溝

穴のキー溝の寸法は，**図 8-59** のように表す．**こう配キーの溝**の深さは，**図 8-60** のように，深い側で表す．

円すい穴のキー溝は，**図 8-61** のように直角な断面における寸法を指示する．

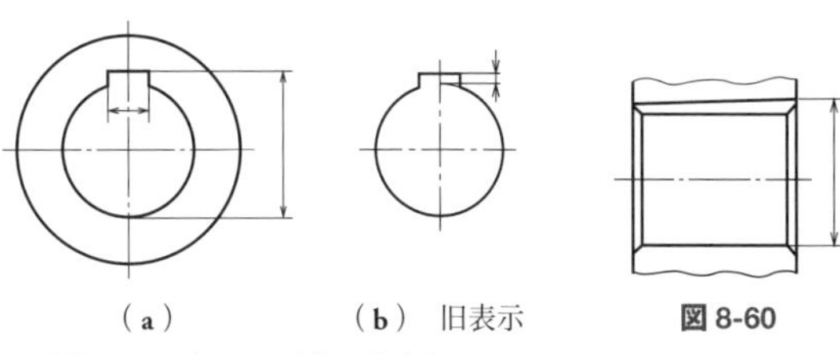

図 8-59　穴のキー溝の寸法記入

図 8-60

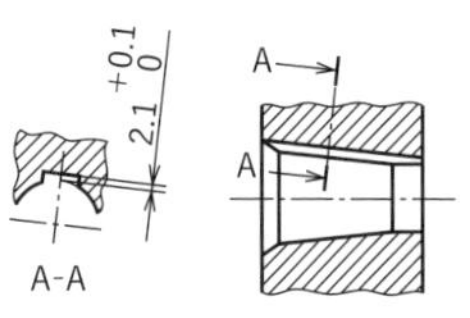

図 8-61　円すい穴のキー溝の指示

08-10　テーパの表し方

テーパ比について，**図 8-62** のように，テーパのある形の近くに**参照線**を用いて表示する．

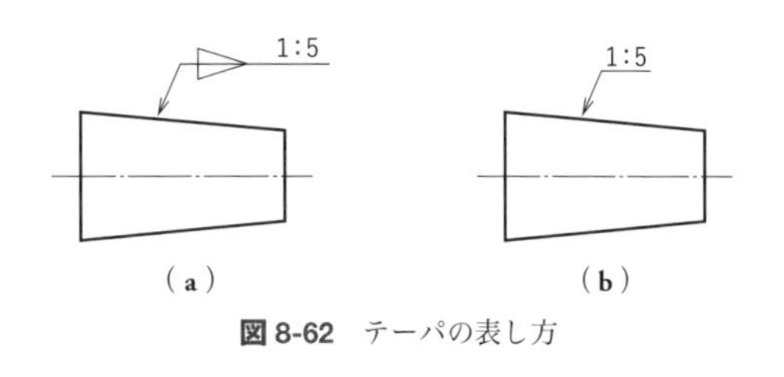

図 8-62　テーパの表し方

08-11　こう配の表し方

こう配は，テーパの場合と同じように参照線を用い，**図 8-63** のように示す．

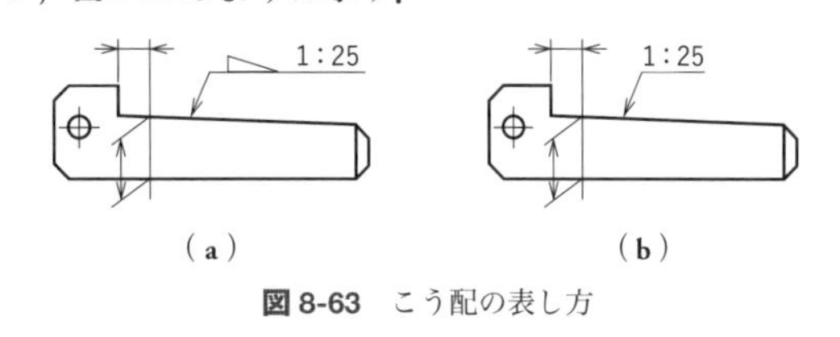

図 8-63　こう配の表し方

08-12　鋼構造物などの表示法

構造線図で**格点**間の寸法を表す場合には，**図 8-64** のように，その寸法を部材に沿って直接記入する．ここで，格点とは構造線図での部材重心線の交点をいう．

形鋼，鋼管，角鋼などの寸法は，**表 8-3** に示す表示方法によって，**図 8-65** のように，それぞれの図形に沿って記入することができる．

表 8-3　鋼材の形状・寸法の表し方（JIS B 0001：2019）

種類	断面形状	表示方法	種類	断面形状	表示方法	種類	断面形状	表示方法
等辺山形鋼		∟ $A\times B\times t\text{-}L$	T形鋼		T $B\times H\times t_1\times t_2\text{-}L$	ハット形鋼		⊓ $H\times A\times B\times t\text{-}L$
不等辺山形鋼		∟ $A\times B\times t\text{-}L$	H形鋼		H $H\times A\times t_1\times t_2\text{-}L$	丸鋼（普通）		$\phi\, A\text{-}L$
不等辺不等厚山形鋼		∟ $A\times B\times t_1\times t_2\text{-}L$	軽溝形鋼		[$H\times A\times B\times t\text{-}L$	鋼管		$\phi\, A\times t\text{-}L$
I形鋼		I $H\times B\times t\text{-}L$	軽Z形鋼		ʅ $H\times A\times B\times t\text{-}L$	角鋼管		□ $A\times B\times t\text{-}L$
溝形鋼		[$H\times B\times t_1\times t_2\text{-}L$	リップ溝形鋼		[$H\times A\times C\times t\text{-}L$	角鋼		□ $A\text{-}L$
球平形鋼		J $A\times t\text{-}L$	リップZ形鋼		ʅ $H\times A\times C\times t\text{-}L$	平鋼		▭ $B\times A\text{-}L$

〔**備考**〕 L は長さを表す．

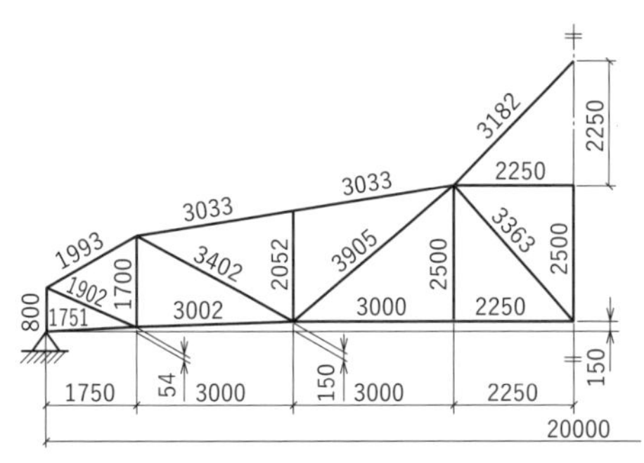

図 8-64　鋼構造物の格点間寸法

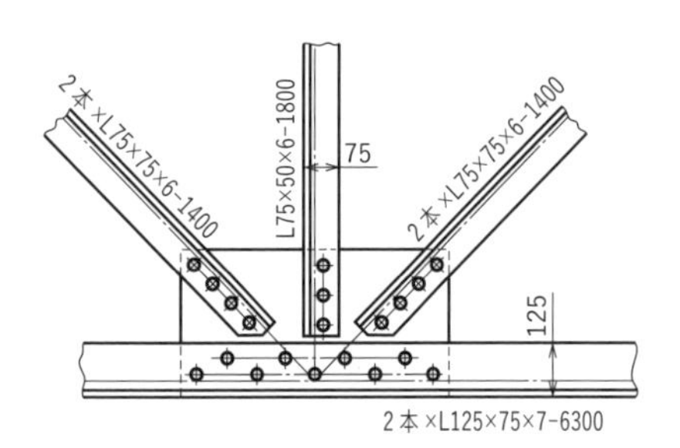

図 8-65　鋼材の形状・寸法と長さの記入

08-13　薄肉部の表し方

薄肉部の断面を1本の極太線で表した図形の寸法は，**図 8-66** のように示す．

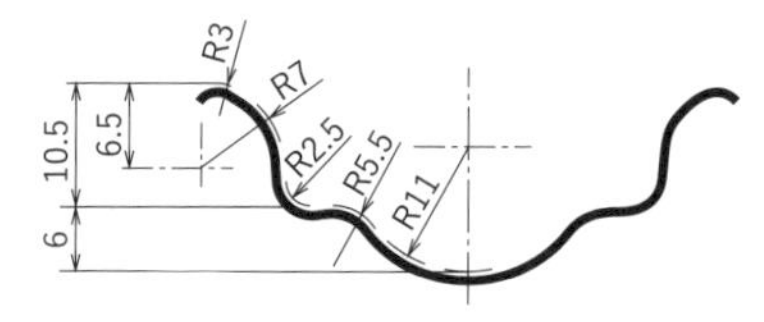

図 8-66　薄肉部寸法の記入

寸法が徐々に変化する**徐変する寸法**は，**図 8-67** のように表示する．

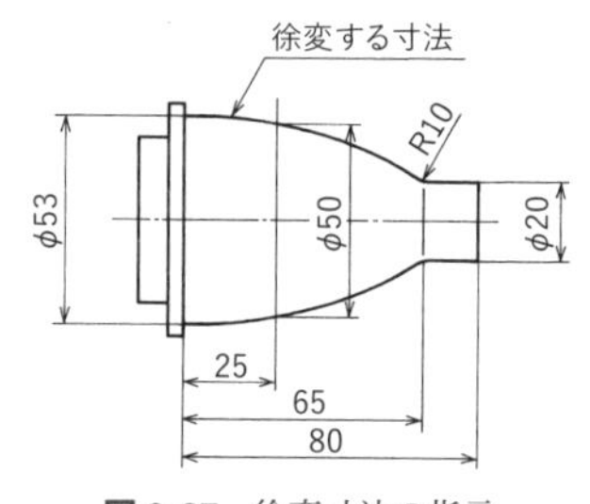

図 8-67　徐変寸法の指示

08-14　加工・処理範囲の指示

加工・処理範囲の限定には，**図 8-68** のように，特殊な加工を示す太い一点鎖線の位置および範囲の寸法を記入し，加工，表面処理などの必要事項を明示する．

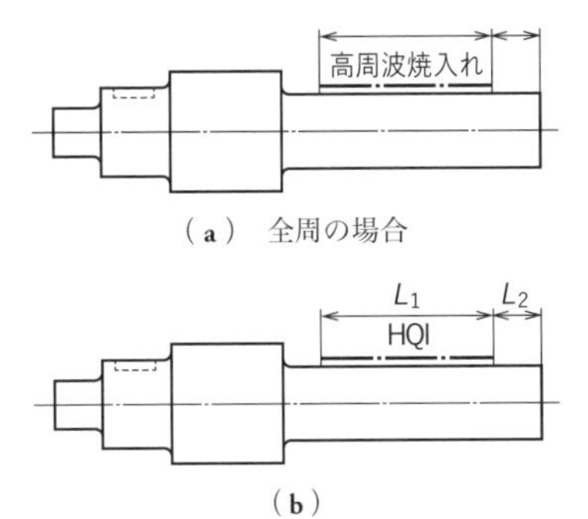

（a） 全周の場合

（b）

〔注〕 “HQI” は “高周波焼入れ” を示す加工方法記号（JIS B 0122 参照）

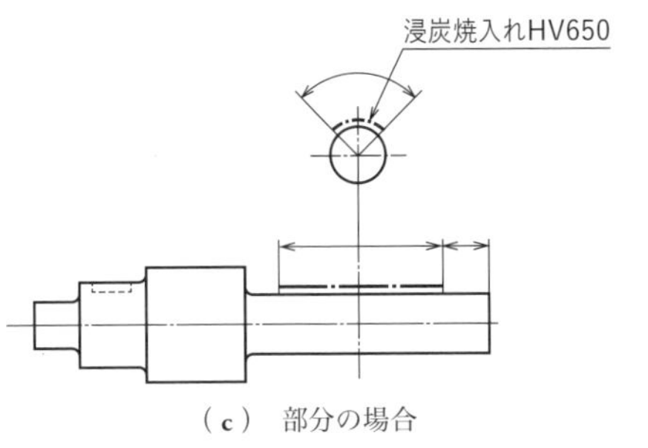

（c） 部分の場合

図 8-68 特殊な加工を施す部分の図示法

08-15 非比例寸法の記入法

一部の図形が寸法に比例しないときには，**図 8-69** のように，寸法数字の下に太い実線を入れる．ただし，切断省略した場合などには，省略できる．

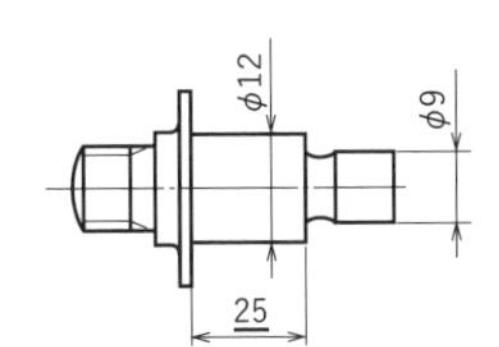

図 8-69 非比例寸法の記入

08-16 その他の注意事項

円弧部分の寸法は，円弧が 180° までは半径で〔**図 8-70**（a）〕，これを超える場合には直径で表す〔**同図**（b）〕．ただし，機能または加工上必要な場合には，直径で記入する〔**同図**（c）〕．

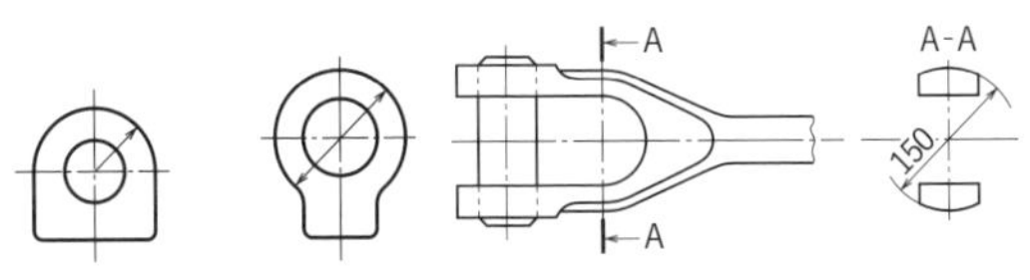

（a）180°以下の円弧 （b）180°超える円弧 （c）機能や加工上必要な場合の直径表示

図 8-70 円弧部分の寸法表示

キー溝が断面に現れているボス内径の寸法は，**図 8-71** による．

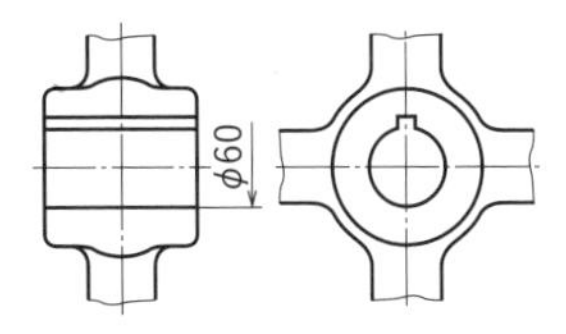

図 8-71 溝がある内径の寸法

加工または組立てで基準とする箇所がある場合の寸法は，**図 8-72**（a），（b）のように，基準とする面から記入する．そのとき，基準面を示す必要がある場合の例を**同図**（c）に示す．

また，加工工程が異なる部分の寸法は，**図 8-73** のように，配列を分けて記入する．互いに関連する寸法は，まとめて 1 箇所に記入する（**図 8-74**）．

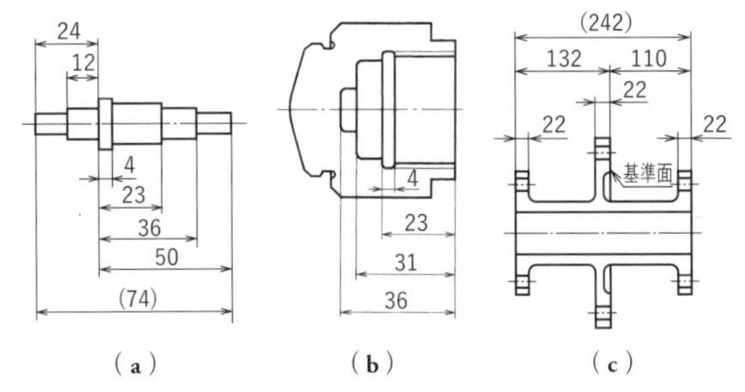

（a） （b） （c）

図 8-72 基準面があるときの寸法記入

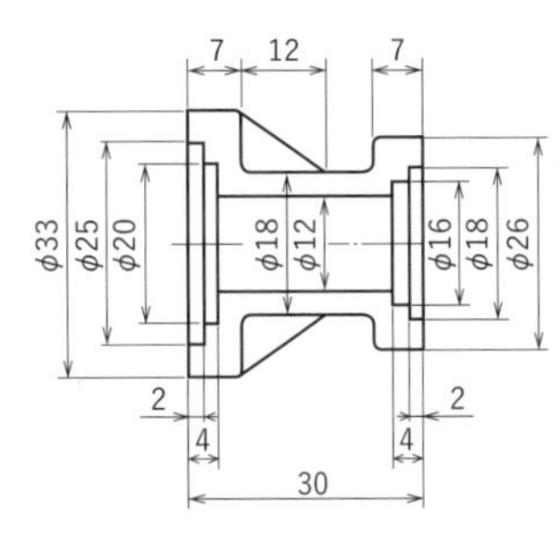

図 8-73 加工工程別に指示した例

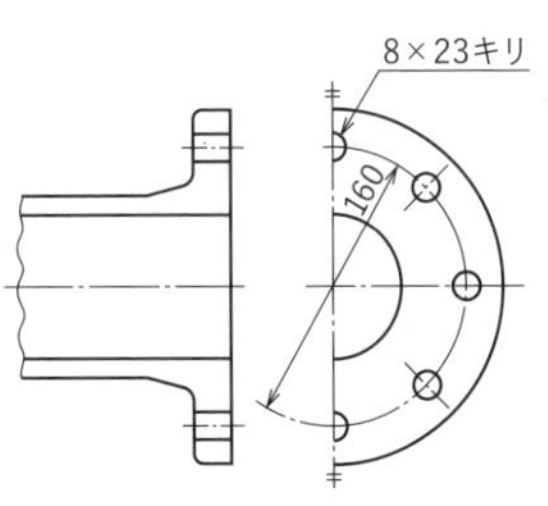

図 8-74 関連する寸法の記入

T 形管継手，弁箱，コックなどのフランジで同一寸法が二つ以上ある場合には，**図 8-75** のように，一つにだけ寸法を記入し，他は同じ寸法である旨の注意書きを示す．

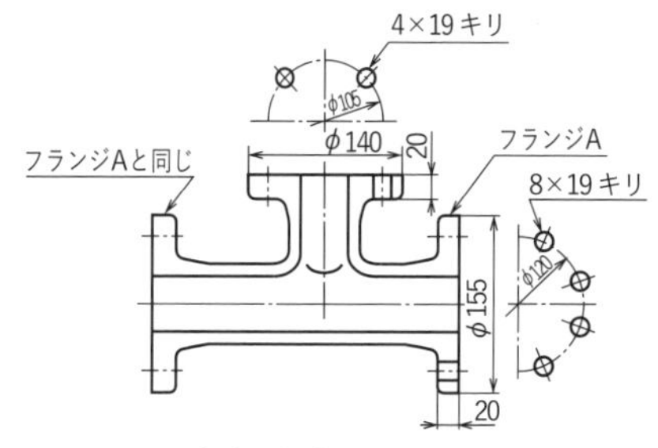

（a） 従来からの指示

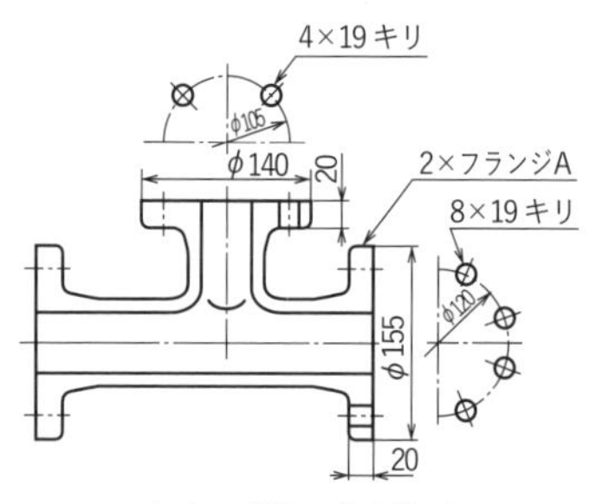

（b） 形体の数を指示

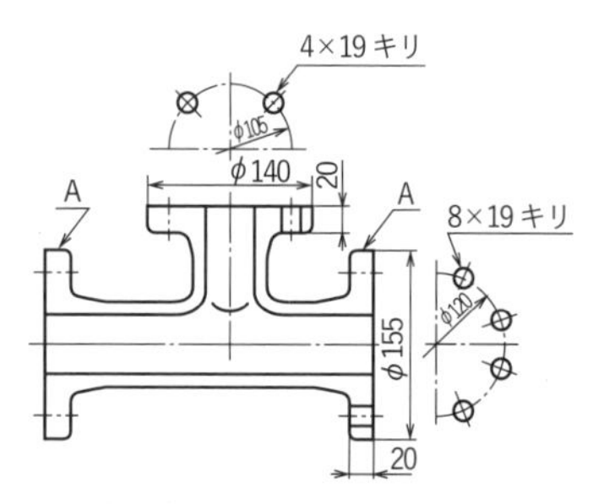

A＝JIS B 2220, 10 K, 150 A, FCD

（c） 文字記号による指示

図 8-75 同一部分が二つある場合の記入法

09 その他の記入法

09-1 照合番号

照合番号には，通常アラビア数字を用い，組立図中の部品では，照号番号に代えて図面番号を記入する．その要領は，① 組立の順序に従う，② 構成部品の重要度に従う，③ その他，根拠のある順序に従うの，いずれかの手法を用いる．

照号番号の記入にあたっては，明確に区別するため，円で囲んだ文字で書き，**図 9-1** のように，引出線を使って記入するとよい．

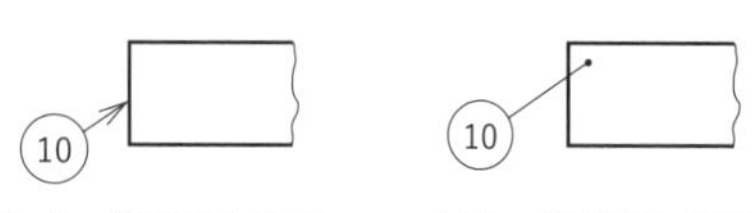

（a） 外形線に指示　（b） 実質部に指示

図 9-1 照合番号

09-2 図面内容の変更表示法

出図後の図面内容変更は，変更箇所に適宜な記号を付記し，変更前の図形，寸法などを適宜に保存するようにする．このとき，変更日付け，理由などを明記する（**図 9-2**）．

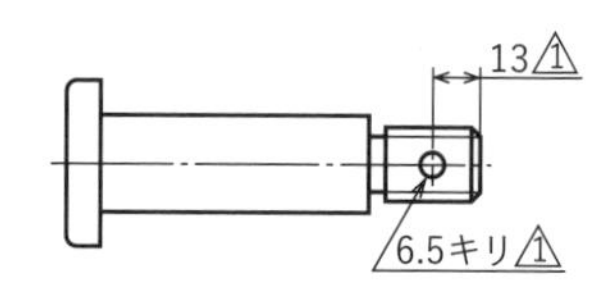

変更履歴		
記号	内容	日付
△1	円筒穴を追加	XX･X･X

（a） 形状の変更例

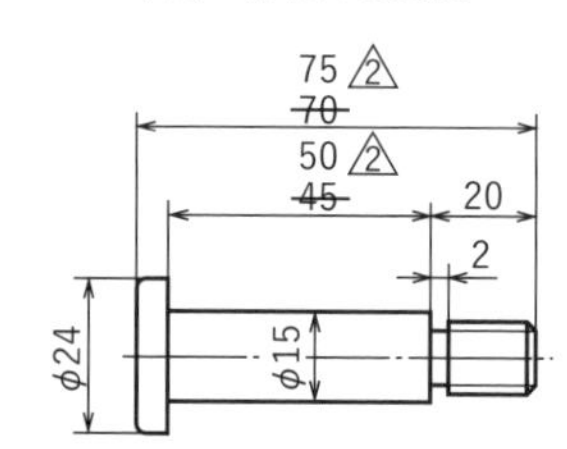

変更履歴		
記号	内容	日付
△2	寸法変更	XX･X･X

（b） 寸法の変更例

記号	年月日	内容	印
△1	XX･X･X	円筒穴の追加のため	平野
△2	同上	寸法変更のため	平野

（c） 訂正欄の例

図 9-2 図面の変更

10 ねじの製図

ここでは，**JIS B 0002** の規定に基づいて概要を述べる．なお，同規定中の“ねじインサート”については，わが国ではなじみが薄いので概略のみとする．

10-1 ねじおよびねじ部品の図示法

ねじの実形を技術文書などで図示する場合（**図 10-1**），つる巻き線などは厳密な尺度で描く必要はない．

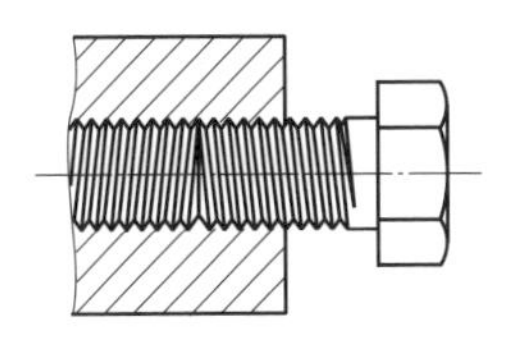

（a） ねじのはまり合い

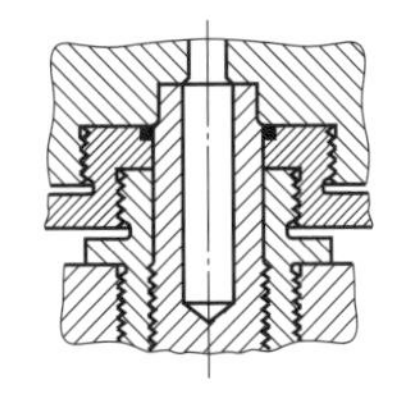

（b） ねじの組立て断面図

図 10-1 ねじの実形図

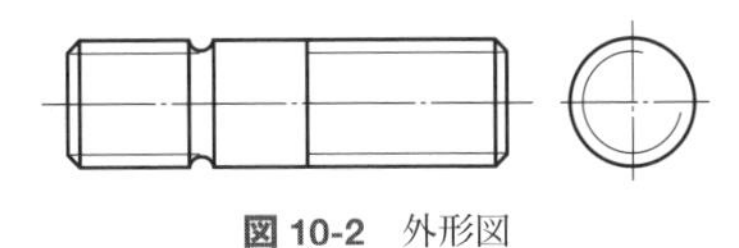

図 10-2 外形図

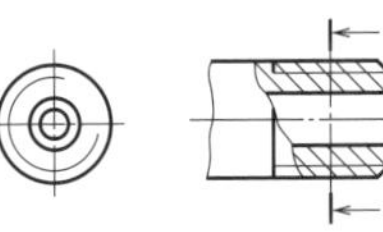

（a） 全断面図　（b） 部分断面図

図 10-3 断面図と端面図

通常の製図では，**図 10-2**～**図 10-10** のように，**ねじの山の頂**（おねじ外径，めねじ内径）を太い実線，**谷底**（おねじ谷の径，めねじ谷の径）を細い実線で表す．この線の間隔が狭い場合には，太い線の太さの 2 倍または 0.7 mm のいずれか大きい方の値以上で描く．**CAD** で描くねじでは，呼び径が 8 mm 以上では 1.5 mm 間隔で，呼び径 6 mm 以下では**ねじの簡略図示**（後出 **10-4 項** 参照）で描くことが推奨されている．

ねじの端面図では，**図 10-2**，**図 10-3** のように，ねじ谷底は細い実線で描いた円周の 3/4 で表し（右上方の 4 分円をあける），**面取り円**を表す太い線は，端面図では省略する．

不完全ねじ部はねじ部の終端を超えた部分〔**図 10-4**，**図 10-5**（a）〕であり，機能上必要な場合〔**図 10-6**（a）〕，または寸法指示の必要な場合〔**図 10-5**（a）〕には，傾斜した細い実線で表すが，省略してもよい〔**図 10-3**，**図 10-5**（b），**図 10-8** 他〕．なお，ねじ部品の組立図は，**図 10-6**，**図 10-9** のように，常におねじ部品を優先させ，めねじ部品をかくした状態で示す．めねじの完全ねじ部の限界を表す太い線は，**図 10-4**，**図 10-6** のようにめねじの谷底まで描く．

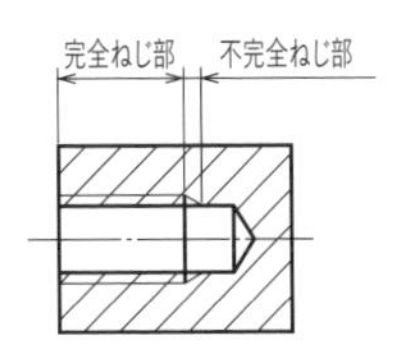

図 10-4 めねじの不完全ねじ部

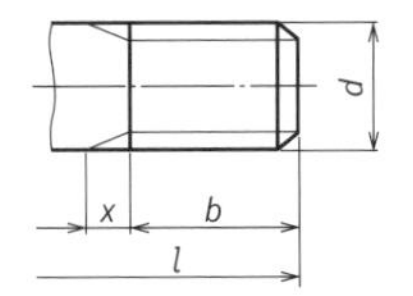

（a） 不完全ねじ部指示

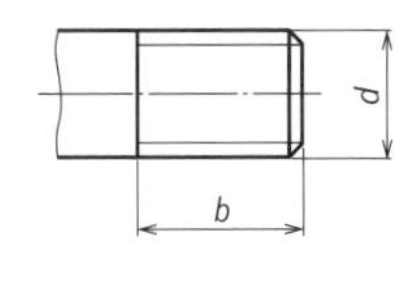

（b） 不完全ねじ部省略

d：呼び径（山径），b：ねじ部長さ，
x：不完全ねじ部，l：くび下長さ（ボルト）

図 10-5 寸法記入法

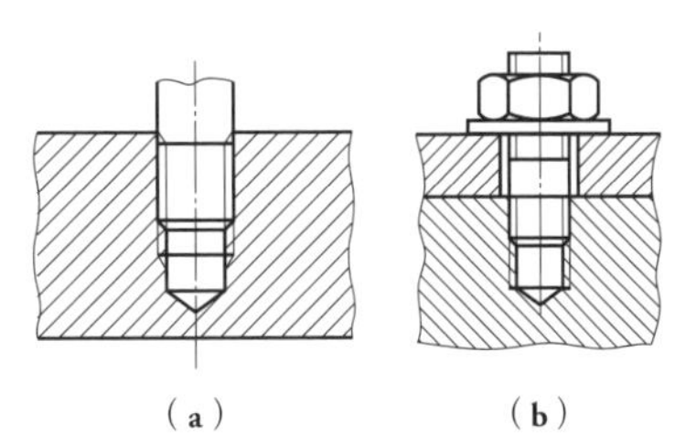

（a）　（b）

〔**備考**〕 めねじを加工する際に必要な，不完全ねじ部または逃げ溝を図示するのがよい．

図 10-6 植込みボルトの組立図

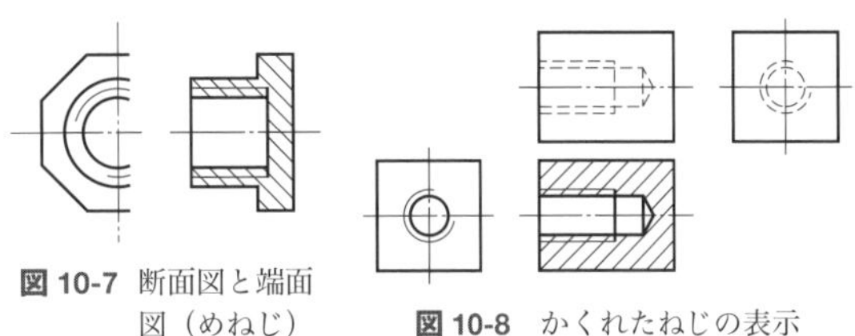

図 10-7 断面図と端面図（めねじ）

図 10-8 かくれたねじの表示

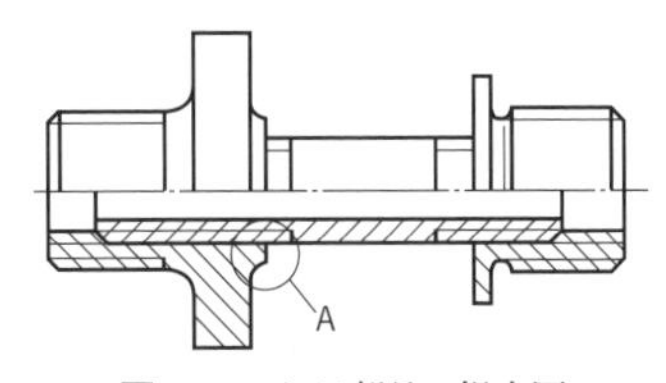

図 10-9 ねじ部品の組立図

かくれたねじは**図 10-8** のように，山の頂，谷底およびねじ部長さの境界の線は，細い破線で表す．

ねじの断面には必ずハッチングを施し，おねじ優先として山の頂の線まで入れる（**図 10-9**）．また，めねじ部品の端面を表す線は，おねじの山の頂を表す線で止める（**図 10-9** の A 部）．

10-2 ねじ部品の指示および寸法記入法

10-2-1 ねじの表し方

ねじは，次のような構成で表す（**JIS B 0123**）．

ねじの呼び	—	ねじの等級	—	ねじ山の巻き方法

ねじの呼びは，“ねじの種類を表す記号”，“呼び径または直径を表す数字”および“ピッチまたは 1 インチについてのねじ山数”を用い（**表 10-1**），次のいずれかによって表す．

表 10-1 ねじの種類を表す記号と呼びの表し方
（JIS B 0123：1999 参照）

ねじの種類		ねじの種類を表す記号	ねじの呼びの表し方の例	関連規格 JIS B
メートルねじ並目		M	M 10	0209-1
メートルねじ細目			M 10 × 1	0209-1
ミニチュアねじ		S	S 0.5	0201
メートル台形ねじ		Tr	Tr 12 × 2	0216
管用テーパねじ	テーパおねじ	R	R 3/4	0203
	テーパめねじ	Rc	Rc 3/4	
	平行めねじ	Rp	Rp 3/4	
管用平行ねじ		G	G 5/8	0202
ユニファイ並目ねじ		UNC	1/2-13 UNC	0206
ユニファイ細目ねじ		UNF	No.6-40 UNF	0208

① ピッチを mm で表すねじの場合

［ねじの種類を表す記号］［ねじの呼び径を表す数字］×［ピッチ］

多条メートルねじの場合

［ねじの種類を表す記号］［ねじの呼び径を表す数字］

× *L*［リード］*P*［ピッチ］

多条メートル台形ねじの場合

［ねじの種類を表す記号］［ねじの呼び径を表す数字］

× *L*［リード］（*P*［ピッチ］）

表 10-2 推奨するねじの等級（公差域クラス）と表示例
（JIS B 0123：1999 参照）

ねじの種類		ねじの等級（精↔粗）	締結状態の表示例	関連規格 JIS B
メートルねじ	めねじ	5 H, 6 H, 7 H, 6 G	6 H/6 g	0209-1
	おねじ	4 h, 6 g, 6 f, 6 e		
ミニチュアねじ	めねじ	3 G 5, 3 G 6, 4 H 5, 4 H 6	3 G 6/5 h 3	0201
	おねじ	5 h 3		
メートル台形ねじ	めねじ	7 H, 8 H, 9 H	7 H/7 e	0217
	おねじ	7 e, 8 e, 8 c, 9 c		
管用平行ねじ	おねじ	A, B	A	0202
ユニファイねじ	めねじ	3 B, 2 B, 1 B	2 B	0210
	おねじ	3 A, 2 A, 1 A	2 A	0212

〔注〕 等級はメートルねじでは公差域クラスをいう.

② ユニファイねじの場合

［ねじの直径を表す数字または番号］—［山数］［ねじの種類を表す記号］

③ ピッチを山数で表すねじ（ユニファイねじを除く）の場合

［ねじの種類を表す記号］［ねじの直径を表す数字］—［山数］

ねじの等級（**表 10-2**）は，必要がない場合は省略する．**ねじ山の巻き方向**は，左ねじの場合 “LH”，右ねじの場合は，必要な場合のみ “RH” の略号で表す．

10-2-2 ねじの寸法記入法

ねじの呼び径（d）は，おねじの山の頂（**図 10-5**）またはめねじの谷底（**図 10-10**）に対して，一般の寸法と同様に寸法補助線を用いて記入する．また，**ねじ長さ寸法**は，一般にねじ部長さ（b）（**図 10-5**）に対して記入するが，めねじの止まり穴深さ寸法〔**図 10-11**（**a**）中の寸法 16 の部分〕は，部品自体に制約がなければ省略できる．この場合には，ねじ長さの 1.25 倍程度に描く．

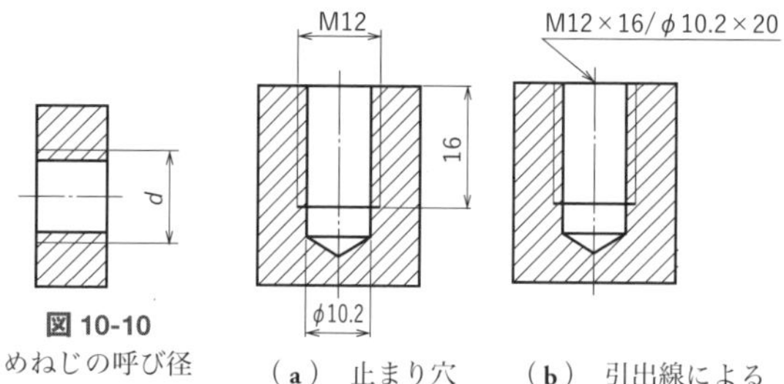

図 10-10 めねじの呼び径

（**a**） 止まり穴深さ　（**b**） 引出線による簡略化

図 10-11 寸法の表示

10-3 ねじインサート

ねじインサート（**図 10-12**）は，おねじとめねじの中間にあって締結の補助をするもので，使用目的，材料，製造メーカーなどで形が大きく異なる．一般に**図 10-13** にみられるような簡略図で表す．

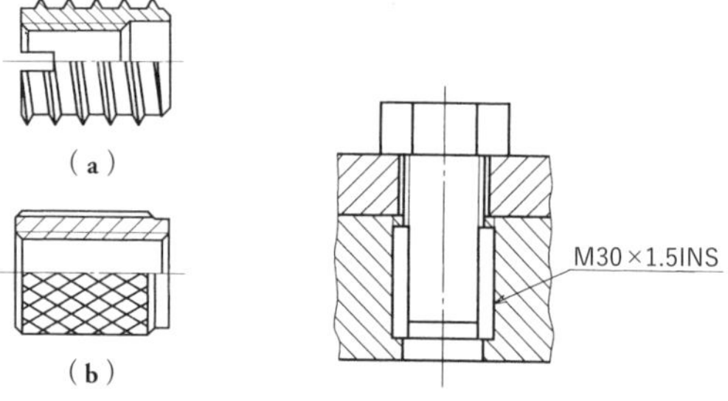

（**a**）　（**b**）

図 10-12 ねじインサートの実形図

図 10-13 組立てられたねじインサート（簡略図示）

表 10-3　ボルト・ナット・小ねじの簡略図示（JIS B 0002-3：1998）

No.	名　称	簡略図示	No.	名　称	簡略図示	No.	名　称	簡略図示
1	六角ボルト		6	十字穴付き丸皿小ねじ		11	ちょうボルト	
2	六角穴付きボルト		7	すりわり付き皿小ねじ		12	六角ナット	
3	すりわり付き平小ねじ（なべ頭形状）		8	十字穴付き皿小ねじ		13	溝付き六角ナット	
4	十字穴付き平小ねじ		9	すりわり付き止めねじ		14	四角ナット	
5	すりわり付き丸皿小ねじ		10	すりわり付き木ねじおよびタッピンねじ		15	ちょうナット	

10-4　ねじ部品の簡略図示法

ねじ部品の簡略化は，種類，尺度および関連文書の目的によって程度が異なる．一般には，ナットおよび頭部の面取り部，不完全ねじ部，ねじ先形状，逃げ溝は省略する．ねじおよびナットの簡略図示例を**表 10-3** に示す．

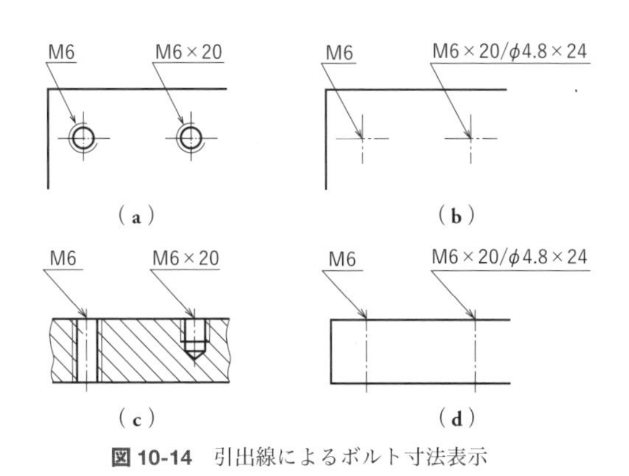

図 10-14　引出線によるボルト寸法表示

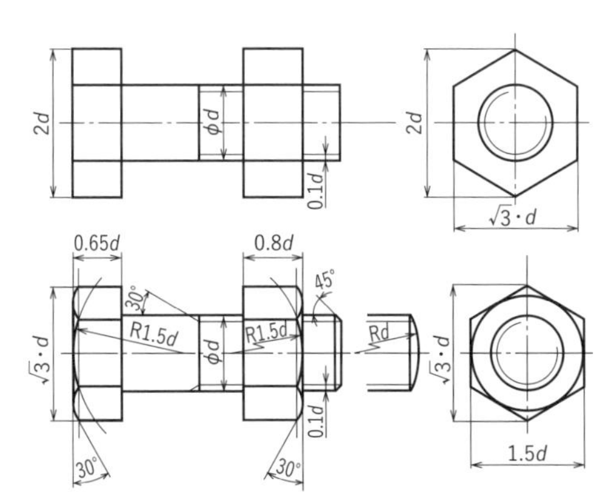

図 10-15　六角ボルト，ナットの略画法

小径のねじでは，図面上の直径が 6 mm 以下のものや，規則的に並ぶ同じ形および寸法の穴またはねじの場合には，図示および寸法指示を簡略化してもよい（**図 10-14**）．

図 10-15 は六角ボルトの呼び径 d を基準にして，各部を比例寸法で描く略画法の 2 通りで，JIS には規定はないが，便利な方法である．

11　歯車の製図

歯車製図は **JIS B 0003** による．

11-1　歯車の図示法

歯車の部品図には，図および要目表を併用する．要目表には歯切り，組立ておよび検査などに必要な事項を記入するのを原則とする（**図 11-1** ～ **図 11-3**）．

図には主として歯車素材製作に必要な寸法を記入し，熱処理に関する事項は，必要に応じて要目表の備考欄または図中に適宜記入する．

歯車部品図では，歯先円は太い実線，ピッチ円は細い一点鎖線，歯底円は細い実線で示す．また歯底円の記入は省略してもよく，とくにかさ歯車とウォームホイールの軸方向から見た側面図では，省略をふつうとし，正面図を断面で図示する場合は，歯底の線は太い実線で記入する（**図 11-3**）．

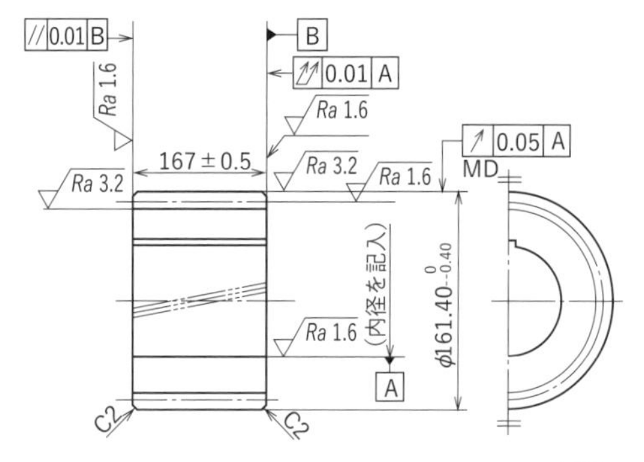

（単位mm）

はすば歯車					
歯車歯形		標準	歯厚	またぎ歯厚	$62.45^{-0.08}_{-0.18}$（またぎ歯数＝5）
歯形基準平面		歯直角			
基準ラック	歯形	並歯	仕上方法		研削仕上
	モジュール	4.5	精度		JIS B 1702-1 5級
	圧力角	20°			JIS B 1702-2 5級
歯数		32	備考	相手歯車歯数	105
				相手歯車転位係数	0
ねじれ角		18.0°		中心距離	324.61
				基礎円直径	141.409
ねじれ方向		左		材料	SNCM 415
				熱処理	浸炭焼入れ
基準円直径		151.411		硬さ(表面)	HRC 55～61
				有効硬化層深さ	0.8～1.2
全歯たけ		10.13		バックラッシ	0.2～0.42
転位係数		＋0.11		歯形修整およびクラウニングを両歯面に施す.	

図 11-1　はすば歯車の図示と要目表

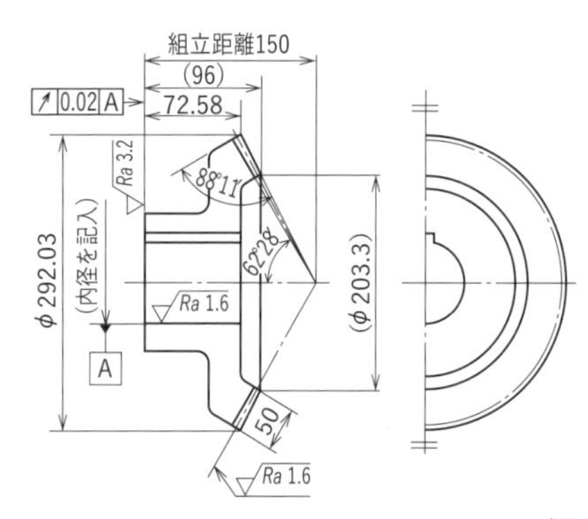

（単位mm）

すぐばかさ歯車						
区　別	大歯車	（小歯車）	区　別		大歯車	（小歯車）
モジュール	6		歯底	測定位置	外端歯先円部	
圧力角	20°			弦歯厚	$8.08^{-0.10}_{-0.15}$	
歯　数	48	（27）		弦歯たけ	4.14	
軸　角	90°		仕上方法		切　削	
基準円直径	288	（162）	精　度		JIS B 1704 8級	
歯たけ	13.13		備考	バックラッシ	0.2～0.5	
歯末のたけ	4.11			歯当たり	JGMA 1002-01区分B	
歯元のたけ	9.02			材料	SCM 420 H	
外端円すい距離	165.22			熱処理		
基準円すい角	60°39′	（29°21′）		有効硬化層深さ	0.9～1.4	
歯底円すい角	57°32′			硬さ(表面)	HRC 60±3	
歯先円すい角	62°28′					

図 11-2　すぐばかさ歯車の図示と要目表

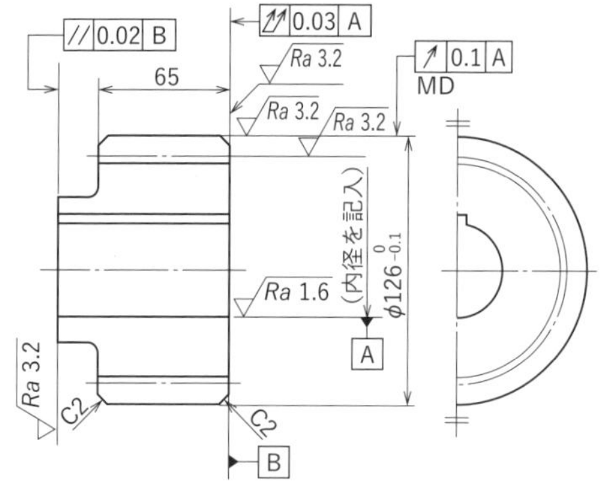

（単位mm）

平歯車					
歯車歯形		転　位	仕上方法		ホブ切り
基準ラック	歯　形	並　歯	精　度		JIS B 1702-1 7級
	モジュール	6			JIS B 1702-2 8級
	圧力角	20°	備考	相手歯車歯数	50
歯　数		18		相手歯車転位量	0
基準円直径		108		中心距離	207
転位量		＋3.16		バックラッシ	0.20～0.89
全歯たけ		13.34		材料	
歯厚	またぎ歯厚	$47.96^{-0.08}_{-0.38}$（またぎ歯数＝3）		熱処理	
				硬さ	

図 11-3　平歯車の図示と要目表

歯すじ方向の表示は通常 3 本の細い実線を使うが，まがりばかさ歯車，ハイポイド ギヤは 3 本の細い実線の曲線で示す．正面図を断面で図示する場合は，紙面より手前の歯すじ方向を 3 本の二点鎖線で表す（**図 11-1**）．

歯形の詳細ならびに寸法測定法を明示する必要のあるときは，図面中に記入する．

11-2　かみあう歯車の簡略図示法

かみあう一組の歯車の図示法は，**図 11-4** の例による．

平歯車の歯すじの方向は示さなくてもよいが，はすばおよびやまば歯車などでは，歯すじの方向を示す必要がある〔**同図（b），（g），（h）**〕．一連の歯車の正

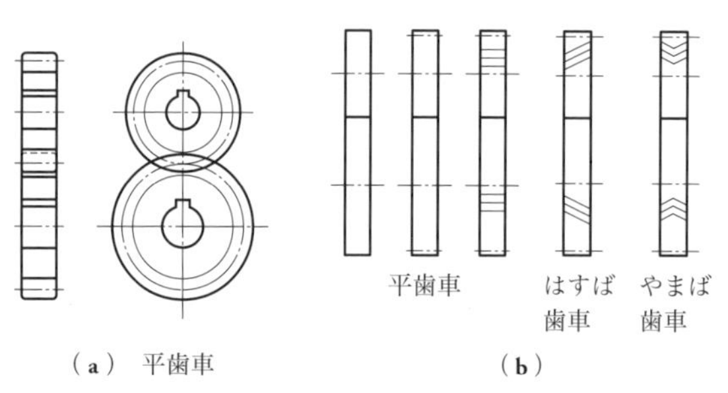

（a）平歯車　　（b）

図 11-4 ①　各種組立歯車の図示法

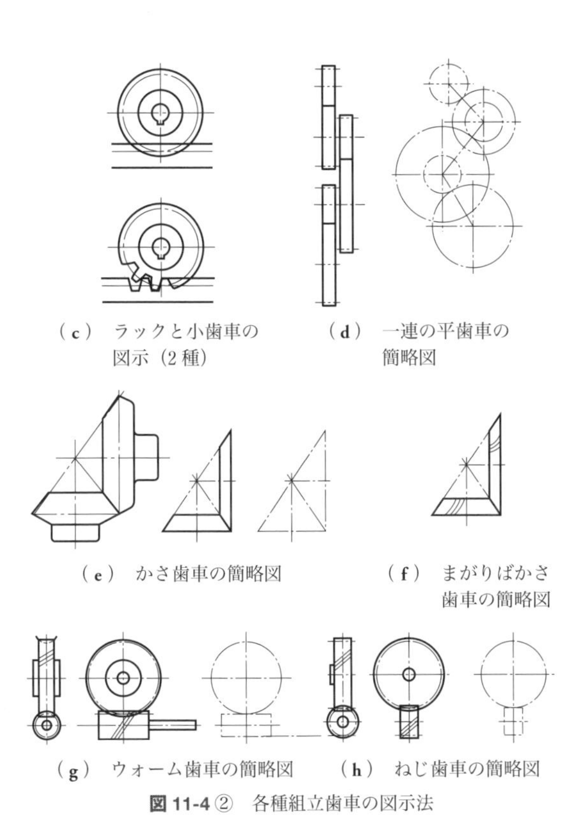

（c） ラックと小歯車の図示（2種）
（d） 一連の平歯車の簡略図
（e） かさ歯車の簡略図
（f） まがりばかさ歯車の簡略図
（g） ウォーム歯車の簡略図
（h） ねじ歯車の簡略図

図 11-4 ② 各種組立歯車の図示法

面図（軸方向と直角に見る図）を，正しく投影して表すとわかりにくいときは，中心間の実距離を示す位置に展開して表す〔**同図**（**d**）〕.

12 ばねの製図

ばね製図は **JIS B 0004** による.

12-1 コイルばね

コイルばねを部品図として表す場合には，**図 12-1** および**図 12-2** のように無荷重の状態で描く．要目表中と図中に記入する事項は重複してもよい．なお，表中の記載内容はその一例である.

コイルばねは，**図 12-3**（**b**），（**c**）のように同一形状部分の一部を省略して表してもよく，**同図**（**d**），（**e**）のように太い実線で簡略図示してもよい．寸法指示が必要な場合や，外観図では表しにくい場合には，**図 12-4** のように断面で表してもよい.

コイルばねは，ねじと同様に右巻きがふつうで，とくに断らないときには右巻きを意味し，左巻きの場合に限って，**図 12-5** のように“巻方向 左”と明記する.

	材料		SWOSC-V
	材料の直径	mm	4
	コイル平均径	mm	26
	コイル外径	mm	30±0.4
	総巻数		11.5
	座巻数		各1
	有効巻数		9.5
	巻方向		右
	自由高さ	mm	(80)
	ばね定数	N/mm	15.0
指定	荷重	N	—
	荷重時の高さ	mm	—
	高さ	mm	70
	高さ時の荷重	N	150±10%
	応力	N/mm²	191
最大圧縮	荷重	N	—
	荷重時の高さ	mm	—
	高さ	mm	55
	高さ時の荷重	N	375
	応力	N/mm²	477
	密着高さ	mm	(44)
	コイル外側面の傾き	mm	4 以下
	コイル端部の形状		クローズドエンド(研削)
表面処理	成形後の表面加工		ショートピーニング
	防せい処理		防せい油塗布

図 12-1 冷間成形圧縮コイルばねと要目表

	材料		SW-C
	材料の直径	mm	2.6
	コイル平均径	mm	18.4
	コイル外径	mm	21±0.3
	総巻数		11.5
	巻方向		右
	自由高さ	mm	(62.8)
	ばね定数	N/mm	6.26
	初張力	N	(26.8)
指定	荷重	N	—
	荷重時の長さ	mm	—
	長さ	mm	86
	長さ時の荷重	N	172±10%
	応力	N/mm²	555
	最大許容引張長さ	mm	92
	フックの形状		丸フック
表面処理	成形後の表面加工		—
	防せい処理		防せい油塗布

図 12-2 引張りコイルばねと要目表

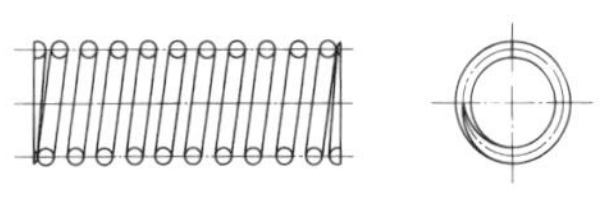

（a） 圧縮コイルばね（断面図）

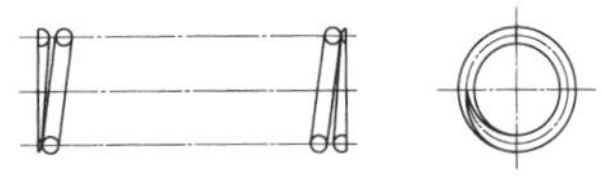

（b） 圧縮コイルばね（一部省略）

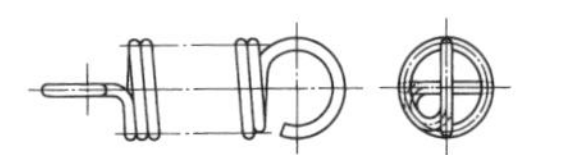

（c） 引張りコイルばね
（一部省略）

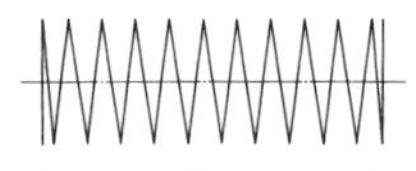

（d） 圧縮コイルばね

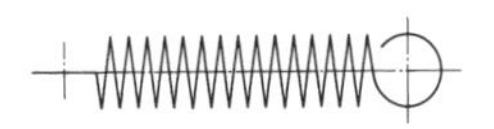

（e） 引張りコイルばね

図 12-3 コイルばねの簡略図

図 12-4 断面で示す場合

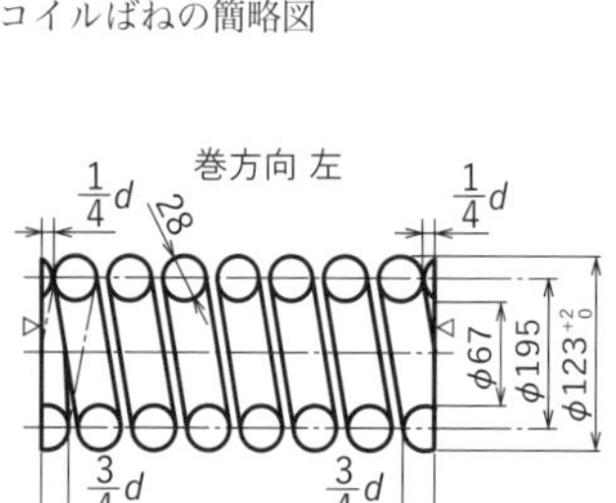

図 12-5 左巻きコイルばね

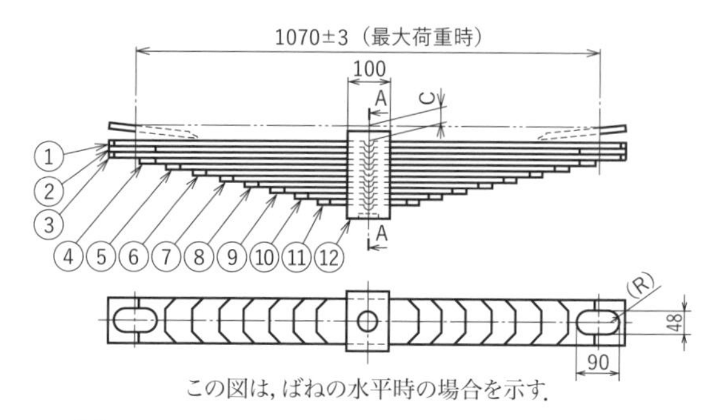

この図は，ばねの水平時の場合を示す．

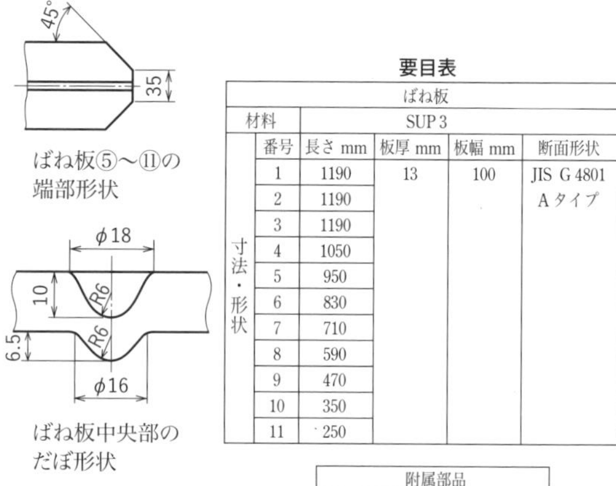

要目表

ばね板					
材料	SUP 3				
寸法・形状	番号	長さ mm	板厚 mm	板幅 mm	断面形状
	1	1190	13	100	JIS G 4801 Aタイプ
	2	1190			
	3	1190			
	4	1050			
	5	950			
	6	830			
	7	710			
	8	590			
	9	470			
	10	350			
	11	250			

附属部品			
番号	名称	材料	個数
12	胴締め	S 10 C	1

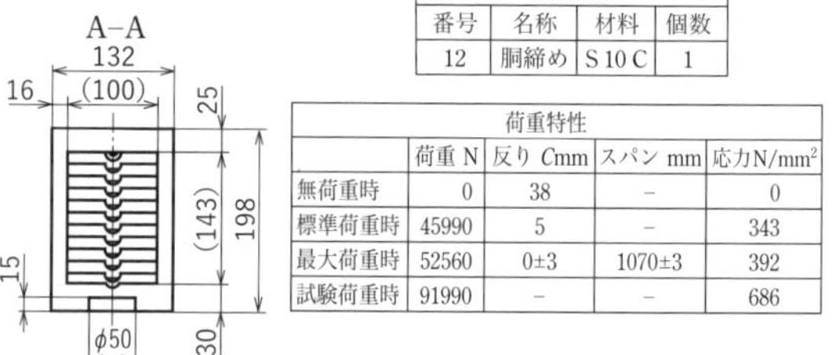

荷重特性				
	荷重 N	反り Cmm	スパン mm	応力N/mm²
無荷重時	0	38	–	0
標準荷重時	45990	5	–	343
最大荷重時	52560	0±3	1070±3	392
試験荷重時	91990	–	–	686

図 12-6 重ね板ばねと要目表

12-2 重ね板ばね

図 12-6 のように，ばね板が水平の状態で描くことが一般的とされている．

重ね板ばねの形状だけを簡略的に表す場合には，**図 12-7** のように材料の中心線だけを太い実線で描く．

図 12-7 重ね板ばねの簡略図

13 転がり軸受の製図

転がり軸受は，専門工場の製品を使用するので，一般に外形だけで表し，基本簡略図示法（**JIS B 0005** 第 **1** 部）または個別簡略図示法（同第 **2** 部）のいずれかを用いる．この二つの簡略図示法は，同一図面内で混用しない．個別簡略図示法は列数，調心などの詳細について個々に示すものである．

つぎに，二つの簡略図示法を **JIS B 0005** に基づいて概説する．

13-1 基本簡略図示法

簡略図示法で描く図形は，図面で用いられている外形線と同一の太さの線を用い，同一尺度で描く．

一般には転がり軸受は，**図 13-1** のように，四角形

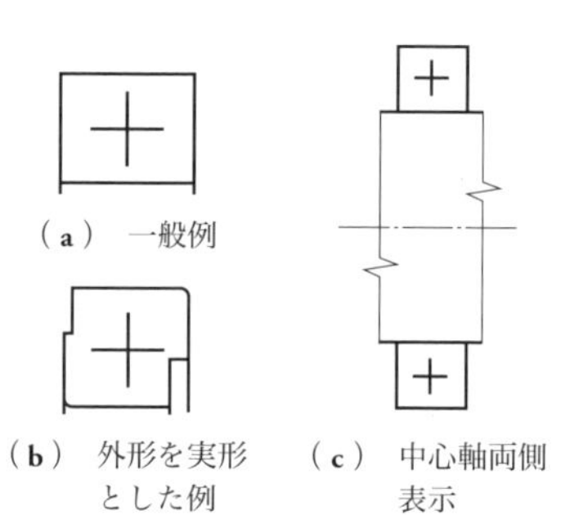

（a） 一般例

（b） 外形を実形とした例

（c） 中心軸両側表示

図 13-1 転がり軸受の簡略図

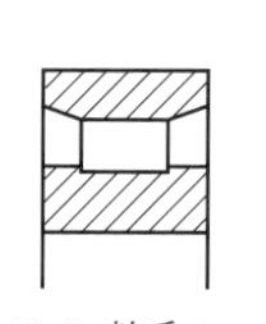

図 13-2 軸受のハッチング

の中央に外形線に接しない直立した十字で示す．特別な仕様を必要とする転がり軸受の組立図では，その要求事項を文書または仕様書で示す．

簡略図示法における転がり軸受は，断面部のハッチングを入れない方がよいが，入れる必要がある場合には**図 13-2** の例による．

13-2　個別簡略図示法

個別簡略図による転がり軸受は**表 13-1** に示す要素を用いる．これに基づいて，玉およびころ軸受は**表 13-2** および**表 13-3** のように表す．軸受中心軸に直角に図示する場合には，**図 13-3** のように，転動体の実形（玉，ころ，針状ころなど）や，寸法にかかわらず円で表示してもよい．

表 13-1　転がり軸受形体に関する個別簡略図示方法の要素

要　素	説　明	用い方
――― *1	長い実線*3 の直線.	調心できない転動体の軸線を示す.
⌒ *1	長い実線*3 の円弧.	調心できる転動体の軸線，または調心輪・調心座金を示す.
｜ 〔他の表示例〕	短い実線*3 の直線で，上記の長い実線に直交し，各転動体のラジアル中心線に一致する.	転動体の列数および転動体の位置を示す.
○ *2	円	玉
▭ *2	長方形	ころ
▭ *2	細い長方形	針状ころ，ピン

〔注〕*1 この要素は軸受の形式によって傾いて示してもよい．
*2 短い実線の代わりに，これらの形状を転動体として用いてもよい．
*3 線の太さは，外形線と同じとする．

表 13-2　針状ころ軸受の簡略図と適用

簡略図示方法	図例および関連規格		
	ソリッド形針状ころ軸受（JIS B 1536）	内輪なしシェル形針状ころ軸受（JIS B 1512）	ラジアル保持器付き針状ころ（JIS B 1512）
	複列ソリッド形針状ころ軸受	内輪なし複列シェル形針状ころ軸受	複列ラジアル保持器付き針状ころ
	調心輪付き針状ころ軸受		

表 13-3　玉軸受およびころ軸受の簡略図と適用（JIS B 0005-2）

簡略図示方法	適用	
	玉軸受	ころ軸受
	図例および関連規格	図例および関連規格
	単列深溝玉軸受（JIS B 1512） ユニット用玉軸受（JIS B 1558）	単列円筒ころ軸受（JIS B 1512）
	複列深溝玉軸受（JIS B 1512）	複列円筒ころ軸受（JIS B 1512）
	—	単列自動調心ころ軸受（JIS B 1512）
	自動調心玉軸受（JIS B 1512）	自動調心ころ軸受（JIS B 1512）
	単列アンギュラ玉軸受（JIS B 1512）	単列円すいころ軸受（JIS B 1512）
	非分離複列アンギュラ玉軸受（JIS B 1512）	—
	内輪分離複列アンギュラ玉軸受（JIS B 1512）	内輪分離複列円すいころ軸受（JIS B 1512）
	—	外輪分離複列円すいころ軸受

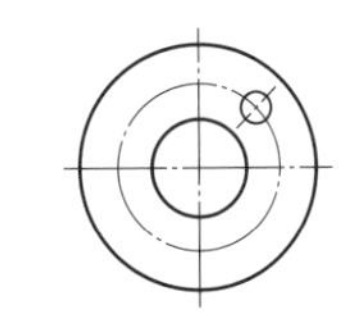

図 13-3　転動体の簡略図

図 13-4（a）に，ころ軸受を使用した組立て部分，**同図**（b）に，玉軸受を使用した組立て部分の簡略図示例を示す．参考のために，下半分は詳細図を示してある．また，同様な二つの例を，**同図**（c），（d）に示す．

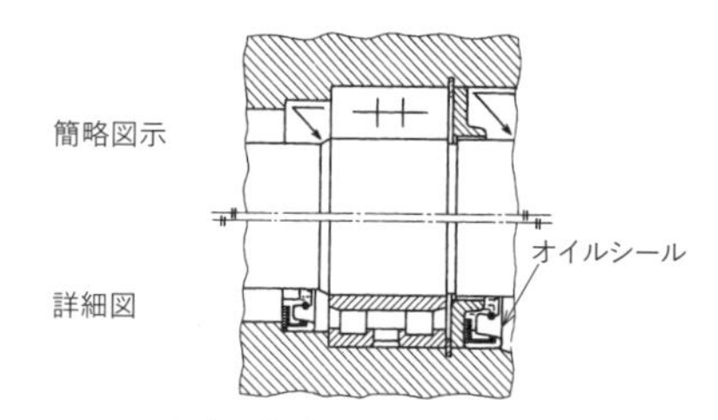

（a） 複列ころ軸受の組立図

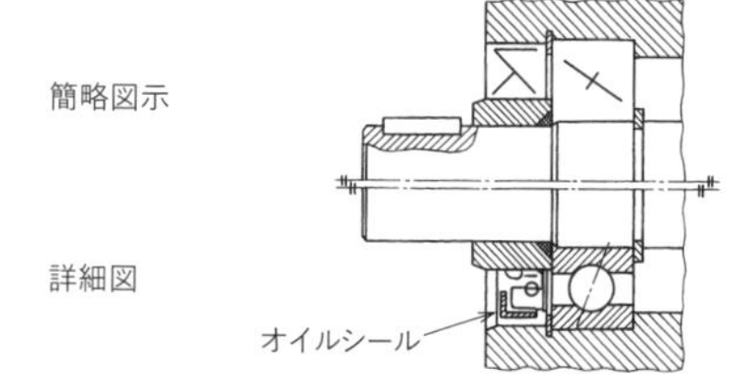

（b） 単列玉軸受の組立図

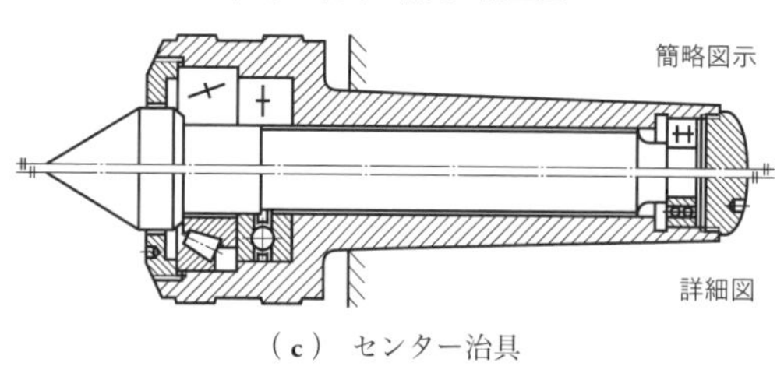

（c） センター治具

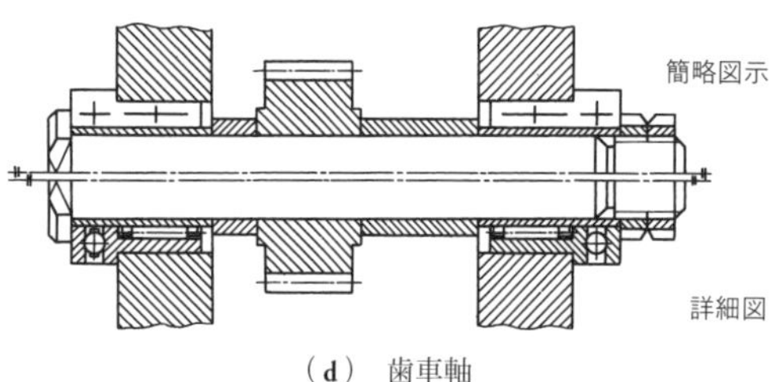

（d） 歯車軸

図 13-4 軸受の個別簡略図示例

14 寸法の許容限界記入方法

14-0 製品の幾何特性仕様（GPS）について

2016年3月，永年利用されてきた「寸法公差及びはめあいの方式 — 第1部：公差，寸法差及びはめあいの基礎（**JIS B 0401-1：1998**）」が全面的に改正された．新旧規格の内容を比べてみると，考え方および数値そのものにはまったく変わりがないが，使われている用語が大幅に改正されている．ただし，原典（**ISO**）の誤訳，不整合な解釈が散見されるため，本書では教育現場での混乱をさけるべく，旧規格の用語のまま解説することとした．**表 14-1** に主な用語の新旧対比を掲載するので，読者諸氏も適切に活用してほしい．

表 14-1 主な用語の新旧対比

新規格 JIS B 0401-1:2016		旧規格 JIS B 0401-1:1998	
製品の幾何特性仕様（GPS）— 長さに関わるサイズ公差の ISO コード方式— 第1部：サイズ公差，サイズ差及びはめあいの基礎		寸法公差及びはめあいの方式 — 第1部：公差，寸法差及びはめあいの基礎	
箇条番号	用　語	箇条番号	用　語
3.1.1	サイズ形体	—	—
3.1.2	図示外殻形体	—	—
3.2.1	**図示サイズ**	4.3.1	基準寸法
3.2.2	**当てはめサイズ**	4.3.2	実寸法
3.2.3	**許容限界サイズ**	4.3.3	許容限界寸法
3.2.3.1	**上の許容サイズ**	4.3.3.1	最大許容寸法
3.2.3.2	**下の許容サイズ**	4.3.3.2	最小許容寸法
3.2.4	**サイズ差**	4.6	寸法差
3.2.5.1	**上の許容差**	4.6.1.1	上の寸法許容差
3.2.5.2	**下の許容差**	4.6.1.2	下の寸法許容差
3.2.6	**基礎となる許容差**	4.6.2	基礎となる寸法許容差
3.2.7	Δ値	—	—
3.2.8	**サイズ公差**	4.7	寸法公差
3.2.8.1	サイズ公差許容限界	—	—
3.2.8.2	**基本サイズ公差**	4.7.1	基本公差
3.2.8.3	**基本サイズ公差等級**	4.7.2	公差等級
3.2.8.4	**サイズ許容区間**	4.7.3	公差域
3.2.8.5	**公差クラス**	4.7.4	公差域クラス
3.3.4	**はめあい幅**	4.10.4	はめあいの変動量
3.4.1	**ISO はめあい方式**	4.11	はめあい方式
3.4.1.1	**穴基準はめあい方式**	4.11.2	穴基準はめあい
3.4.1.2	**軸基準はめあい方式**	4.11.1	軸基準はめあい
—	—	4.3.2.1	局部実寸法
—	—	4.4	寸法公差方式
—	—	4.5	基準線
—	—	4.7.5	公差単位
〔**参考**〕 寸法線，寸法補助線，理論寸法（理論的に正確な寸法）については変更なし．			

14-1 長さ寸法の許容限界

寸法許容差は，基準寸法と同じ単位で表し，一つの基準寸法に対して二つの寸法許容差で示す場合には，上の寸法許容差を上側に，下の寸法許容差を下側に記入し（**図 14-1** 参照），小数点以下のけた数をそろえる（**図 14-2**）．

記号で表す場合には，**図 14-2**（**a**）のように，**基準寸法**，**公差域クラス**の順に記入する．それに加えて寸法許容差〔**同図**（**b**）〕または**許容限界寸法**〔**同図**（**c**）〕

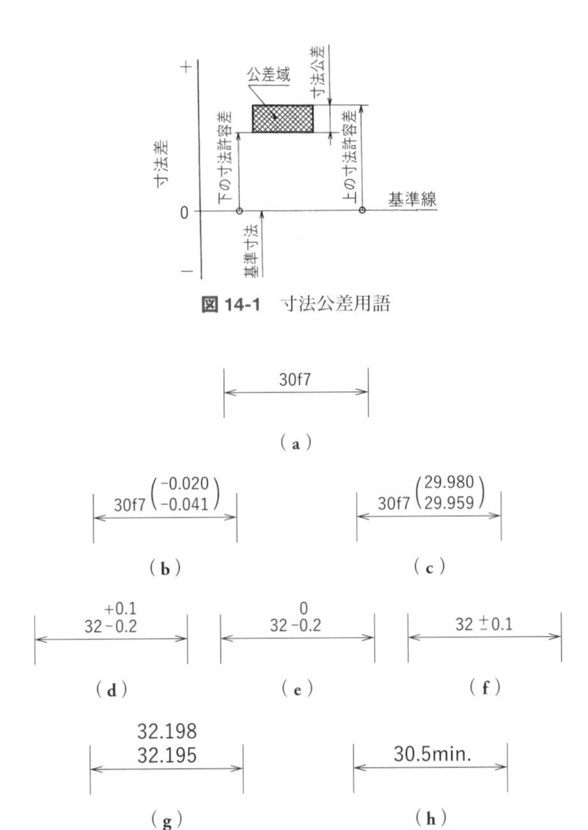

図 14-1　寸法公差用語

図 14-2　長さの寸法許容限界の記入方法

を追加することもある．

寸法許容差による方法では，**図 14-2**（**d**），（**e**）のように，基準寸法，寸法許容差の順に記入する．上下の寸法許容差が同値の場合には，**同図**（**f**）のように表す．

許容限界寸法による方法の場合は，**同図**（**g**）のように，最大と最小の許容寸法とで表す．また，寸法を最小または最大のいずれか一方だけ許容する場合（**片側許容限界寸法**）には，**同図**（**h**）に示すように“min.”および“max.”を，基準寸法の後につける．

14-2　組立部品の寸法許容限界

記号による方法では，基準寸法，穴の公差域クラス，軸の公差域クラスの順に記入するか，上下に揃えて記入する〔**図 14-3**（**a**），（**b**）〕．また，寸法許容差を数値で示す必要がある場合は，**同図**（**c**）のように，かっこをつけて記入するのがよい．さらに簡略化のために，1本の寸法線を使うこともできる〔**同図**（**d**）〕．

数値による方法では，構成部品の名称〔**同図**（**d**）〕あるいは照合番号〔**同図**（**e**）〕を用いることもできる．これらのいずれの場合でも，穴の寸法は上側に書く．

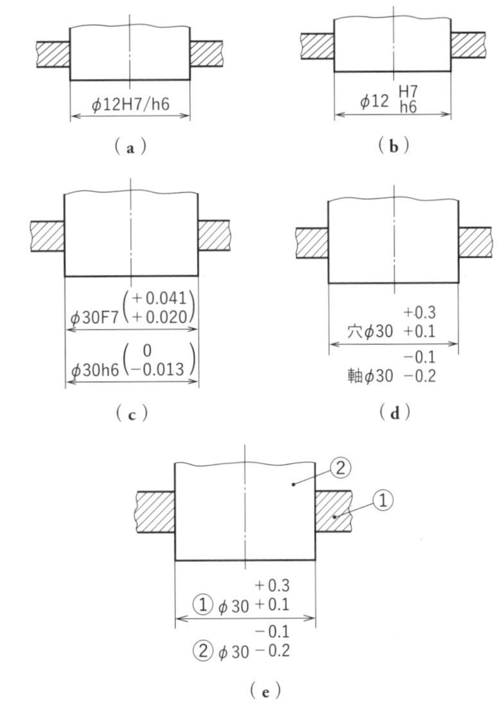

図 14-3　組立部品の寸法許容限界の記入方法

14-3　角度寸法の許容限界

角度の場合は，長さに対する記入方法の規定が適用できる（**図 14-4**）．

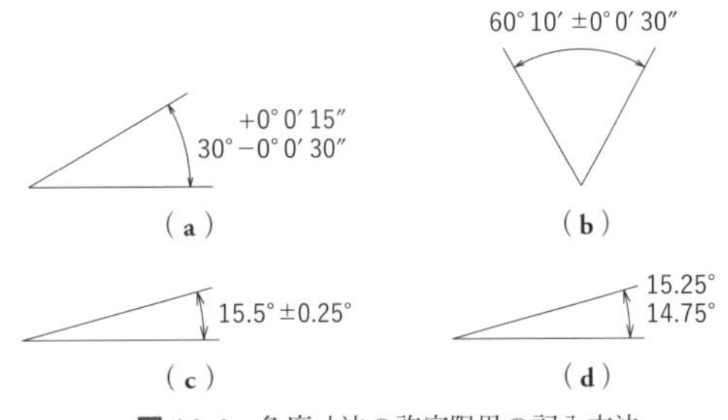

図 14-4　角度寸法の許容限界の記入方法

15　表面性状の図示方法

表面性状の図示方法は **JIS B 0031** による．

15-1　概要

これまで用いられてきた JIS 規格“面の肌の図示方法”は，全面的に改正され，**JIS B 0031**“製品の幾何特性仕様（GPS：Geometrical Product Specifications）－表面性状の図示方法”として新たに規格化され，より専門的で広範囲，しかも詳細な指示ができるようになった．この新規格の大きな特徴を一言でいえば，表面の微細な性状（幾何学的特性）を表示するのに用いられる表面性状パラメータの種類の飛躍的拡大であるといえる．その内容をよりくわしくみると，“表面性状パラメータ”として各種が規格化され（**JIS B 0601，0610，0631，0671** など），それらの種類と相関性を示すと，**図 15-1** のようになる．

- 表面性状パラメータ
  - 輪郭曲線パラメータ（JIS B 0601：2013，JIS B 0610：2001）
    - **粗さパラメータ**
    - **うねりパラメータ**
    - **断面曲線パラメータ**
    - 負荷曲線に関連するパラメータ
    - 転がり円うねりパラメータ
  - モチーフパラメータ（JIS B 0631：2000）
    - 粗さモチーフパラメータ
    - うねりモチーフパラメータ
  - 負荷曲線に関連するパラメータ（JIS B 0671：2002，JIS B 0631：2000）
    - 包絡うねり曲線（モチーフ法）を平均線とするパラメータ
    - 粗さ曲線によるパラメータ
    - 断面曲線によるパラメータ

図 15-1　表面性状パラメータの関係

この図が示すように，表面性状パラメータには各種あるが，すべてにその全部を示す必要はなく，必要に応じた項目だけの指示法が用いられる．これらのパラメータの中には，記号など現在検討中で，改正を待つものもいくつかある．

これらの中で一般的に用いられているのは，輪郭曲線パラメータのうちの粗さパラメータ，うねりパラメータ，断面曲線パラメータの三つである．

輪郭曲線パラメータは，表面の性状を直接測定する方式（輪郭曲線方式）によって得られた輪郭曲線（粗

表 15-1　おもな輪郭曲線とそのパラメータ

輪郭曲線とその模式図	輪郭曲線パラメータとその記号
粗さ曲線	粗さパラメータ：*Ra*，*Rp*，*Rz* など
うねり曲線	うねりパラメータ：*Wa*，*Wp*，*Wz* など
断面曲線	断面曲線パラメータ：*Pa*，*Pp*，*Pz* など
測定断面曲線	（参考）

表 15-2　**JIS B 0601** に規定する各パラメータ記号（一部省略）

パラメータの種類	高さ方向のパラメータ											横方向のパラメータ	複合パラメータ
	山および谷						高さ方向の平均						
粗さパラメータ	Rp	Rv	Rz	Rc	Rt	Rz_{JIS}	Ra	Rq	Rsk	Rku	Ra_{75}	RSm	$R\Delta q$
うねりパラメータ	Wp	Wv	Wz	Wc	Wt	W_{EM}	Wa	Wq	Wsk	Wku	W_{EA}	WSm	$W\Delta q$
断面曲線パラメータ	Pp	Pv	Pz	Pc	Pt	—	Pa	Pq	Psk	Pku	—	PSm	$P\Delta q$

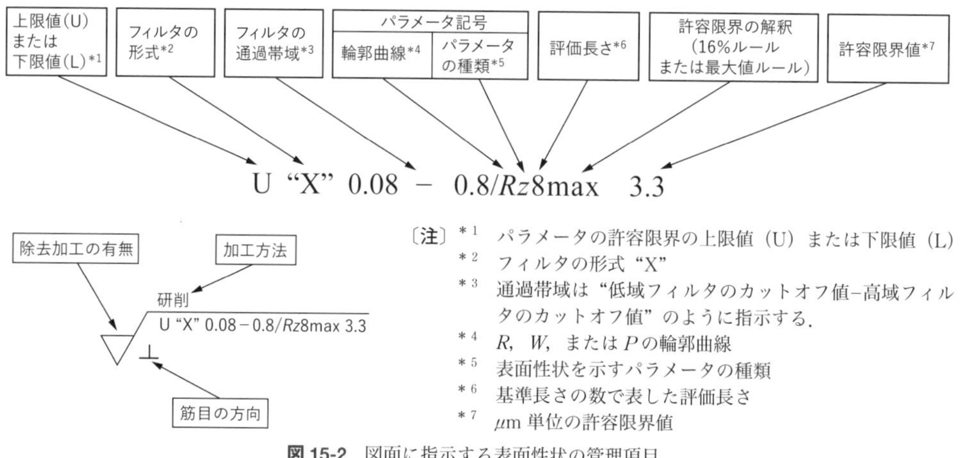

〔注〕*1 パラメータの許容限界の上限値（U）または下限値（L）
*2 フィルタの形式“X”
*3 通過帯域は“低域フィルタのカットオフ値−高域フィルタのカットオフ値”のように指示する．
*4 *R*，*W*，または *P* の輪郭曲線
*5 表面性状を示すパラメータの種類
*6 基準長さの数で表した評価長さ
*7 μm 単位の許容限界値

図 15-2　図面に指示する表面性状の管理項目

さ曲線，うねり曲線，断面曲線など）をもとにして（評価の基礎にして）算出される（**表 15-1** 参照）．

表 15-2 に示すように，これらの各パラメータには，10 数種類ずつそれぞれの記号が規定されている．

これらの表中で示されている記号 R は粗さ，W はうねり，P は断面曲線パラメータを，また，小文字は測定の方法その他をそれぞれ示している．これに加えて，新たに加えられた“モチーフパラメータ”，“負荷曲線に関するパラメータ”およびそれらの記号が，それぞれについて数種類規定されているが，これらはいずれも特殊な用途に多く用いられ，一般的でない．これらの各種パラメータは，それぞれの種類だけでなく，それらに付随するさまざまな補足情報の表示（**図 15-2** 参照）が含まれており，必要に応じて使い分けられることになるが，ここでは，単純で，しかも広く用いられている一般図示法の場合をとりあげ，それ以外の新しいパラメータとしての“通過帯域”，“16％ルール”，“最大値ルール”などの補足情報には，本書では原則として触れないことにする．

15-2　表面性状の基本記号

表面性状になんらかの要求事項があることを示す場合の基本図示記号を**図 15-3**（この図では算術平均粗さ）に示す．

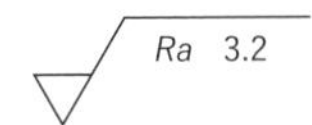

図 15-3　表面性状の基本表示（算術平均粗さの例）

この記号は 60° に開いた二つの折れ線で表し，その長いほうの線は，短い線の 2 倍を少し超える長さとし，さらに必要項目の数に応じて折れ線および水平線の長さをより長くすることができる．

また，この記号の大きさは，図形の大きさなどに応じて，短いほうの足の高さで 3.5，5，7，10，14，20，28 mm から選ぶとよい．

さらに，特定の表面性状を得るために，除去加工するかしないかを示す図示記号は，**図 15-4**（a）のように示す．また，対象面に除去加工をする場合には**同図**（b），そして除去しない場合には，**同図**（c）のように，基本図示記号に丸記号（正三角形に内接）をつけて表す．

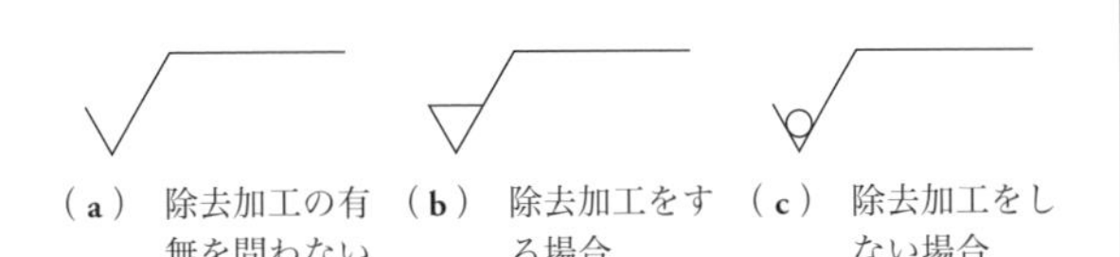

（a）除去加工の有無を問わない場合　（b）除去加工をする場合　（c）除去加工をしない場合

図 15-4　表面性状の図示記号

15-3　粗さパラメータの表し方

15-3-1　粗さパラメータの記号の表し方

ここでは，一般に用いられる輪郭曲線パラメータのうち，もっともよく使われる粗さパラメータについて説明する．

（1）　算術平均粗さ *Ra*　記号は標記のようにともにイタリックで表す．a は添字でなく小文字にして表す．これら記号は必ず記入しなければならない．また，粗さパラメータを指示する際の標準数列を**表 15-3**（太字は優先的に用いる）に示す．

表 15-3　粗さパラメータを指示する際の標準数列（単位 μm）

	0.0125	0.125	1.25	**12.5**	125	1250
	0.0160	0.160	**1.60**	16.0	160	**1600**
	0.020	**0.20**	2.0	20	**200**	
0.002	**0.025**	0.25	2.5	**25**	250	
0.003	0.032	0.32	**3.2**	32	320	
0.004	0.040	**0.40**	4.0	40	**400**	
0.005	**0.050**	0.50	5.0	**50**	500	
0.006	0.063	0.63	**6.3**	63	630	
0.008	0.080	**0.80**	8.0	80	**800**	
0.010	**0.100**	1.00	10.0	**100**	1000	

〔注〕太字は優先的に用いる．
ただし *Ra* の適用は 0.008 ～ 400 の範囲

さらに，各種加工法の種類による粗さの範囲を**表 15-4** に示す．

（2）　最大高さ粗さ *Rz*　z，y は小文字イタリック．従来，*Ry* で表されていた最大高さ粗さ記号は，z が三次元直交座標軸を表すことになり，*Rz* で表すことになった．

（3）　十点平均粗さ Rz_{JIS}　このパラメータは，規格から削除されたが，わが国では，これまで広く普及しているため，付属書の参考として残し，添え字 *JIS*（イタリック）を付記して，最大高さ粗さ（従来の *Rz*）と区別して使用することができる．

15-3-2　部品一周の表面性状図示記号

図面に閉じた外形線によって表された部品のあらゆる面に同一の表面性状が要求される場合には，**図 15-5**（a）の示すように，図示記号と横線との交点に丸記号をつけて表す．

15-3-3　上限・下限の指示

両側許容限界値の指示には，上限“U”，下限“L”

表 15-4　各種加工法による粗さの範囲

表面性状の指示値	Ra	0.025	0.05	0.1	0.2	0.4	0.8	1.6	3.2	6.3	12.5	25	50	100
	Rz, Rz_{JIS}	0.1	0.2	0.4	0.8	1.6	3.2	6.3	12.5	25	50	100	200	400
加工方法	記号													
鍛造	F								←精密	→	←	—	—	→
鋳造	C								←精密	→	←	—	—	→
ダイカスト	CD								←	→				
熱間圧延									←	—	—	→		
冷間圧延				←	—	—	—	—	→					
引抜き	D						←	—	—	→				
押出し	E						←	—	—	→				
タンブリング	SPT		←	—	—	→								
ブラスチング	SB								←	—	→			
転造	RL				←	—	→							
正面フライス削り	MFC						←精密	→	←	—	—	→		
平削り	P								←	—	—	→		
形削り（立削りを含む）	SH								←	—	—	→		
フライス削り	M						←	→	←	—	—	→		
精密中ぐり					←	—	—	→						
やすり仕上	FF						←精密	→	←	—	→			
丸削り	L			←精密	—	→	←上	→	←中	→	←荒	—	—	→
中ぐり	B						←精密	→	←	—	—	→		
穴あけ	D								←	—	→			
リーマ通し	DR					←精密	→	←	—	→				
ブローチ削り	BR					←精密	→	←	—	→				
シェービング	PPSH						←	—	—	→				
研削	G			←精密→	←上	→	←中	→	←荒	—	→			
ホーニング仕上	GH			←	→	←	—	→						
超仕上	GSP	←精密	→	←	→									
バフ仕上	SPBF		←精密	—	—	→	←	—	→					
ペーパ仕上	FCA			←精密	→	←	—	→						
ラップ仕上	FL	←精密	→	←	→									
液体ホーニング	SPLH			←精密	→	←	—	→						
バニシ仕上	RLB				←	—	→							
ローラ仕上					←	—	→							
化学研磨	SPC					←精密	—	→	←	→				
電解研磨	SPE	←精密	—	—	→	←	—	→						

〔**注**〕この表における粗さRaとRz，Rz_{JIS}の対応は，正確には表面の粗さが三角山形のときにのみ成立する．

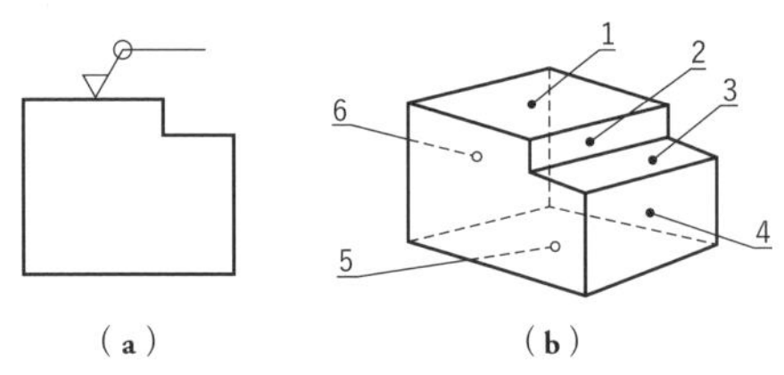

〔**注**〕図形に外形線によって表された全表面とは，部品の三次元表現〔（**b**）図〕で示されている6面である（正面および背面を除く）．

図 15-5　部品の全周面への記入

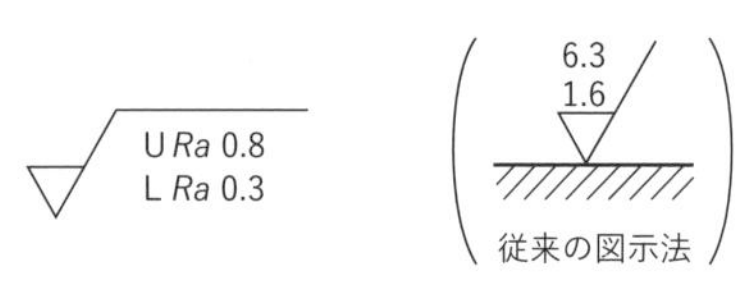

図 15-6　上限・下限の指示

の文字を用いて，**図 15-6** のように示す．

15-3-4　削り代の指示

一般に削り代は，同一図面に後加工の状態が指示されている場合だけ指示され，その一つの例を**図 15-7**に示す（図中に示す"3"は削り代を表す）．

また，この図のように，鋳造品，鍛造品などの素形材の形状に最終形状（図では"旋削"）を指示する場合をも示す．

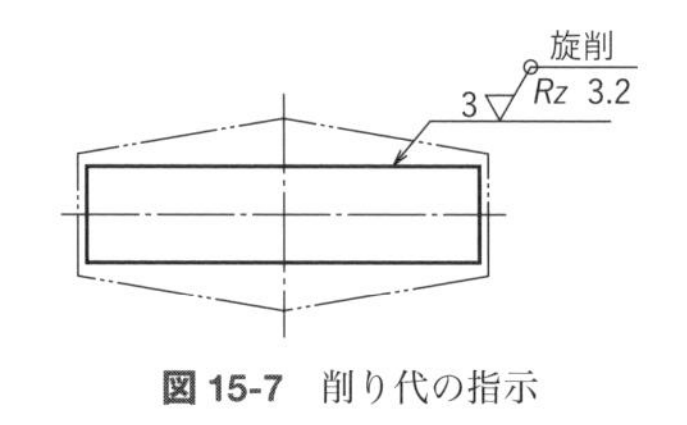

図 15-7　削り代の指示

15-3-5　表面性状の要求事項の指示位置

表面性状の要求事項は，**図 15-8** ように表す．

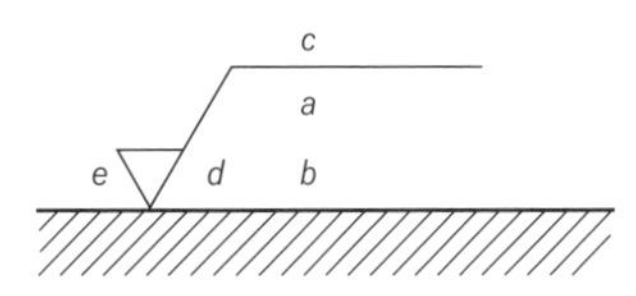

a：通過帯域または基準長さ，表面性状パラメータとその値
b：二つ以上のパラメータが要求されたときの二つ目以上のパラメータ指示
c：加工方法
d：筋目およびその方向
e：削り代

図 15-8　表面性状の要求事項を指示する位置

15-3-6　表面性状記号の向き

表面性状図示記号は，図面の下辺または右辺から読めるように記入する．その例を**図 15-9** に示す．したがって，図形の下側または右側に記入する場合は，引出線と引出補助線を用いて記入する．このために，従来用いてきた面ごとの傾きに応じて，記号の天地を逆転しての記入（**図 15-10**）はできなくなった．

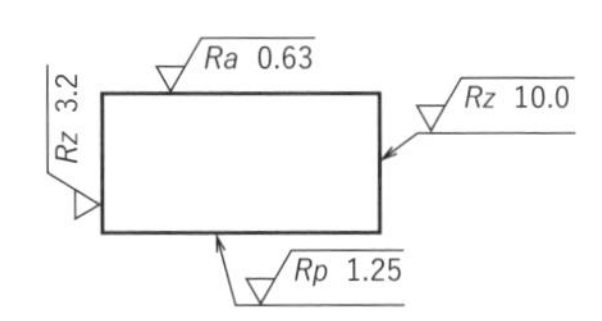

図 15-9　表面性状の要求事項の向き

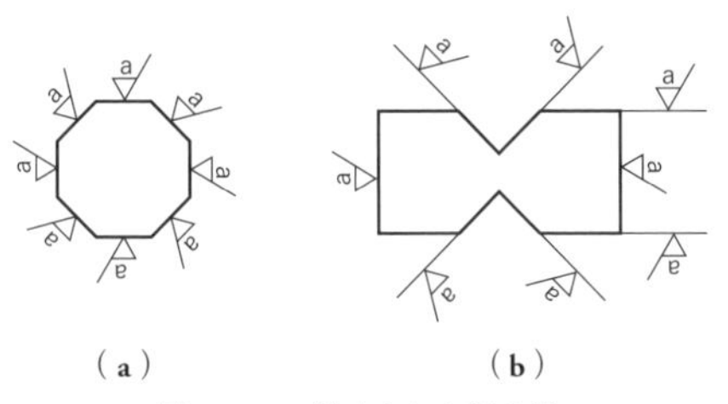

図 15-10　禁止された記入法

15-3-7　外形線または引出線，引出補助線，寸法補助線に指示する場合

一般に図示記号または引出線は，**図 15-11** の示すように，実体の外側から外形線または外形線の延長線上に接するよう指示する．

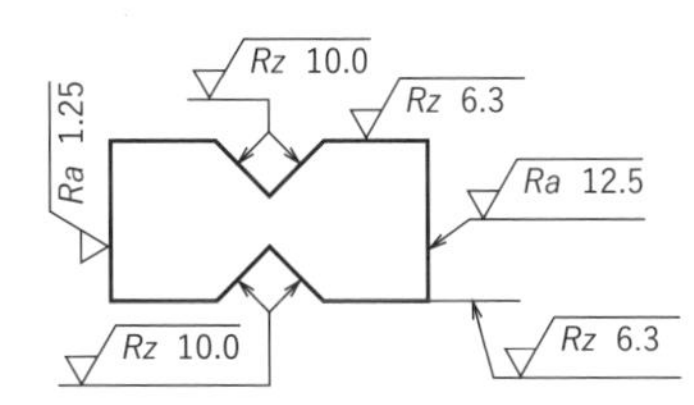

図 15-11　表面を表す外形線上に指示した表面性状の要求事項

15-3-8　二つ以上の寸法線に記入する場合

はめあい部品など，二つ以上の寸法線に指示する場合，**図 15-12** に示すように記入する．

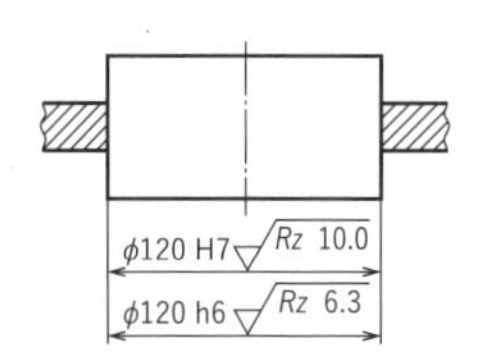

図 15-12　二つ以上の寸法線に記入

15-3-9　幾何公差枠に指示する場合

幾何公差枠に指示する場合には，**図 15-13** のように記入する．

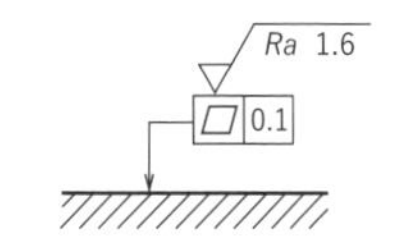

図 15-13　幾何公差枠に記入

15-3-10　円筒表面および角柱表面に指示する場合

図 15-14 の示すように，中心線によって表された円筒表面および角柱表面では，それが同じ表面性状である場合には，その指示は 1 個だけで示せばよい．しかし，角柱表面で各面の仕上げが異なるような場合には，個々に記入しなければならない．

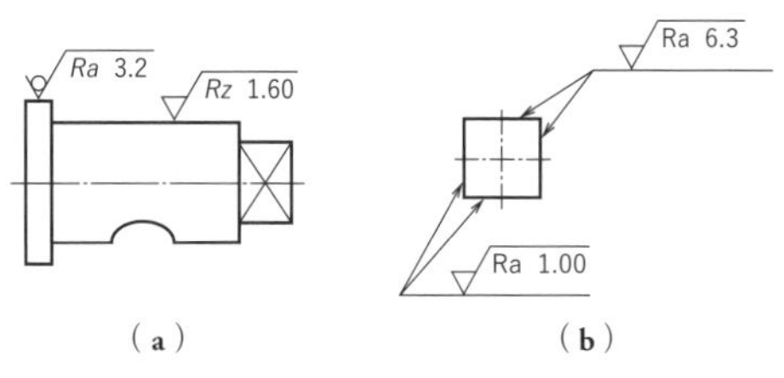

図 15-14　円筒面および角柱面への記入

15-3-11　表面性状の簡略図示法

（1）　**大部分が同じ表面性状の場合**　一つの部品でその大部分が同一表面性状の場合には，**図 15-15** の示すように記入する．

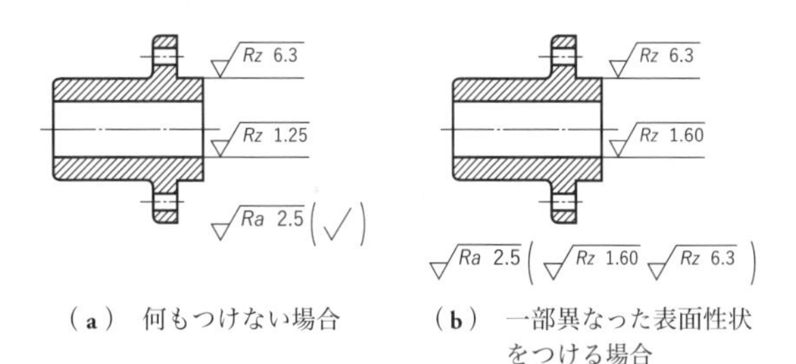

（a）　何もつけない場合　　（b）　一部異なった表面性状をつける場合

図 15-15　大部分が同じ表面性状である場合の簡略図示法

（2） 繰り返し指示またはスペースが限られている場合 繰り返し指示またはスペースが限られている場合の表面性状記号の指示は**図 15-16** の示すように記入する.

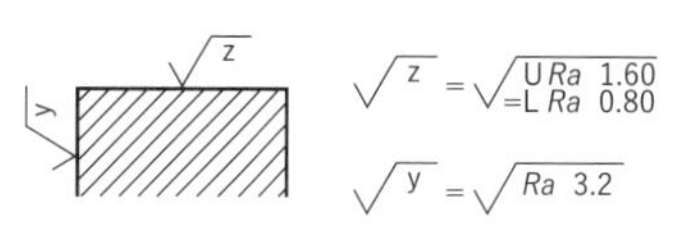

図 15-16 限られたスペースへ指示する場合の簡略図示法

（3） 表面性状の諸要求事項の記入例（参考） 加工によって生じる筋目方向の記号と表面加工の種類を**表 15-5**，表面性状の要求事項の記入例を**表 15-6** ①，②および**表 15-7** に示す.

表 15-5 加工によって生じる筋目とその方向の指示の図示記号（**JIS B 0031：2003**）

筋目方向の記号	説明図および解釈	筋目方向の記号	説明図および解釈
=	筋目の方向が，記号を指示した図の投影面に平行 例：形削り面，旋削面，研削面	C	筋目の方向が，記号を指示した面の中心に対してほぼ同心円状 例：正面旋削面
⊥	筋目の方向が，記号を指示した図の投影面に直角 例：形削り面，旋削面，研削面	R	筋目の方向が，記号を指示した面の中心に対してほぼ放射状 例：端面研削面
X	筋目の方向が，記号を指示した図の投影面に斜めで 2 方向に交差 例：ホーニング面	P	筋目が，粒子状のくぼみ，無方向または粒子状の突起 例：放電加工面，超仕上げ面，ブラスチング面
M	筋目の方向が，多方向に交差 例：正面フライス削り面，エンドミル削り面		
〔注〕 これらの記号によって明確に表すことのできない筋目模様が必要な場合には，図面に“注記”としてそれを指示する.			

表 15-6 ① 表面性状の要求事項を指示した図示記号（**JIS B 0031：2003**）

図示記号	意味および解釈
Rz 0.5	除去加工をしない表面，片側許容限界の上限値，標準通過帯域，粗さ曲線，最大高さ，粗さ 0.5 μm，基準長さ *lr* の 5 倍の標準評価長さ，“16%ルール”（標準）（**JIS B 0633** 参照）
Rzmax 0.3	除去加工面，片側許容限界の上限値，標準通過帯域，粗さ曲線，最大高さ，粗さ 0.3 μm，基準長さ *lr* の 5 倍の標準評価長さ，“最大値ルール”（**JIS B 0633** 参照）
0.008-0.8/Ra 3.2	除去加工面，片側許容限界の上限値，通過帯域は 0.008 – 0.8 mm，粗さ曲線，算術平均粗さ 3.1 μm，基準長さ *lr* の 5 倍の標準評価長さ，“16%ルール”（標準）（**JIS B 0633** 参照）
-0.8/Ra 3.2	除去加工面，片側許容限界の上限値，通過帯域は **JIS B 0633** による基準長さ 0.8 mm（λs は標準値 0.0025 mm），粗さ曲線，算術平均粗さ 3.1 μm，基準長さ *lr* の 3 倍の評価長さ，“16%ルール”（標準）（**JIS B 0633** 参照）
U Ra max 3.2 L Ra 0.9	除去加工をしない表面，両側許容限界の上限値および下限値，標準通過帯域，粗さ曲線，上限値は算術平均粗さ 3.1 μm，基準長さ *lr* の 5 倍の評価長さ（標準），“最大値ルール”（**JIS B 0633** 参照），下限値は算術平均粗さ 0.9 μm，基準長さ *lr* の 5 倍の標準評価長さ，“16%ルール”（標準）（**JIS B 0633** 参照）
0.8-2.5/Wz3 10	除去加工面，片側許容限界の上限値，通過帯域は 0.8 – 2.5 mm，うねり曲線，最大高さうねり 10 μm，基準長さ *lw* の 3 倍の評価長さ，“16%ルール”（標準）（**JIS B 0633** 参照）
0.008-/Ptmax 25	除去加工面，片側許容限界の上限値，通過帯域は粗さ曲線では λs = 0.008 mm で高域フィルタなし，断面曲線では断面曲線の最大断面高さ 25 μm，対象面の長さに等しい標準評価長さ，“最大値ルール”（**JIS B 0633** 参照）
0.0025-0.1//Rx 0.2	加工法を問わない表面，片側許容限界の上限値，通過帯域は λs = 0.0025 mm および *A* = 0.1 mm，標準評価長さ 3.2 mm，粗さモチーフパラメータは粗さモチーフの最大深さ 0.2 μm，“16%ルール”（標準）（**JIS B 0633** 参照）

（次ページに続く）

表 15-6 ②　表面性状の要求事項を指示した図示記号（JIS B 0031：2003）

図示記号	意味および解釈
/10/R 10	除去加工をしない表面，片側許容限界の上限値，通過帯域は $\lambda s = 0.008$ mm（標準）および $A = 0.5$ mm（標準），評価長さ 10 mm，粗さモチーフパラメータは粗さモチーフの平均深さ 10 μm，“16%ルール”（標準）（**JIS B 0633** 参照）
W 1	除去加工面，片側許容限界の上限値，通過帯域は $A = 0.5$ mm（標準）および $B = 2.5$ mm（標準），評価長さ 16 mm（標準），うねりモチーフパラメータはうねりモチーフの平均深さ 1 mm，“16%ルール”（標準）（**JIS B 0633** 参照）
-0.3/6/AR 0.09	加工法に無関係な表面，片側許容限界の上限値，通過帯域は $\lambda s = 0.008$ mm（標準）および $A = 0.3$ mm（標準），評価長さ 6 mm，粗さモチーフパラメータは粗さモチーフの平均長さ 0.09 mm，“16%ルール”（標準）（**JIS B 0633** 参照）

表 15-7　表面性状の要求事項を指示した図示例（JIS B 0031：2003）

例	図示例	要求事項
1	フライス削り U 0.008-4/Ra 55 C L 0.008-4/Ra 6.2 〔注〕原国際規格では，“U” および “L” が明確に理解できるこの例ではそれらを省略してよいとなっている．	両側許容限界の表面性状を指示する場合の指示 －両側許容限界 －上限値　$Ra = 55$ μm －下限値　$Ra = 6.2$ μm －筋目は中心の周りにほぼ同心円状 －加工方法：フライス削り
2	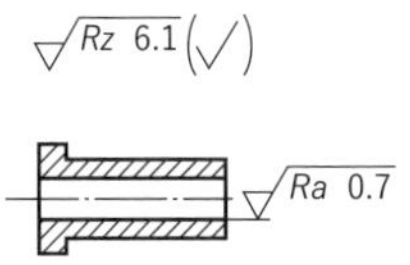 Rz 6.1 (✓) Ra 0.7	1 か所を除く全表面の表面性状を指示する場合の指示 1 か所を除く全表面の表面性状 －片側許容限界の上限値 －$Rz = 6.1$ μm －加工方法：除去加工 1 か所の異なる表面性状 －片側許容限界の上限値 －$Ra = 0.7$ μm －加工方法：除去加工
3	研削 Ra 1.5 ⊥-2.5/Rzmax 6.7	二つの片側許容限界の表面性状を指示する場合の指示 －二つの片側許容限界の上限値 1）$Ra = 1.5$ μm　2）Rz max $= 6.7$ μm －筋目の方向：ほぼ投影面に直角 －加工方法：研削
4	Fe/Ni20pCrr Rz 1	閉じた外形線 1 周の全表面の表面性状を指示する場合の指示 －片側許容限界の上限値 －$Rz = 1$ μm －表面処理：ニッケル・クロムめっき －表面性状の要求事項を閉じた外形線 1 周の全表面に適用
5	Fe/Ni10bCrr -0.8/Ra 3.1 U-2.5/Rz 18 L-2.5/Rz 6.5	片側許容限界および両側許容限界の表面性状を指示する場合の指示 －片側許容限界の上限値および両側許容限界値 1）片側許容限界の Ra　$Ra = 3.1$ μm 1）両側許容限界の Rz 2）上限値　$Rz = 18$ μm 3）下限値　$Rz = 6.5$ μm －表面処理：ニッケル・クロムめっき
6	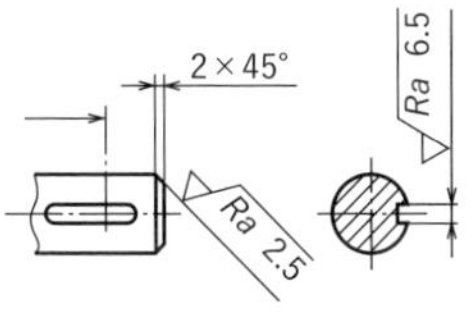 2×45° Ra 6.5 Ra 2.5 〔注〕この例の指示は，誤った解釈が生じない場合にだけ用いることができる（例：同じ表面性状をもつキー溝の両側面，面取り部分など）．	同じ寸法線上に表面性状の要求事項と寸法とを指示する場合の指示 キー溝側面の表面性状 －片側許容限界の上限値 －$Ra = 6.5$ μm －加工方法：除去加工 面取り部の表面性状 －片側許容限界の上限値 －$Ra = 2.5$ μm －加工方法：除去加工

16 幾何公差表示方式

16-1 幾何公差方式の概略（JIS B 0021）

幾何公差の種類と特性およびその記号を**表 16-1** に，幾何公差の図示例と公差域を**表 16-2**①，②に示す．

表 16-1 幾何公差の種類とその記号

公差の種類	特　性	記　号	データム指示
形状公差	真直度	—	否
	平面度	▱	否
	真円度	○	否
	円筒度	⌭	否
	線の輪郭度	⌒	否
	面の輪郭度	⌓	否
姿勢公差	平行度	//	要
	直角度	⊥	要
	傾斜度	∠	要
	線の輪郭度	⌒	要
	面の輪郭度	⌓	要
位置公差	位置度	⌖	要・否
	同心同(中心点に対して)	◎	要
	同軸度(軸線に対して)	◎	要
	対称度	⌯	要
	線の輪郭度	⌒	要
	面の輪郭度	⌓	要
振れ公差	円周振れ	↗	要
	全振れ	⌰	要

表 16-2① 幾何公差の図示例とその公差域

公差	図示例	公差域
真直度 —	— 0.1	t
平面度 ▱	▱ 0.08	t
真円度 ○	○ 0.03	t

（右段に続く）

表 16-2② 幾何公差の図示例とその公差域

公差	図示例	公差域
円筒度 ⌭	⌭ 0.1	t
平行度 //	// 0.1 A B；A；B	t；データム B；データム A
直角度 ⊥	⊥ 0.06 A；A	t
同軸度 ◎	◎ ϕ0.08 A-B；A；B	ϕt

〔**備考**〕 太い実線または太い破線は形体，細い実線または細い破線は公差域を表す．

16-2 位置度公差方式（JIS B 0025）

位置度公差は点，軸線，中心面などの形体の位置を指示するために用いられる．理論的に正確な寸法の表示は，角度および長さのいずれでも，長方形枠で囲んで表す（**図 16-1**）．

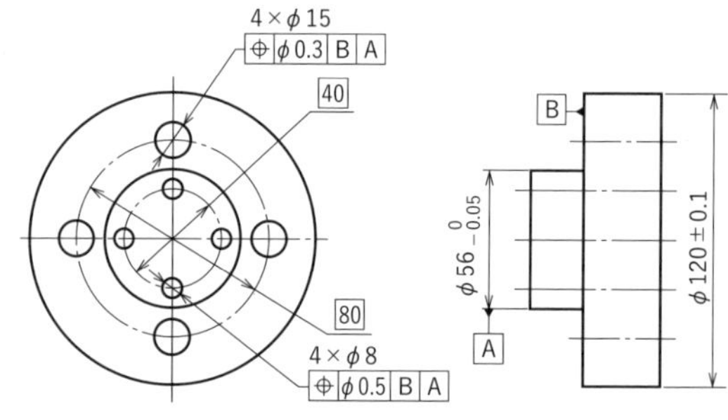

図 16-1 理論的に正確な寸法および位置度表示

17 溶接記号

溶接による接合方式には多種多様のものがあるが，これらを図中に指示する場合には，**JIS Z 3021** に定められた溶接記号を用いる．しかし，圧力容器などでは耐圧検査などの関係で，実形で指示する場合もある．

指示するには，**図 17-1** のように矢，基線，溶接記

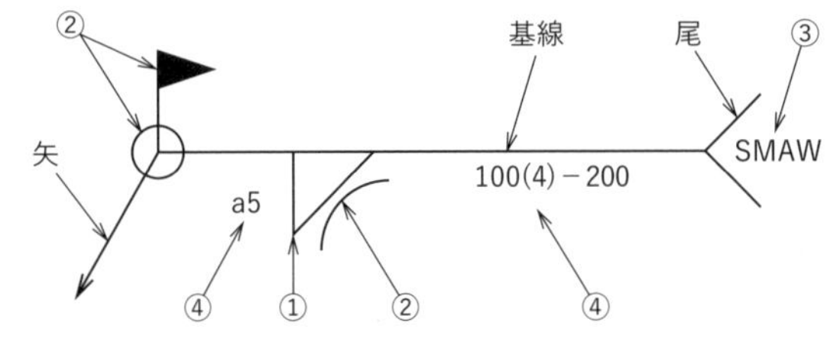

① 基本記号（すみ肉溶接）
② 補助記号（凹形仕上げ，現場溶接，全周溶接）
③ 補足的指示（被覆アーク溶接）
④ 溶接寸法（公称のど厚 5 mm，溶接長 100 mm，ビードの中心間隔 200 mm，個数 4 の断続溶接）

（**a**） 各要素の配置例

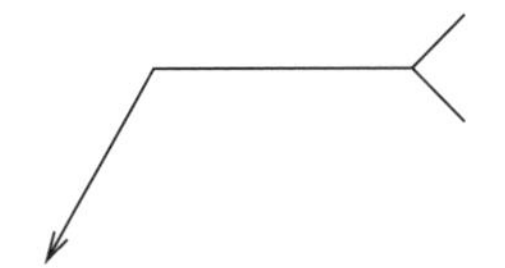

（**b**） 簡易溶接記号

図 17-1 溶接記号の構成

号，尾などで記号を構成し，矢先を溶接する部分に当てて示す．このとき，溶接する側が矢の指した側または手前側のときは，溶接記号は基線の下側に記入し，矢の指した反対側または向こう側を意図するときは，溶接記号は基線の上側に記入する．

溶接記号の基本記号は**表 17-1**，組合せ記号は**表 17-2**，補助記号は**表 17-3** に示す．この表中各記号欄の点線は，基線を示すもので，溶接が基線の両側に行なわれる X 形，H 形，K 形などの場合では，溶接記号は基線の上下対称に記入する．

上下で異なる溶接の組合せの場合は，**図 17-2** のように示す．

表 17-1 基本記号

溶接の種類	記　号	溶接の種類	記　号
I 形開先溶接		プラグ溶接 スロット溶接	
V 形開先溶接		溶融スポット溶接	
レ形開先溶接		肉盛溶接	
J 形開先溶接		ステイク溶接	
U 形開先溶接		抵抗スポット溶接	
V 形フレア溶接			
レ形フレア溶接		抵抗シーム溶接	
へり溶接		溶融シーム溶接	
すみ肉溶接*		スタッド溶接	

〔注〕 * 千鳥断続すみ肉溶接の場合は，補足の記号 または を用いてもよい．

表 17-2 対称的な溶接部の組合せ記号

溶接の種類	記　号	溶接の種類	記　号
X 形開先溶接		K 形開先溶接 および すみ肉溶接	
K 形開先溶接			
H 形開先溶接			

表 17-3 補助記号

名　称	記　号		名　称	記　号
裏溶接*1, 2		表面形状	平ら*4	—
裏当て溶接*1, 2			凸形*4	
裏波溶接*2			凹形*4	
裏当て*2			なめらかな止端仕上げ*5	
全周溶接				
現場溶接*3		仕上げ方法	チッピング	C
			グラインダ	G
			切削	M
			研磨	P

〔注〕 *1 溶接順序は，複数の基線，尾，溶接施工要領書などによって指示する．
*2 補助記号は基線に対し，基本記号の反対側に付けられる．
*3 記号は基線の上方，右向きとする．
*4 溶接後仕上げ加工を行わないときは，平らまたは凹みの記号で指示する．
*5 仕上げの詳細は，作業指示書または溶接施工要領書に記載する．

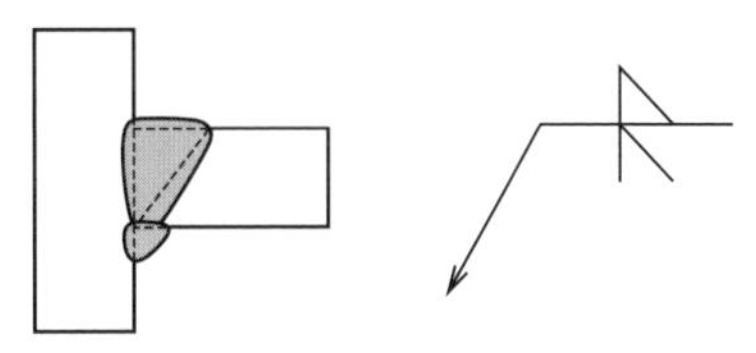

（**a**） レ形開先溶接およびすみ肉溶接

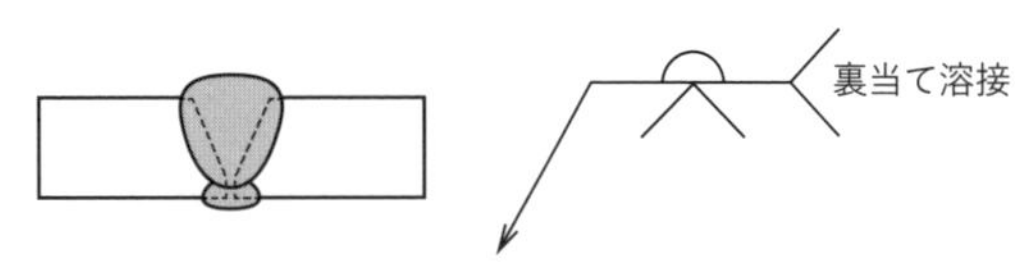

（**b**） 裏当て溶接（V 形開先溶接前に施工）

図 17-2 組合せ記号の例

18 立体図の描き方

三面図（正面図，側面図，平面図）から立体図形を求める方法として，PART 2 の **01**「V ブロック」および **13**「二方コック」にその実例を示す．

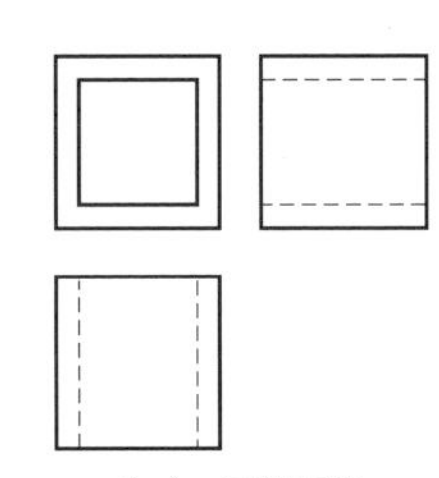

（a） 正視画法

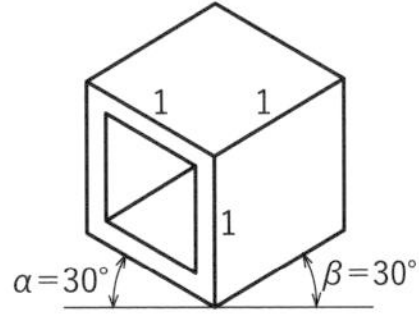

（b） 等角画法
（三軸実長）

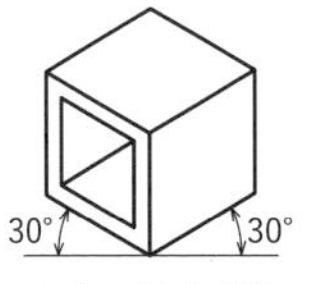

（c） 等角画法
（三軸等比縮尺）

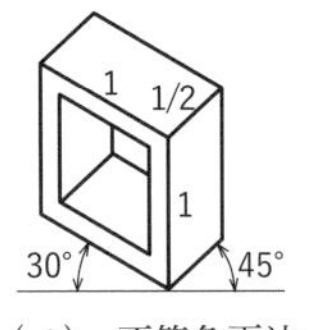

（d） 不等角画法
（$\alpha \neq \beta$）

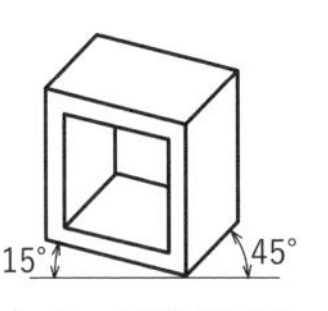

（e） 不等角画法
（$\alpha \neq \beta$）

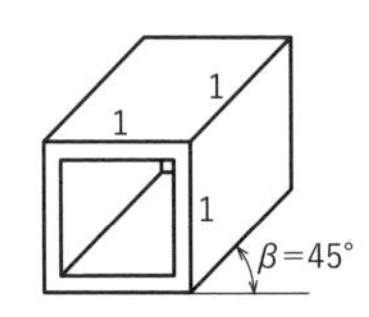

（f） 斜投影法，キャルリヤ法
（$\alpha = 0$，$\beta = 0$～90°，三軸実長）

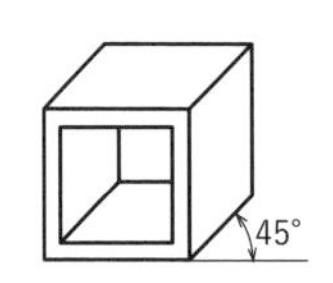

（g） 斜投影法，キャビネット法
（X, Z 軸実長，Y 軸実長×1/2，$\beta = 0$～90°）

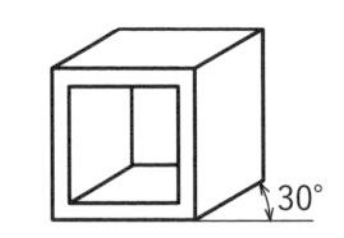

（h） 斜投影法，ジュネル法
〔X, Z 軸実長，Y 軸実長×(1～1/2)，$\beta = 0$～90°〕

図 18-1 各種の投影法で描いた立体図

はじめに**図 18-1** に示す α，β の角度を適宜にとり，X，Y 軸および垂直方向に Z 軸を定め，それぞれの面における傾斜した投影図（正面図，側面図および平面図）を求める．ついでこれらの対応する点，線，中心線，りょう（稜）線などを X，Y，Z 軸に平行に引き，その交点または交線から求めて図形化すればよい．一般には，**同図**（c）の等角画法が広く用いられている．

19 材料記号表

図面上で材料を指定する際は，JIS において規定された記号を用いて明示する（**表 19-1** ①～⑥，**表 19-2** ①～④）．

表 19-1 ① JIS にもとづく材料記号表…鉄鋼（**JIS G**）

規格番号 名　称	種類	記号	引張り強さ (N/mm²)	摘要（用途例） t＝厚さ
（a） 棒鋼，形鋼，鋼板，鋼帯，平鋼				
JIS G 3101 **：2020** 一般構造用圧延鋼材	—	SS 330 SS 400 SS 490 SS 540	330～430 400～510 490～610 ≧540	板，帯，平，棒 板，帯，平，棒，形 同上 同上
JIS G 3103 **：2023** ボイラ及び圧力容器用炭素鋼及びモリブデン鋼鋼板	—	SB 410 SB 450 SB 480 SB 450 M SB 480 M	410～550 450～590 480～620 450～590 480～620	—
JIS G 3104 **：2004** リベット用丸鋼	—	SV 330 SV 400	330～400 400～490	— （2011 年廃止）
JIS G 3105 **：2021** チェーン用丸鋼	—	SBC 300 SBC 490 SBC 690	≧300 ≧490 ≧690	—
JIS G 3106 **：2020** 溶接構造用圧延鋼材	—	SM 400 A SM 400 B SM 400 C	400～510	板，帯，形，平 同上 同上
		SM 490 A SM 490 B SM 490 C	490～610	板，帯，形，平 同上 同上
		SM 490 YA SM 490 YB	490～610	板，帯，形，平 同上
		SM 520 B SM 520 C	520～640	板，帯，形，平 同上
		SM 570	570～720	板，帯，形，平
JIS G 3108 **：2021** みがき棒鋼用一般鋼材	A 種 B 種	SGDA SGDB	290～390 400～510	機械的性質保証
	1 種 ∫ 4 種	SGD 1 ∫ SGD 4	—	化学成分保証
JIS G 3115 **：2022** 圧力容器用鋼板	—	SPV 235 SPV 315 SPV 355 SPV 410 SPV 450 SPV 490	400～510 490～610 520～640 550～670 570～700 610～740	6＜t＜200 6＜t＜150 同上 同上 同上 同上
JIS G 3131 **：2018** 熱間圧延軟鋼板及び鋼帯	—	SPHC SPHD SPHE SPHF	≧270 ≧270 ≧270 ≧270	一般用 (1.2＜t＜14) 絞り用 (1.2＜t＜14) 深絞り用 (1.2＜t＜8) 深絞り用特殊キルド処理 (1.4＜t＜8)
JIS G 3141 **：2021** 冷間圧延鋼板及び鋼帯	—	SPCC SPCD SPCE SPCF SPCG	－ ≧270 ≧270 ≧270 ≧270	一般用 絞り用 深絞り用 非時効性深絞り用 同上

（次ページに続く）

表 19-1 ② JIS にもとづく材料記号表…鉄鋼（JIS G）

規格番号 名称	種類	記号	引張り強さ (N/mm²)	摘要（用途例）
（b） 鋼 管				
JIS G 3441 ：2021 機械構造用合金鋼鋼管	420	SCr 420 TK	—	クロム鋼
	415 418 420 430 435 440	SCM 415 TK SCM 418 TK SCM 420 TK SCM 430 TK SCM 435 TK SCM 440 TK	—	クロムモリブデン鋼
JIS G 3444 ：2021 一般構造用炭素鋼鋼管	—	STK 290 STK 400 STK 500 STK 490 STK 540	≧290 ≧400 ≧500 ≧490 ≧540	一般構造物，手すり 足場，支柱，構造物 足場，支柱，仮設物 構築物，鉄塔
JIS G 3445 ：2021 機械構造用炭素鋼鋼管	11, 12, 13, 14, 15, 16, 17, 18, 19, 20 の各種	STKM 11 A，他. 12 種～19 種には製管方法，冷間加工，熱処理などの相違により，A，B，C の区分がある. STKM 20 A		機械，自動車，自転車，家具，器具その他の機械部品
JIS G 3452 ：2019 配管用炭素鋼鋼管	（黒管 白管）	SGP	≧290	低圧の蒸気，水，油，ガス，空気などの配管用
JIS G 3461 ：2023 ボイラ・熱交換器用炭素鋼鋼管	—	STB 340 STB 410 STB 510	≧340 ≧410 ≧510	ボイラの水管，煙管，過熱管，空気予熱器管その他熱交換器用など
（c） 線 材				
JIS G 3502 ：2019 ピアノ線材	62, 67, 72, 75, 77, 80, 82, 87, 92の各A, B 種	SWRS 62 A SWRS 62 B SWRS 67 A SWRS 67 B 他	—	ピアノ線，オイルテンパー線，PC 鋼線，PC 鋼より線，ワイヤロープなどの製造用
JIS G 3505 ：2017 軟鋼線材	6，8, 10, 12, 15, 17, 20, 22 の各種	SWRM 6 SWRM 8 SWRM 10 他	—	鉄線，外装用亜鉛めっき鉄線などの製造用
JIS G 3506 ：2017 硬鋼線材	27, 32, 37	SWRH 27～ SWRH 37	線径 5.5～19	硬鋼線，オイルテンパー線，PC 硬鋼線，ワイヤロープ，亜鉛めっき鋼より線など
	42, 47, 52, 57, 62, 67, 72, 77, 82	SWRH 42 A SWRH 42 B ≀ SWRH 82 A SWRH 82 B		
JIS G 3522 ：2014 ピアノ線	A 種	SWP‐A	2890～ 1420	主としてばね用
	B 種	SWP‐B	3190～ 1620	同上
	V 種	SWP‐V	2010～ 1520	弁ばね用

（右段に続く）

表 19-1 ③ JIS にもとづく材料記号表…鉄鋼（JIS G）

規格番号 名称	種類	記号	引張り強さ (N/mm²)	摘要（用途例）
（d） 構造用合金鋼				
JIS G 4051 ：2023 機械構造用炭素鋼鋼材	10, 12, 15, 17, 20, 22, 25, 28, 30, 33, 35, 38, 40, 43, 45, 48, 50, 53, 55, 58 の各種	S 10 C S 12 C S 15 C S 17 C 他 〔数字は C の含有量（上の場合は 0.10 %）を意味する〕	熱処理後，焼ならし ≧310 ≀ ≧650	キルド鋼から製造丸鋼，角鋼，六角鋼，線材 （ほかに，はだ焼き用 09, 15, 20 の各種があり，末尾に K の記号をつける） 例：S 09 CK S 15 CK
JIS G 4052 ：2023 焼入性を保証した構造用鋼鋼材 （H 鋼）	420, 415, 220 他各種	SMn‐H SMnC‐H SCr‐H SCM‐H SNC‐H SNCM‐H	—	（記号の表記例） SMn 420 H SCr 415 H SNCM 220 H 焼入性を保証した機械構造用
JIS G 4053 ：2023 機械構造用合金鋼鋼材	ニッケルクロム鋼	SNC 236 SNC 415 SNC 631 SNC 815 SNC 836	≧740 ≧780 ≧830 ≧980 ≧930	機械構造用 SNC 415, SNC 815 は主としてはだ焼用
	クロム鋼	SCr 415 SCr 420 SCr 430 SCr 435 SCr 440 SCr 445	≧780 ≧830 ≧780 ≧880 ≧930 ≧980	機械構造用 SCr 415，SCr 420 は主としてはだ焼用
	クロムモリブデン鋼	SCM 415 SCM 418, 420, 421, 425, 430, 432, 435, 440, 445, 822	≧830 ≧880 ≀ ≧1030	機械構造用 415, 418, 420, 421, 425, 822 は主としてはだ焼用
	マンガン鋼	SMn 420 SMn 433 SMn 438 SMn 443	≧680 ≀ ≧780	機械構造用 420 は，はだ焼用
JIS G 4053 ：2023 機械構造用合金鋼鋼材	マンガンクロム鋼	SMnC 420 SMnC 443	≧830 ≧930	機械構造用 420 は，はだ焼用
JIS G 4053 ：2023 機械構造用合金鋼鋼材	アルミニウムクロムモリブデン鋼鋼材	SACM 645	—	機械構造用 表面窒化用
JIS G 4804 ：2021 硫黄及び硫黄複合快削鋼鋼材	21, 22, 23, 25, 31, 32, 41, 42, 43	SUM 21 SUM 22 SUM 23 SUM 25 他	—	被削性を向上させるために，炭素鋼に硫黄を添加して製造した鋼材
	〔区分 L〕 22 L, 23 L, 24 L, 31 L	SUM 22 L SUM 23 L 他	—	

（次ページに続く）

表 19-1 ④　JIS にもとづく材料記号表…鉄鋼（JIS G）

規格番号 名　称	種類	記号	引張り強さ (N/mm²)	摘要（用途例）
（e）鋳鍛造品				
JIS G 3201 ：1988 炭素鋼鍛鋼品	〔区分 A〕 340, 390, 440, 490, 540, 590	SF 340 A SF 390 A 他	340〜490 440〜590 540〜690	一般品としての鍛鋼品
	〔区分 B〕 540, 590, 640	SF 540 B 他	540〜740 640〜780	
JIS G 5101 ：1991 炭素鋼鋳鋼品	−	SC 360	≧360	一般構造用 電動機部品用
		SC 410 SC 450 SC 480	≧410 ≧450 ≧480	一般構造用 同上 同上
JIS G 5111 ：1991 構造用高張力炭素鋼及び低合金鋼鋳鋼品	高張力 炭素鋼 3 種, 5 種	SCC 3	≧520 〜	構造用
		SCC 5	≧690	構造用，耐摩耗用
	低マンガン鋼 1, 2, 3, 5 種	SCMn 1 SCMn 2 SCMn 3	≧540 〜	構造用
		SCMn 5	≧740	構造用，耐摩耗用
	シリコンマンガン鋼 2 種	SCSiMn 2	≧590	構造用，アンカーチェーン用
	マンガンクロム鋼 2, 3, 4 種	SCMn Cr 2 SCMn Cr 3	≧590 〜	構造用
		SCMn Cr 4	≧740	構造用，耐摩耗用
	マンガンモリブデン鋼 3 種	SCMnM 3	≧690	構造用，強靭材用
	クロムモリブデン鋼 1，3 種	SCCrM 1 SCCrM 3	≧590 〜 ≧740	同上
	マンガンクロムモリブデン鋼 2 種，3 種	SCMnCr M 2 SCMnCr M 3	≧690 〜 ≧830	同上
	ニッケルクロムモリブデン鋼 2 種	SCNCr M 2	≧780	同上
JIS G 5121 ：2003 ステンレス鋼鋳鋼品	1〜6 10〜24 31〜36 の各種	SCS 1 SCS 11 SCS 21 他	≧540 〜 ≧750	—
JIS G 5501 ：1995 ねずみ鋳鉄品	—	FC 100 FC 150 FC 200 FC 250 FC 300 FC 350	≧100 ≧150 ≧200 ≧250 ≧300 ≧350	硬さ（HB） 201≧ 212≧ 223≧ 241≧ 262≧ 277≧

（右段に続く）

表 19-1 ⑤　JIS にもとづく材料記号表…鉄鋼（JIS G）

規格番号 名　称	種類	記号	引張り強さ (N/mm²)	摘用（用途例）
JIS G 5502 ：2022 球状黒鉛鋳鉄品	350 - 22 350 - 22L	FCD 350 - 22 FCD 350 - 22L	≧350 ≧350	耐力(N/mm²) ≧220 ≧220
	400 - 18 400 - 18L 400 - 15	FCD 400 - 18 FCD 400 - 18 L FCD 400 − 15	≧400 ≧400 ≧400	耐力(N/mm²) ≧250 ≧250 ≧250
	450 - 10 500 - 7 600 - 3 700 - 2 800 - 2	FCD 450 - 10 FCD 500 - 7 FCD 600 - 3 FCD 700 - 2 FCD 800 - 2	≧450 ≧500 ≧600 ≧700 ≧800	耐力(N/mm²) ≧280 ≧320 ≧370 ≧420 ≧480
	耐力：0.2%永久伸びに対する応力			
JIS G 5705 ：2018 可鍛鋳鉄品	黒心可鍛鋳鉄品	FCMB 27 - 05 FCMB 30 - 06 FCMB 35 - 10	≧270 ≧300 ≧350	〔種類〕 27 - 05, 30 - 06 35 - 10, 35 - 10S
	パーライト可鍛鋳鉄品	FCMP 45 - 06 FCMP 55 - 04 他	≧450 ≧550 ≧650	〔種類〕 45 - 06, 55 - 04 65 - 02, 70 - 02
	白心可鍛鋳鉄品	FCMW 35 - 04 FCMW 38 - 12 他	≧340 ≧320 〜≧400	〔種類〕 35 - 04, 38 - 12 40 - 05, 45 - 07
（f）特殊用途鋼				
JIS G 4401 ：2022 炭素工具鋼鋼材	140, 120, 105, 95, 90, 85, 80, 75, 70, 65, 60 の各種	SK 140 SK 120 SK 105 SK 95 SK 90 他	—	やすり，ドリル，刃物，ぜんまい，プレス型，たがね，ゲージ，針，丸のこ，刻印
JIS G 4403 ：2022 高速度工具鋼鋼材	2, 3, 4, 10 の各種	SKH 2 SKH 3 SKH 4 SKH 10	—	タングステン系 （切削性を必要とする工具）
	50, 51, 52, 53, 54, 55, 56, 57, 58, 59 の各種	SKH 50 SKH 51 SKH 52 SKH 53 SKH 54 他	—	モリブデン系 （じん性を必要とする器具）
	40	SKH 40	—	粉末冶金工程モリブデン系
JIS G 4404 ：2022 合金工具鋼鋼材	S 11 種 他	SKS 11 SKS 2 他	—	主として **切削工具用**
	S 4 種 他	SKS 4 SKS 41 他	—	主として **耐衝撃工具用**
	S 3 種，D 1 種他	SKS 3 SKD 1 他	—	主として **冷間金型用**
	D 4 種，T 3 種他	SKD 4 SKT 3 他	—	主として **熱間金型用**
JIS G 4303 ：2021 ステンレス鋼棒	オーステナイト系	SUS 201 〜 SUS 347 SUSXM 7 SUSXM 15 J 1	≧480 〜 ≧690 ≧480 ≧520	固溶化熱処理状態の機械的性質

（次ページに続く）

表 19-1⑥　JIS にもとづく材料記号表…鉄鋼（JIS G）

規格番号 名　称	種類	記号	引張り強さ (N/mm²)	摘要(用途例)
JIS G 4303 ：2021 ステンレス鋼棒	オーステナイト・フェライト系	SUS 329 J 1 他	≧590 ≧620	固溶化熱処理状態の機械的性質
	フェライト系	SUS 405 〜 SUS 434 他	≧410 〜 ≧450	焼なまし状態の機械的性質
	マルテンサイト系	SUS 403 〜 SUS 440 F	≧590 〜 ≧780	焼入れ焼もどし状態の機械的性質
	析出硬化系	SUS 630 SUS 631	≧1310 ≧1030	析出硬化熱処理を施した状態
JIS G 4311 ：2019 耐熱鋼棒及び線材	オーステナイト系	SUH 31 〜 SUH 661	≧740 〜 ≧690	固溶化熱処理状態及び固溶化熱処理後時効処理状態
	フェライト系	SUH 446	≧510	焼なまし状態
	マルテンサイト系	SUH 1 〜 SUH 616	≧930 〜 ≧880	焼入れ焼もどし状態
	オーステナイト系	SUS 304 〜 SUSXM 15 J1	—	はん用耐酸化鋼高温用溶接構造品
	フェライト系	SUS 405 SUS 410 L SUS 430	—	ガスタービンブレード用，バーナ用
	マルテンサイト系	SUS 403 〜 SUS 431	—	高温高圧蒸気用機械部品
	析出硬化系	SUS 630 SUS 631	—	高温ばね，ベローズ用
JIS G 4801 ：2021 ばね鋼鋼材	シリコンマンガン鋼	SUP 6, 7	≧1230	重ね板ばね コイルばね トーションバー
	マンガンクロム鋼	SUP 9, 9A		
	クロムバナジウム鋼	SUP 10	≧1230	コイルばね トーションバー
	マンガンクロムボロン鋼	SUP 11A	≧1230	トーションバー 大形重ね板ばね
	シリコンクロム鋼	SUP 12	≧1230	コイルばね
	クロムモリブデン鋼	SUP 13		コイルばね 大形重ね板ばね
JIS G 4805 ：2019 高炭素クロム軸受鋼鋼材	2 種 〜 5 種	SUJ 2 〜 SUJ 5	硬さ(RB) ≦94〜95	転がり軸受用
JIS G 4902 ：2019 耐食耐熱超合金板，ニッケル及びニッケル合金−板及び帯	600, 601, 750, 751, 800, 800H, 825, 80A 他各種	NCF 600 NCF 750 NDF 800 他	≧550 ≧890 ≧520	(旧記号) NCF 1 P NCF 3 P NCF 2 P

表 19-2①　JIS にもとづく材料記号表…非鉄金属（JIS H）

種　類 (抜粋)	記　号		引張り強さ (N/mm²)	摘要（用途例）
	新	旧		
（a）　銅及び銅合金の板及び条（**JIS H 3100：2018**）				
無酸素銅	C 1020 P C 1020 R	OFCuP	≧195 ≧195	電気・熱の電導性，展延性，絞りに優れている．電気用，化学工業用など．
タフピッチ銅	C 1100 P C 1100 R	TCuP	≧195 ≧195	電気用，蒸留がま，建築用，化学工業．
りん脱酸銅	C 1201 P C 1201 R C 1220 P C 1220 R C 1221 P C 1221 R	DCup1A DCup1B DCuP2	≧195 ≧195 ≧195 ≧195 ≧195 ≧195	展延性，絞り加工性，溶接，耐食性，耐候性，熱伝導性がよい．ふろがま，湯沸器，ガスケット，化学工業．
丹　銅	C 2100 P C 2100 R C 2200 P C 2200 R C 2300 P C 2300 R C 2400 P	RBsP 1 RBsP 2 RBsP 3 RBsP 4	≧205 ≧205 ≧225 ≧225 ≧245 ≧245 ≧255	展延性，絞り加工性，耐食性がよい．建築用，装身具，化粧品ケースなど．
黄　銅	C 2600 P C 2600 R	BsP 1	≧275 ≧275	深絞り用．
	C 2680 P C 2680 R	BsP 2 A	≧275 ≧275	展延性，絞り加工性，めっき性がよい．
	C 2720 P C 2720 R	BsP 2 B	≧275 ≧275	展延性，絞り加工性がよい．
	C 2801 P C 2801 R	BsP 3	≧325 ≧325	強度が高く，展延性がある．
快削黄銅	C 3560 P C 3560 R C 3561 P C 3561 R	PbBsP 11 PbBsP 14	≧345 ≧345 ≧375 ≧375	被削性に優れ，打抜き性もよい．歯車，製紙用スクリーンなど．
	C 3710 P C 3710 R C 3713 P C 3713R	PbBsP 12 PbBsP 13	≧375 ≧375 ≧375 ≧375	打抜き性に優れ，被削性もよい．時計部品，歯車など．
すず入り黄銅	C 4250 P C 4250 R	—	≧295 ≧295	耐食性がよい．スイッチ，リレー，ばね．
ネーバル黄銅	C 4621 P C 4640 P	NBsP 1 NBsP 2	≧375 ≧375	耐食性，耐海水性がよい．熱交換器など．
アルミニウム青銅	C 6140 P C 6161 P C 6280 P C 6301 P	 ABP 1 ABP 2 ABP 5	≧480 ≧490 ≧620 ≧635	強度が高く，耐食性，耐摩耗性がよい．機械部品，化学工業用，船舶用など．
白　銅	C 7060 P C 7150 P	CNP 1 CNP 3	≧275 ≧345	耐食性がよい．高温の使用に適す．熱交換器用管板など．

（次ページに続く）

表 19-2② JIS にもとづく材料記号表…非鉄金属（**JIS H**）

種類 (抜粋)	記号		引張り強さ (N/mm^2)	摘要（用途例）
	新	旧		
（**b**） りん青銅及び洋白の板及び条（**JIS H 3110：2018**）				
りん青銅	C 5111 P C 5111 R C 5102 P C 5102 R C 5191 P C 5191 R C 5212 P C 5212 R 他	 PBP 2 PBP 3	≧295 ≧295 ≧305 ≧305 ≧315 ≧315 ≧345 ≧345	展延性，耐疲労性，耐食性がよい．電子電気機器用ばね，スイッチ，IC リード，コネクタ，ダイヤグラム，ヒューズクリップなど．
洋　白	C 7351 P C 7351 R C 7451 P C 7451 R C 7521 P C 7521 R C 7541 P C 7541 R	NSP 1 NSP 4 NSP 2 NSP 3	≧325 ≧325 ≧325 ≧325 ≧375 ≧375 ≧355 ≧355	展延性，耐疲労性，耐食性がよい．トランジスタキャップ，ボリウム用しゅう動片，洋食器，建築用など．
（**c**） ばね用のベリリウム銅，チタン銅，りん青銅，ニッケル－すず銅及び洋白の板及び条（**JIS H 3130：2018**）				
ばね用ベリリウム銅	C1700 P C 1700 R	BeCuP1	410～ 835	耐食性がよい．時効硬化処理前は展延性がよく，時効硬化処理後は耐疲労性，導電性が増加する．
	C 1720 P C 1720 R	BeCuP2	410～ 835	
ばね用りん青銅	C 5210 P C 5210 R	PBSP	470～ 835	耐疲労性がよい．高性能ばね材に適す．
ばね用洋白	C 7701 P C 7701 R	NSSP	540～ 865	低温焼なましを施したものは高性能ばね材に適す．
（**d**） 銅及び銅合金の継目無管（**JIS H 3300：2018**）				
無酸素銅	C 1020 T	―	≧205	電気，化学工業用
黄　銅	C 2600 T C 2700 T C 2800 T	BsT 1 BsT 2 BsT 3	≧275 ≧295 ≧315	押広げ性，曲げ性，絞り性がよい．熱交換器，諸機械部品 C 2800 は強度が高い．船舶，諸機械部品．
復水器用黄銅	C 4430 T C 6870 T C 6871 T C 6872 T	 BsTF 4 BsTF 2 BsTF 3	≧315 ≧375 ≧375 ≧355	耐食性がよい．火力・原子力発電用，船舶用復水器，給水加熱器，蒸留器，造水装置．

（右段に続く）

表 19-2③ JIS にもとづく材料記号表…非鉄金属（**JIS H**）

種類 (抜粋)		記号		引張り強さ (N/mm^2)	摘要（用途例）
		新	旧		
（**e**） 銅及び銅合金鋳物（**JIS H 5120：2016**）（主な種類）					
銅鋳物	1 種	CAC 101	CuC 1	≧ 175	羽口，冷却板，電極ホルダー
	2 種	CAC 102	CuC 2	≧ 155	電気用ターミナル，コンタクト
	3 種	CAC 103	CuC 3	≧ 135	通電サポート，導体，電気部品
黄銅鋳物	1 種	CAC 201	YBsC 1	≧ 145	フランジ類，電気部品，装飾用品
	2 種	CAC 202	YBsC 2	≧ 195	電気部品，計器部品，機械部品
	3 種	CAC 203	YBsC 3	≧ 245	給排水金具，電気部品，一般機械部品，建築用金具
高力黄銅鋳物	1 種	CAC 301	HBsC 1	≧ 430	船用プロペラ，弁座，弁棒
	2 種	CAC 302	HBsC 2	≧ 490	船用プロペラ，軸受保持器
	3 種	CAC 303	HBsC 3	≧ 635	低速高荷重の摺動部品，カム
	4 種	CAC 304	HBsC 4	≧ 755	摺動部品，耐摩耗板，ブシュ
青銅鋳物	1 種	CAC 401	BC 1	≧ 165	湯流れ，被削性がよい，軸受
	2 種	CAC 402	BC 2	≧ 245	耐圧，耐摩耗，耐食性がよい
	3 種	CAC 403	BC 3	≧ 245	ポンプ胴体，羽根車，バルブ
	6 種	CAC 406	BC 6	≧ 195	一般機械部品，給水栓，軸受
	7 種	CAC 407	BC 7	≧ 215	軸受，小形ポンプ，機械部品
	他 8, 11				
りん青銅鋳物	2 種 A	CAC502A	PBC 2	≧ 195	流動性と耐摩耗性がよく，歯車，ブシュ，羽根車，摺動部品，スリーブ，油圧部品
	2 種 B	CAC502B	PBC 2 B	≧ 295	
	3 種 A	CAC503A		≧ 195	
	3 種 B	CAC503B	PBC 3 B	≧ 265	
鉛青銅鋳物	2 種	CAC 602	LBC 2	≧ 195	高荷重用軸受，シリンダ，バルブ
	3 種	CAC 603	LBC 3	≧ 175	大形エンジン用軸受
	4 種	CAC 604	LBC 4	≧ 165	ホワイトメタルの裏金
	5 種	CAC 605	LBC 5	≧ 145	低荷重用軸受，エンジン用軸受
アルミニウム青銅鋳物	1 種	CAC 701	A 1BC 1	≧ 440	強さと耐食性によい．耐酸部品．
	2 種	CAC 702	A 1BC 2	≧ 490	船用プロペラ．
	3 種	CAC 703	A 1BC 3	≧ 590	強さと耐食，耐摩耗性を必要とする大形鋳物．
	4 種	CAC 704	A 1BC 4	≧ 590	
シルジン青銅鋳物	1 種	CAC 801	SzBC 1	≧ 345	流動性がよく，強さと耐食性を必要とするものに適す．船舶用ぎ装品，歯車．
	2 種	CAC 802	SzBC 2	≧ 440	
	3 種	CAC 803	SzBC 3	≧ 390	
	4 種	CAC 804		≧ 300	

（次ページに続く）

表 19-2 ④　JISにもとづく材料記号表…非鉄金属（**JIS H**）

規格番号 名　称	種　類	記　号	引張り強さ (N/mm^2)	摘要（用途例）
（**f**）鋳物				
JIS H 5202 ：2010 アルミニウム合金鋳物	AC 1 B		≧330	砂型鋳物 金型鋳物 強さは全て金型の場合
	AC 2 A, AC 2 B		≧180, ≧150	
	AC 3 A		≧170	
	AC 4 A, B, C, D		≧170〜≧150	
	AC 5 A, AC 7A		≧180, ≧210	
	AC 8 A, B, C		≧170	金型鋳物
	AC 9 A, AC 9 B		≧150, ≧170	
JIS H 5203 ：2022 マグネシウム合金鋳物	2 種 C 2 種 E	MC 2 C MC 2 E	≧160 ≧160	TV カメラ用部品 工具用ジグ 電動工具
	5 種 6 種 〜 14 種	MC 5 MC 6 〜MC 14	≧140 ≧235 ≧140〜275	エンジン用部品 強度と靭性あり 高力，耐熱鋳物
JIS H 5401 ：1958 ホワイトメタル	1 種 2 種 2 種 B	WJ 1 WJ 2 WJ 2 B	—	高速高荷重軸受用
	3 種 〜 10 種	WJ 3 〜 WJ 10	—	中荷重軸受用 中小荷重軸受用

（**g**）アルミニウム及びアルミニウム合金の板及び条（**JIS H 4000：2022**）

種類，記号	引張り強さ (N/mm^2)	摘要（用途例）
A 2024 P，A 7075 P，A 7N01 P	〜 220	〔板，条，円板〕車両その他陸上構造物，カラーアルミ，キャップ，航空宇宙機器，飲料缶
A 1085 P，A 1N30 P，A 3105 P	55 〜 125	
A 2014 P，A 2017 P，A 2219 P，A 5082 P，A 5182 P	215 〜 345	
A 1080 P，A 1070 P，A 1050 P，A 1100 P，A 1200 P，A 1N00 P，A 3003 P，A 3203 P，A 3004 P，A 3104 P，A 3005 P，A 5005 P，A 5052 P，A 5652 P，A 5154 P，A 5254 P，A 5454 P，A 5083 P，A 5086 P，A 5N01 P，A 6061 P	55 〜 305	〔板，条，円板〕成形性，溶接性，耐食性よい 照明器具，装飾品，導電材，船舶，車両用材，陸上構造物，飲料缶
A 2014 PC，A 2024 PC，A 7075 PC	205 〜 245	〔合せ板〕航空機用，各種構造材

（**h**）銅及び銅の合金棒（**JIS H 3250：2021**）

種　類 (抜粋)	記　号	引張り強さ (N/mm^2)	摘要（用途例）
快削黄銅	C 3601 BD C 3602 BE C 3602 BD C 3603 BD C 3604 BE C 3604 BD C 3605 BE C 3605 BD	≧295〜≧450 315 以上 315 以上 ≧315〜≧450 335 以上 335 以上 335 以上 335 以上	被削性に優れる C 3601・C 3602 は展延性もよい ボルト，ナット，小ねじ，スピンドル，歯車，バルブ，ライター，時計，カメラ部品など
鍛造用黄銅	C 3712 BE C 3712 BD	315 以上 315 以上	熱間鍛造性がよく，精密鋳造に適する．機械部品．
	C 3771 BE C 3771 BD	315 以上 315 以上	熱間鍛造性と被削性がよい．バルブ，機械部品．

〔**備考**〕記号中 BD は引抜棒，BE は押出棒を示す．

PART 2 機械製図集

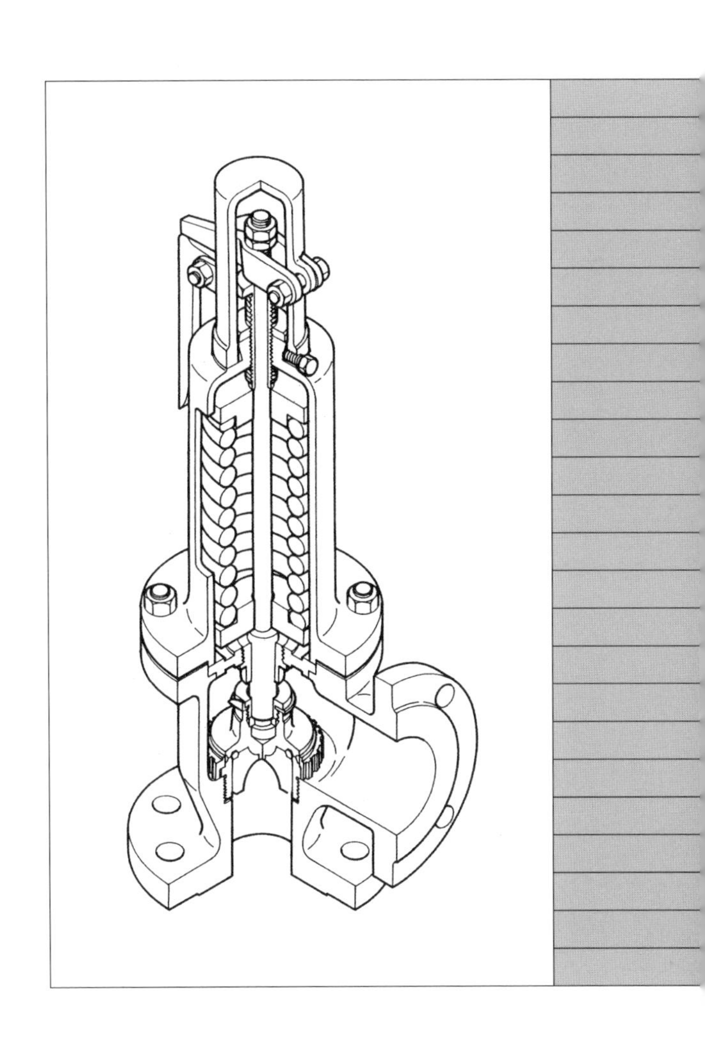

01 Vブロック

V-block

使用法の概略

Vブロックはけがき用具の一つであり，やげん台ともいわれ，とくに丸棒状の工作物を開き角90°のV形の溝部にのせ，けがき作業を行うのに用いられる他，不規則な形状の工作物を工作機械に取りつける場合の金敷きの役目や，位置決めするときなどに用いられる．

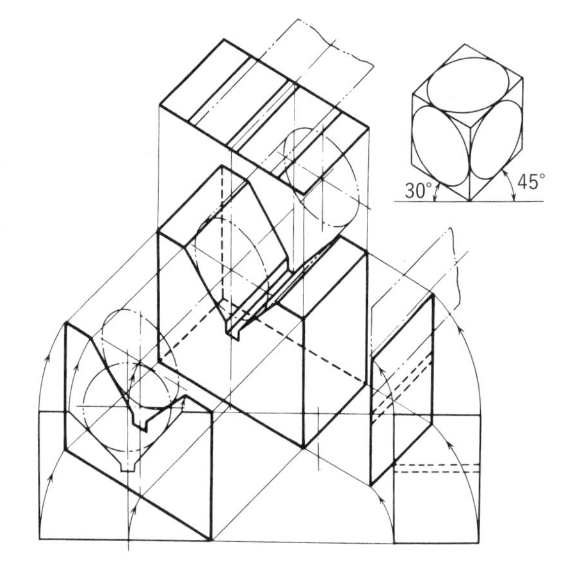

製図上の注意事項

本図は三角法によっているので，下の図は正面図，上の図が平面図である．図の外形線は直線だけでできているが，線と線の継ぎ目にすき間や出っぱりが生じないよう注意しなければならない．

材料はFC 200（**JIS G 5501** ねずみ鋳鉄品）である．質量は，この品物の仕上がり質量をkg単位で示している．

工程欄では，工程を略号で示しているが，木は木型工場，イは鋳物工場，キは機械工場における工程をそれぞれ示す（他に，タ…鍛造工場，ソ…倉庫など）．

02 パッキン押え

Packing gland

使用法の概略

うず巻きポンプのシャフトや，玉形弁の弁棒などは，本体に対して回転運動をする．したがって本体との間には必ずすき間があり，そのため流体が漏れてしまうことになる．これを防ぐため，本体との間にパッキンを挿入する．このようなパッキンをグランド パッキンといい，これを押え込んで取りつけるために，このようなパッキン押えが用いられる．

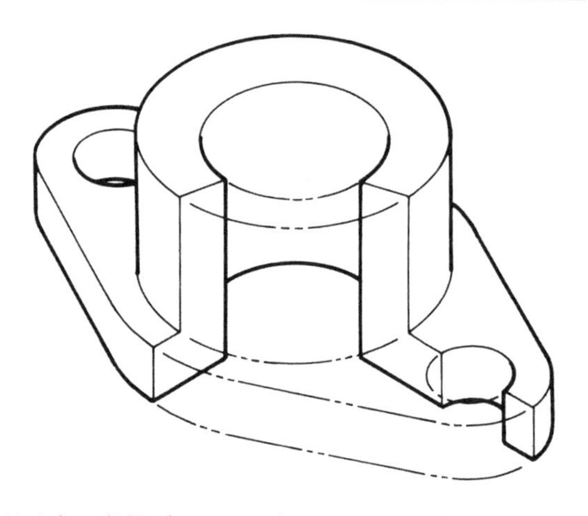

製図上の注意事項

正面図は中心線の上下が対称形になっているので，上の部分を断面とし，下の部分を外形で表した半断面図で示されている．

記入寸法のうち，2×13キリは，個数2個，直径13のきり穴であることを示しており，またF 7, d 8は，はめあい記号（**JIS B 0401**）で“すきまばめ”を示す．

側面図は円ならびに円弧と直線との接続でできているので，この接続部にくい違いなどが生じないよう，なめらかにつなぐことが必要で，小さい丸から大きい丸へと順に描き，最後に直線で接続して完成させる．

材料はCAC 406（**JIS H 5120** 銅及び銅合金鋳物の中の青銅鋳物の6種）で，機械加工で製作する．

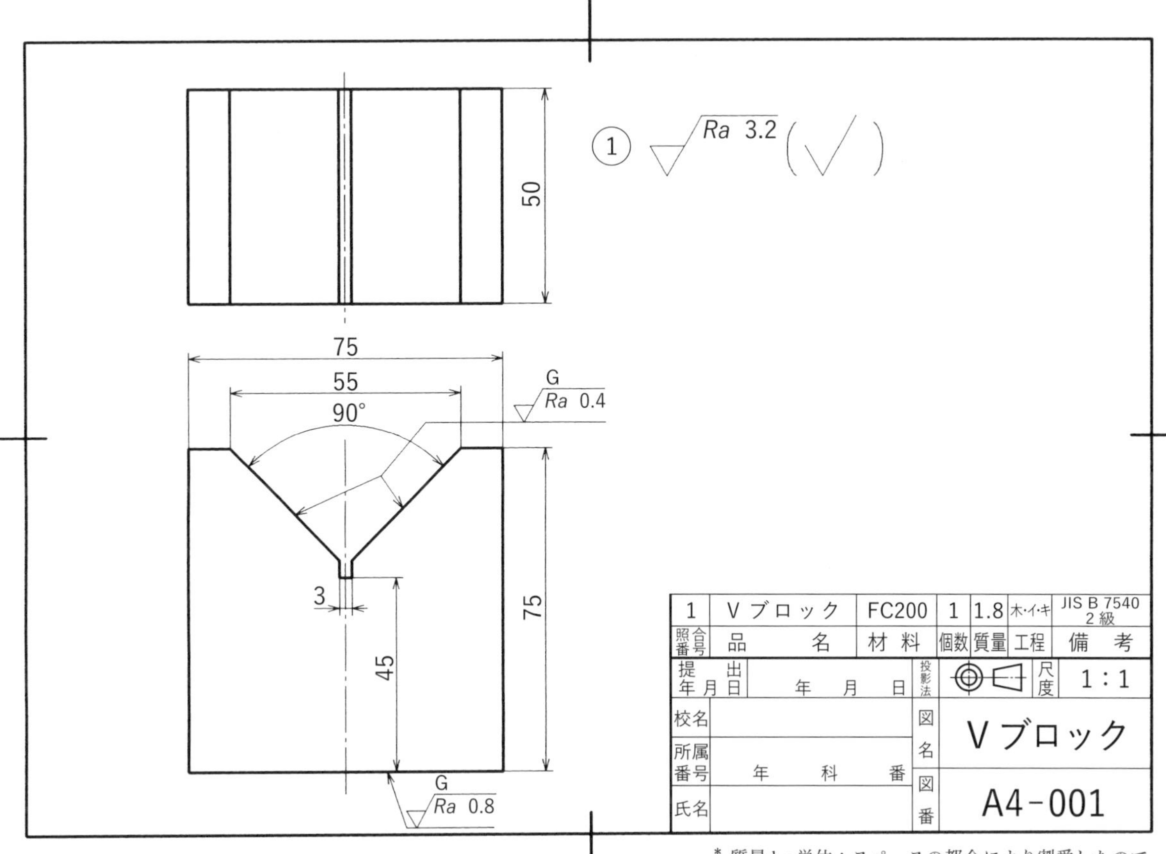

* 質量kg単位：スペースの都合により割愛したので留意してほしい.

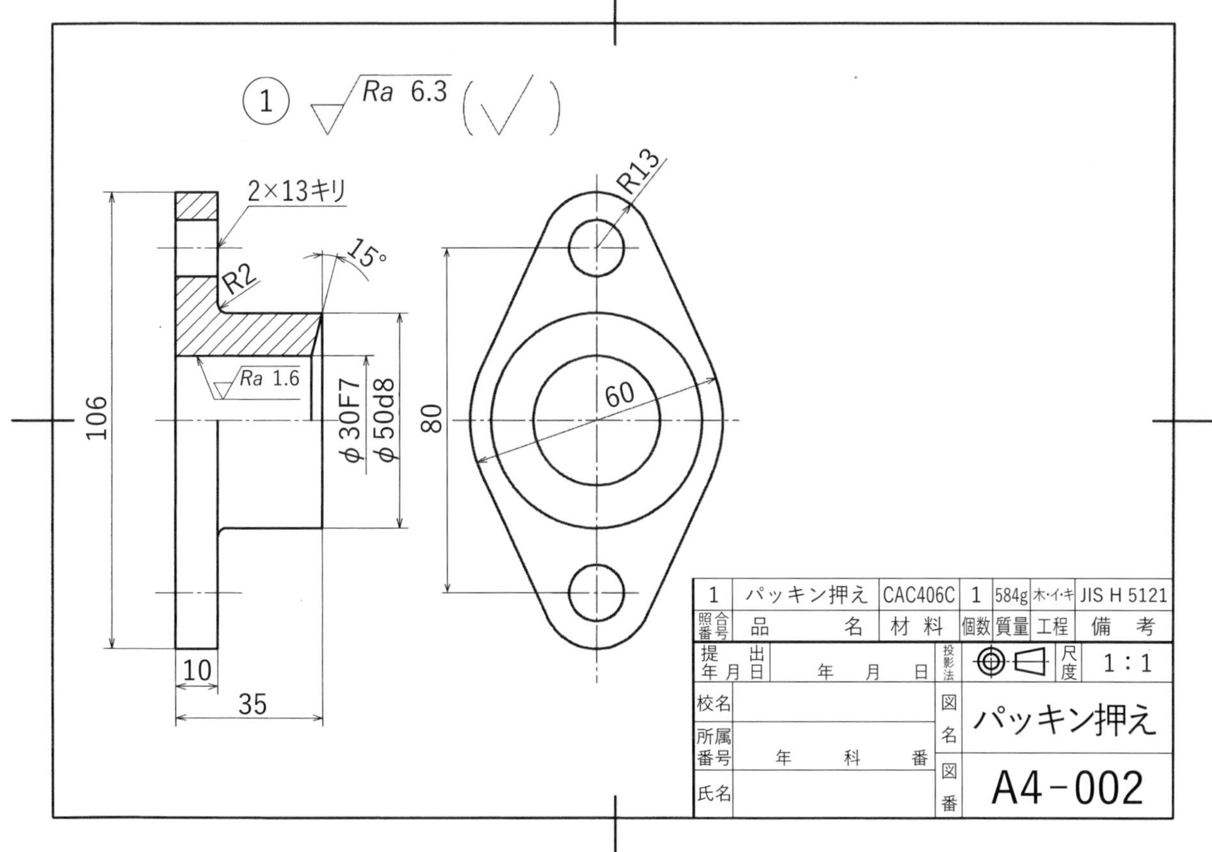

03 ボルト，ナット

Bolt, Nut

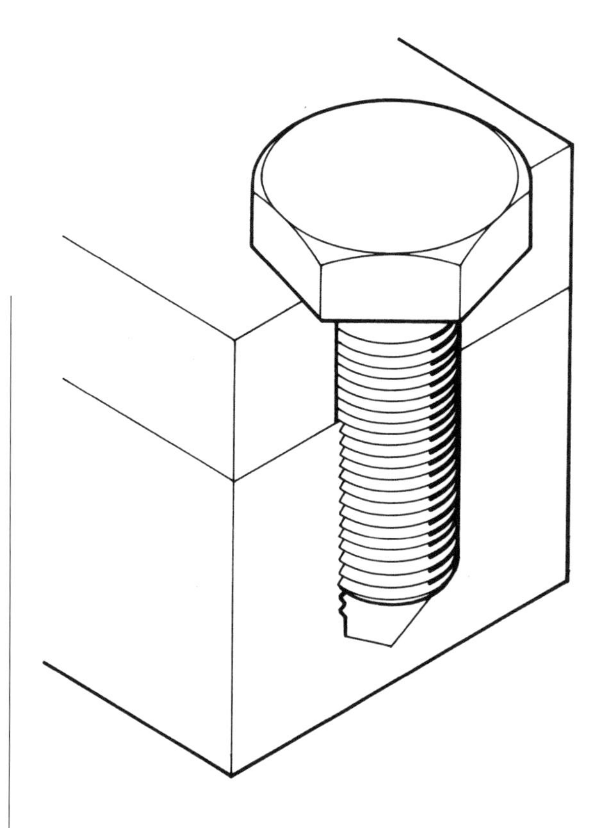

使用法の概略

締結用ボルトは，その使用状態に応じて，つぎの三つのタイプに分けられる．

（1） 押え，またはねじ込みボルト（tap bolt）…ボルト穴を貫いてあけることができない場合に用いるもので，ボルトをねじ込むだけで締めつける．この場合のめねじは，ボルト先端から 2 ～ 10 mm 深く切っておく必要がある（図の左端）．

（2） 植込みボルト（stud bolt）… 丸棒の両端にねじを切ったもので，その片方を品物に固くねじ込み，他端をナットによって締めつける（図の中央）．

（3） 通しボルト（through bolt）… 最も多く使用されるもので，締結する 2 部分に穴を通してあけ，これにボルトを挿入してナットで締めつける（図の右端）．

（2），（3）のナットは，さらに座金などを用いる場合もあり，またゆるみ止めのためナットを 2 個（ダブル ナット）用いることもある．

製図上の注意事項

締めつける品物は，断面で表しても，ボルト，ナットは断面としない．ねじの部分は製図規格（**JIS B 0002** 製図 − ねじ及びねじ部品）にしたがって，おねじでは外径を太線，谷の径を細線，めねじではその反対，めねじとおねじの組合わせの場合にはおねじをもとにして表す．これらの詳細図示法ならびに，図に関する一般事項について，図面の中に朱書きして示してある．

その他ボルト，ナットの呼び方と意味を**表 1** に示す．

表 1　ボルト，ナットの呼び方と意味（**JIS B 1180：2014, 1181：2014, 1173：2010**）

照合番号	品　名	呼び方と意味
1	六角ボルト	中 = 仕上げ程度；M 24 × 65 = ねじの呼び×長さ l；− 8 g = ねじの等級；4.6 = 機械的性質の強度区分
5	六角ナット	1 種 = 形状の区別；中 = 仕上げ程度；M 16 = ねじの呼び；− 7 H = ねじの等級；− 4 T = 機械的性質の強度区分
2	植込みボルト	20 × 50 = ねじの呼び径×長さ l；4.8 = 機械的性質の強度区分；並 = 植込み側ピッチ系列；1 種 = 植込み側長さの種類（bm の種別）；並 = ナット側ピッチ系列

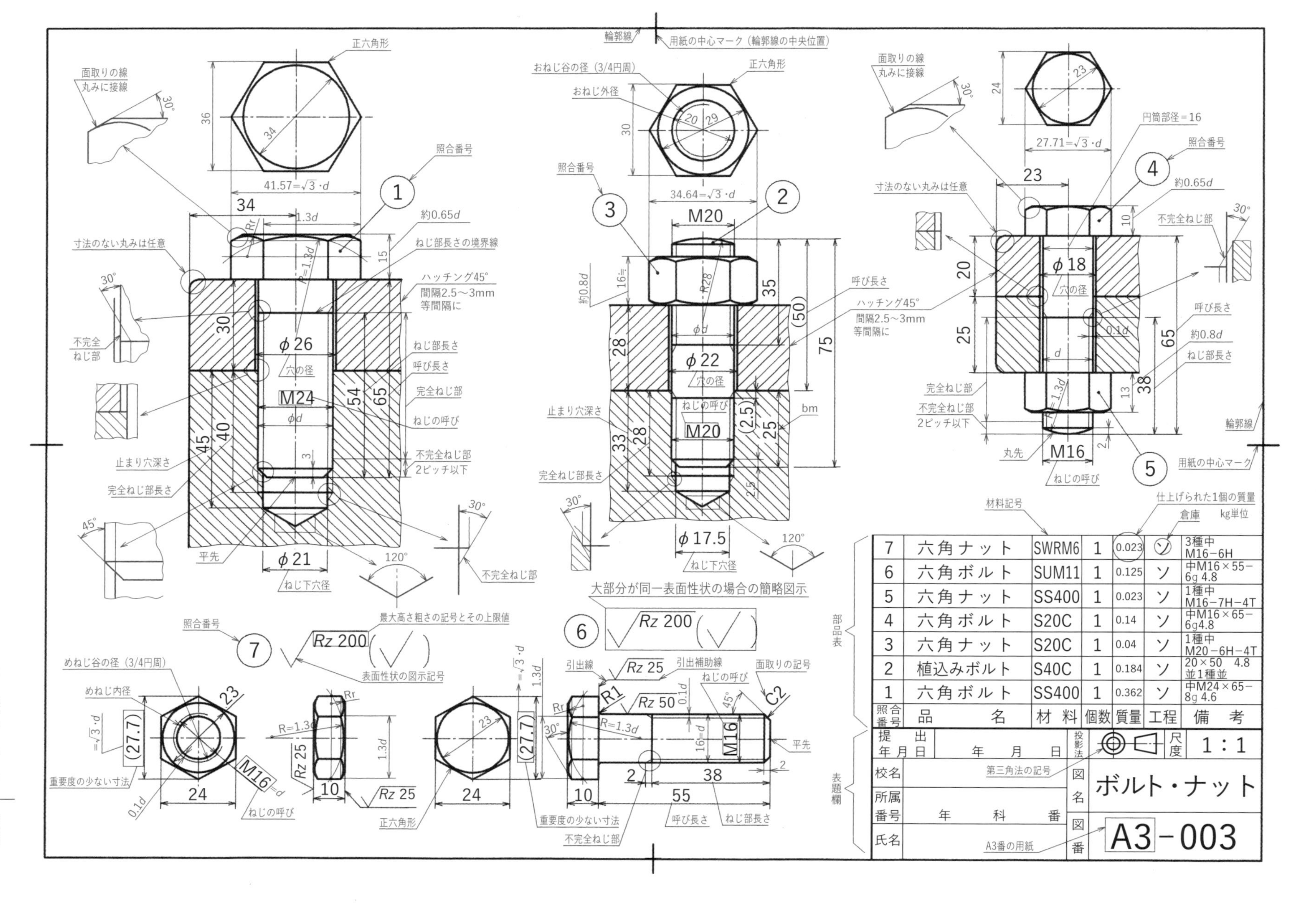

7 六角ナット SWRM6 1 0.023 3種中 M16-6H
6 六角ボルト SUM11 1 0.125 中M16×55-6g 4.8
5 六角ナット SS400 1 0.023 1種中 M16-7H-4T
4 六角ボルト S20C 1 0.14 中M16×65-6g4.8
3 六角ナット S20C 1 0.04 1種中 M20-6H-4T
2 植込みボルト S40C 1 0.184 20×50 4.8 並1種並
1 六角ボルト SS400 1 0.362 中M24×65-8g 4.6
照合番号 品名 材料 個数 質量 工程 備考
提出年月日 年 月 日
投影法
尺度 1:1
校名
所属番号 年 科 番
図名 ボルト・ナット
氏名
図番 A3-003
部品表
表題欄
材料記号
仕上げられた1個の質量
倉庫 kg単位
第三角法の記号
A3番の用紙
輪郭線
用紙の中心マーク（輪郭線の中央位置）
用紙の中心マーク
正六角形
面取りの線 丸みに接線
照合番号
寸法のない丸みは任意
ねじ部長さの境界線
ハッチング45° 間隔2.5〜3mm 等間隔に
ねじ部長さ
呼び長さ
完全ねじ部
ねじの呼び
不完全ねじ部 2ピッチ以下
不完全ねじ部
止まり穴深さ
完全ねじ部長さ
平先
ねじ下穴径
穴の径
おねじ谷の径（3/4円周）
おねじ外径
円筒部径＝16
丸先
大部分が同一表面性状の場合の簡略図示
最大高さ粗さの記号とその上限値
表面性状の図示記号
めねじ谷の径（3/4円周）
めねじ内径
重要度の少ない寸法
引出線
引出補助線
面取りの記号

04 フック
Hook

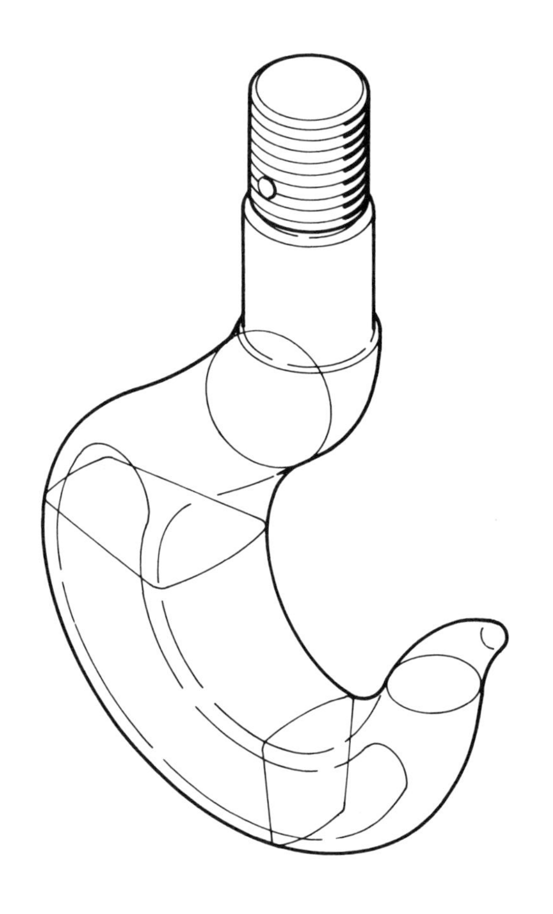

使用法の概略

クレーン，チェーン ブロックなどで重量物を持ち上げるとき，ワイヤ ロープを引っかけてつるしたりする場合に用いられる．フックは重量物の大きさによって寸法が異なる．本課題は 1.2 トン用である．

製図上の注意事項

一般にフックは鍛鋼材（記号例 SF 440 A）を，鍛造して所定の形につくり，さらにねじ部その他を機械加工して仕上げられる．

フックの断面形状は場所によって異なっているので，各部の断面形状と寸法を個々に示す．その表示法は，断面箇所に細い一点鎖線を入れ，その両端の一部を太くし，矢印を押すかたちでつけて符号 AA，BB などと記入する．

断面図形を切断箇所に入れた一点鎖線の延長上に記入する場合には，符号 AA，BB などは省略するが，本課題のように断面図形を別の位置に示したい場合には A-A，B-B などと指示する．その他，**図 1** に示すように断面形状の図示法には，図形内で示す場合，矢印を用いる場合がある．

本課題では，とくに曲線の描き方に注意する．一見複雑そうに見える曲線も，半径の異なった円弧の連続によって描くことができる．本課題では円弧の中心位置を明示していない箇所もあるが，これを適宜に定めて，円弧と円弧の接続に不自然さがないようにする必要がある．

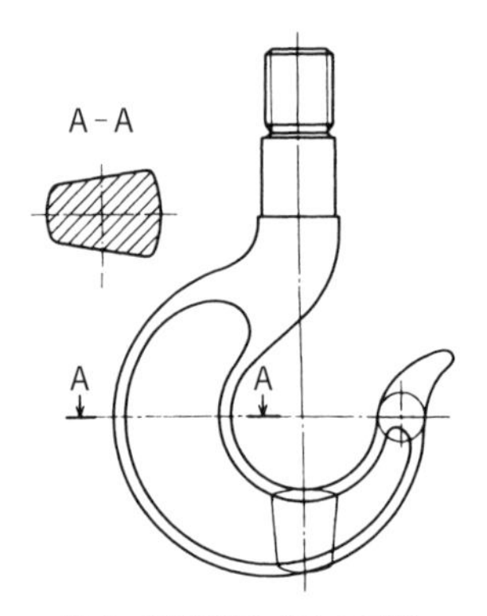

図 1　断面図示（二つの例）

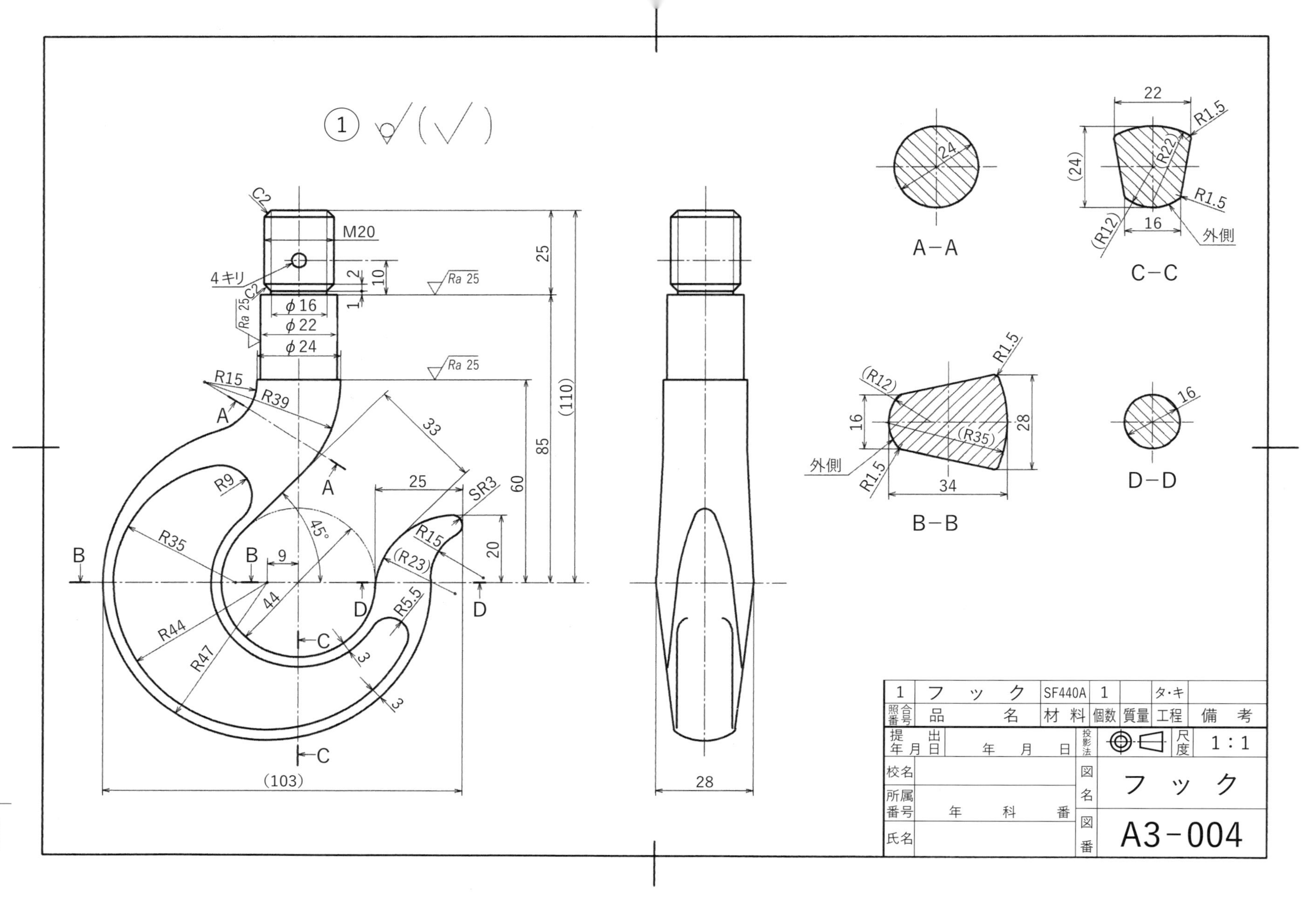

①
A−A
B−B
C−C
D−D
外側
R1.5
(R22)
(R12)
(R35)
22
(24)
16
24
28
34
SR3
R15
(R23)
R5.5
R39
R9
R35
R44
R47
45°
M20
C2
4キリ
φ16
φ22
φ24
Ra 25
(110)
85
60
25
20
33
10
9
44
(103)
1
フック
SF440A
照合番号
品名
材料
個数
質量
工程
タ・キ
備考
提出年月日
投影法
尺度
1：1
校名
所属番号
氏名
図名
図番
A3−004

05 Vプーリ

V-pulley

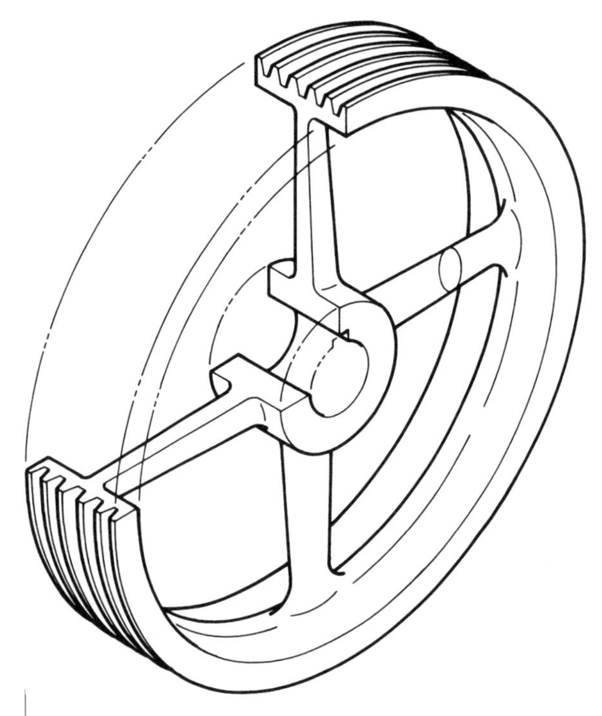

使用法の概略

Vプーリは，布とゴムなどでつくられた断面V字形のVベルト用のプーリで，そのベルト本数だけV形の溝がリムの円周上に切られている．VベルトにはM形，A形，B形，C形，D形，E形の6種があって，伝達される動力の大きさによって種類，本数が使い分けられる．**表2**はVベルトの種類，寸法を示したものである．

製図上の注意事項

Vプーリは一般に鋳造によってつくり，V溝部，軸穴など機械加工して製作されるが，径の小さなものは丸棒から直接機械加工によってつくられる．

V溝部のVベルトとの接触面は，ベルトに損傷を生じないように，表面性状は，算術平均粗さ *Ra* 3.2を施す．また溝の角度を正確に仕上げないと，斜面の圧力が不均等になる．溝の角度は，プーリの径が小さいものほどベルトの斜面角より小さくして摩擦を増大させる．図のP. C. D.はピッチ円直径（pitch circle diameter）を示す．V溝部はその一部分を拡大図で示す．

表2　Vプーリ溝部の形状及び寸法（**JIS B 1854：1987**）

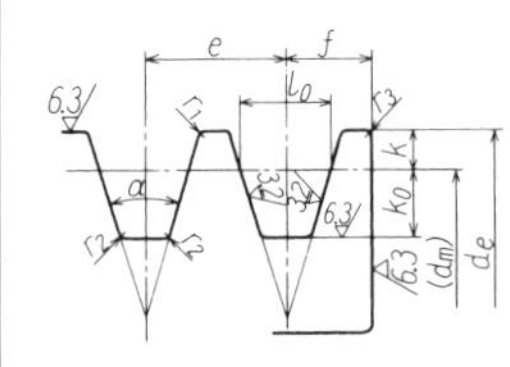

〔注〕 M形は原則として1本掛けとする．

$r_1 = 0.2 \sim 0.5$

（単位 mm）

Vベルトの種類	呼び径 d_m	α (°)	l_0	k	k_0	e	f	r_2	r_3	（参考）Vベルトの厚さ
M	50以上　71以下 71を超え90以下 90を超えるもの	34 36 38	8.0	2.7	6.3	—	9.5	0.5 ～ 1.0	1 ～ 2	5.5
A	71以上　100以下 100を超え125以下 125を超えるもの	34 36 38	9.2	4.5	8.0	15.0	10.0	0.5 ～ 1.0	1 ～ 2	9
B	125以上　160以下 160を超え200以下 200を超えるもの	34 36 38	12.5	5.5	9.5	19.0	12.5	0.5 ～ 1.0	1 ～ 2	11
C	200以上　250以下 250を超え315以下 315を超えるもの	34 36 38	16.9	7.0	12.0	25.5	17.0	1.0 ～ 1.6	2 ～ 3	14
D	355以上　450以下 450を超えるもの	36 38	24.6	9.5	15.5	37.0	24.0	1.6 ～ 2.0	3 ～ 4	19
E	500以上　630以下 630を超えるもの	36 38	28.7	12.7	19.3	44.5	29.0	1.6 ～ 2.0	4 ～ 5	24

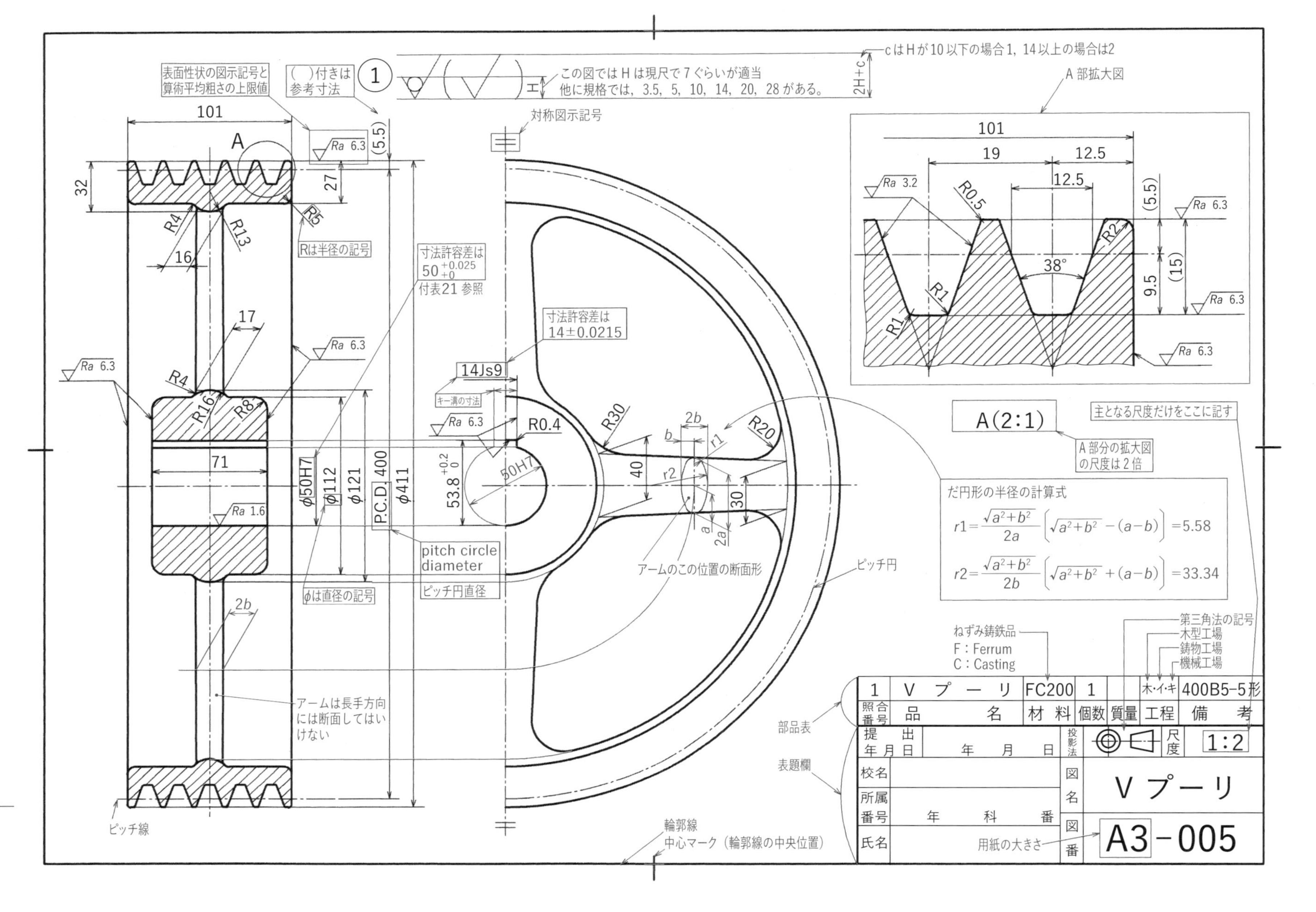

1	V プーリ	FC200	1		木・イ・キ	400B5-5形
照合番号	品名	材料	個数	質量	工程	備考

提出年月日	年 月 日	投影法	⊕	尺度	1:2
校名		図名	Vプーリ		
所属番号	年 科 番				
氏名		図番	A3-005		

06 豆ジャッキ

Small screw jack

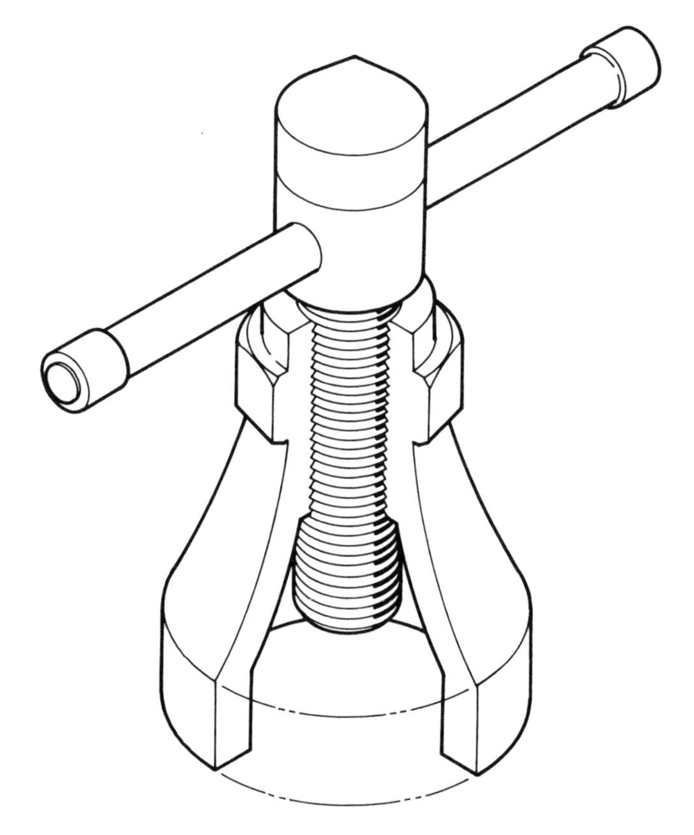

使用法の概略

豆ジャッキは，工作物を定盤上にのせて，けがきおよび組立てを行う場合に，工作物を適当な位置に浮かせる必要があるときに用いられる．本体①の上部はスパナがかけられるように六角形になっていて，この部分を固定して，④のハンドルを回すことによって先金③が上下する．

製図上の注意事項

本図は左上に示す組立図とその部品図からなっている．組立図における本体①は，左右対称形であるため，右半分を断面図で示し，内部構造を明らかにしている．照合番号は円内に記入するが，組立図に照合番号を記入するときには，不規則な記入をせず，一直線上に整然と記入する．

本体①はねずみ鋳鉄（FC 200）の鋳造品を，機械加工して製作する．部品図における①は対称図形であるので，上半分を断面図で示す．この図のM 10は呼び径10 mmのメートル並目ねじを示す．そのあとに-7 Hと記したときは，ねじの等級（公差グレードと公差位置との組合せ）が7 H級を表す．

また（21.9）のようにかっこをつけた寸法は，参考寸法として示したもので，その箇所の寸法が多少変わっても差し支えないことを示している．

送りねじ②は機械構造用炭素鋼（S 30 C）で機械加工してつくられる．寸法につけたn 6は，はめあい記号でしまりばめを，また先金③のH 7は同様にはめあい記号の中間ばめを示している．

③は合金工具鋼（SKS 4）で機械加工してつくられる．この図で穴の入口の面取りCを忘れずに記入する．

ハンドル④はS 30 Cで，機械加工してつくられ，送りねじ②の穴に挿入したのち輪⑤を端部にかしめ固定する．したがってその工程をハンドル④の部品図に想像線で示し，さらに説明をしている．

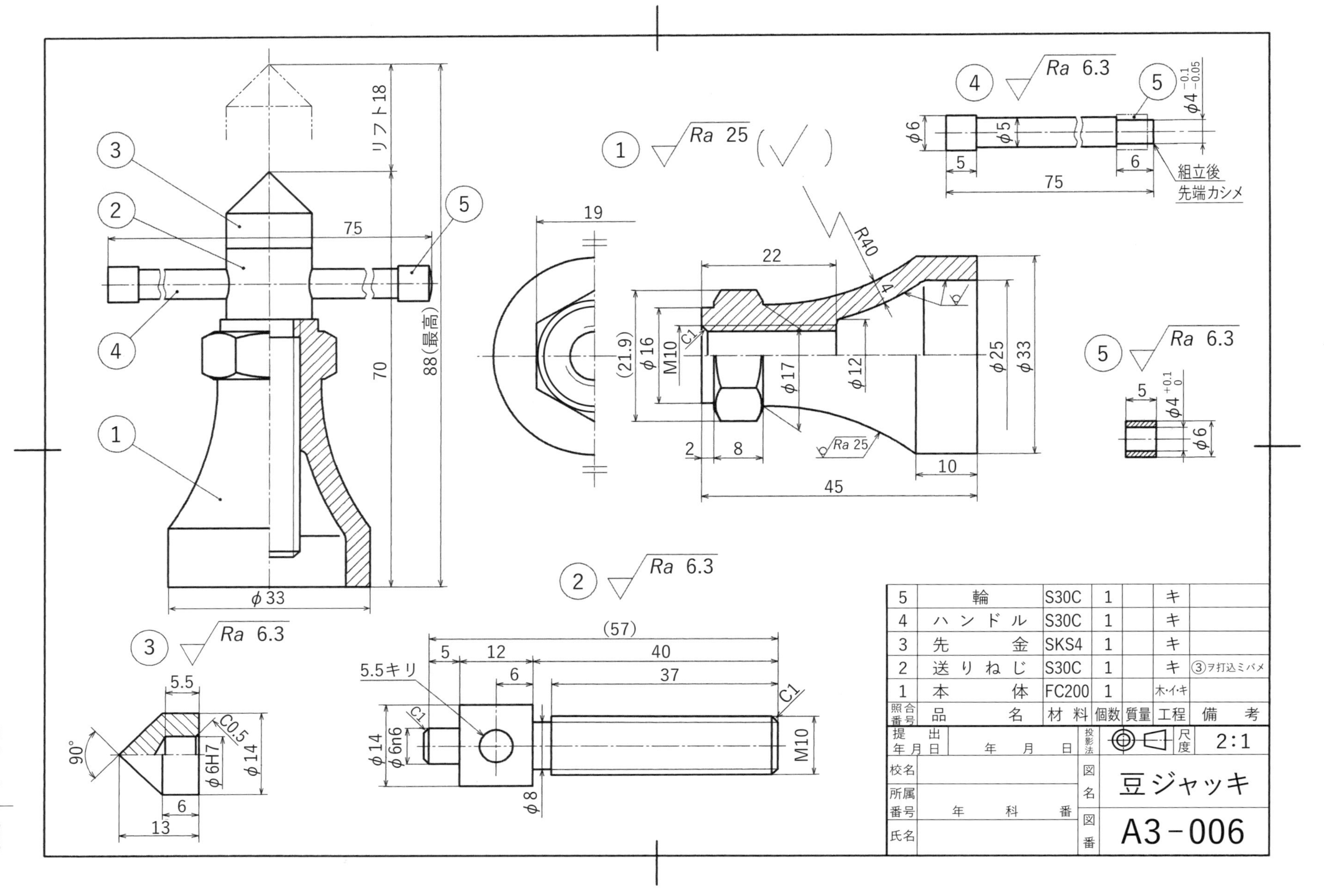
リフト18
88(最高)
組立後
先端カシメ
5.5キリ
5 輪 S30C 1 キ
4 ハンドル S30C 1 キ
3 先金 SKS4 1 キ
2 送りねじ S30C 1 キ ③ヲ打込ミバメ
1 本体 FC200 1 木・イ・キ
照合番号 品名 材料 個数 質量 工程 備考
2:1
豆ジャッキ
A3-006

07 振揺板用カム

Vibrator plate cam

偏心カム利用ジグ（10 mm 板締付け用）

Jig by using eccentric cam

07-1 振揺板用カム

使用法の概略

本装置はカム（cam），ロッカ アーム（rocker arm），フレーム（frame）の三つの部分から構成され，カム②の回転運動によって，①のロッカ アームにかみあったラック（rack，直線に切られた歯）を介し周期運動（カム軸 1/4 回転で等速的に持ち上げ，急激に落下させ，3/4 回転は静止させる）を行わせる．

カムの外形を作図するには，一般にカム揚程またはカム移動距離とそのカム軸回転角との関係線図によって求める．その一例を示す．

（1） カム軸（I 軸）およびロッカ アーム軸（II 軸）の中心間距離と中心の位置を定める．

（2） カムの基礎円とそれに接するロッカ アームの転がり円を I 軸上に描き，ロッカ アームの回転半径円周上に揚程線図から求めた作動円（本図では半円周を 6 等分してある）を描く．

（3） 作動円の分割点に対応する揚程 0，1′，2′，… を定め，カム軸心 I を中心として，I 0，I 1′，I 2′，… を半径とする円を描く．

（4） I を中心とし，ピッチ円〔(基礎円直径＋転がり円半径）の寸法をもつ円〕を描き，作動点（カムが 1/2 回転した状態）における転がり円の中心点 0 を基準とし，ピッチ円周上にある各分割点 0，1，2，…，6 を中心としたロッカ アームの回転半径の円と，I を中心として I II の両軸中心距離を半径とする円との交点 II_0，II_1，…，II_6 を求める．

（5） II_0，II_1，…，II_6 を中心とし，ロッカ アームの回転半径を半径とする円と（3）で描いた円のそれぞれ該当した分割点 0，1″，2″，…，6″ を求める．

（6） 0，1″，2″，…，6″ を中心とし，転がり円の半径の円を描き，これらに外接する曲線を求めれば，

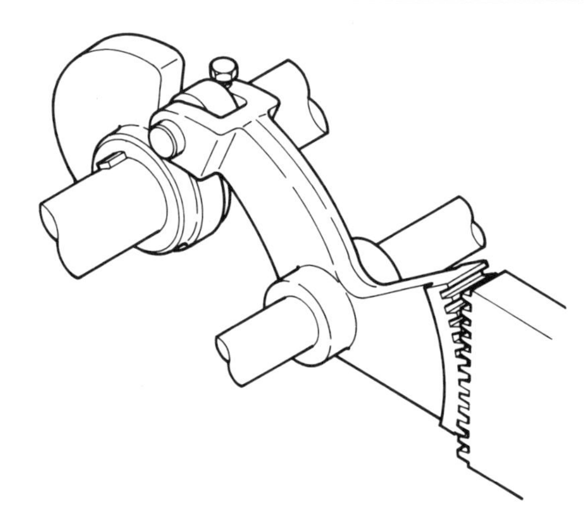

この曲線はカムの外形図を示すことになる．

製図上の注意事項

本図の作動図は組立図を兼ねている．①のロッカアームは鍛造してつくられ（SF 440 A），ボス，ラックとかみあう扇形歯車の部分は機械加工を施す．②のカムの外形寸法は，直径方向に角度を指定し，その半径寸法で表示してある．②，③は耐摩耗性を考慮して S 45 C を使用し，必要に応じて表面焼入れする．

07-2 偏心カム利用ジグ（10 mm 板締付け用）

使用法の概略

多数の工作物に定まった加工をする場合には，生産性を向上するために特定のジグを使用する．

本課題は，10 mm 板を工作機械に取り付ける場合に使われるジグの一例で，レバー④の先端にある偏心カムが①と②の間に挟んだ工作物を固定する．

製図上の注意事項

左上に示す図が，正面図および側面図で示した組立図で，他は部品図である．部分断面の方式を各所に取り入れてあり，その表示法に注意する．

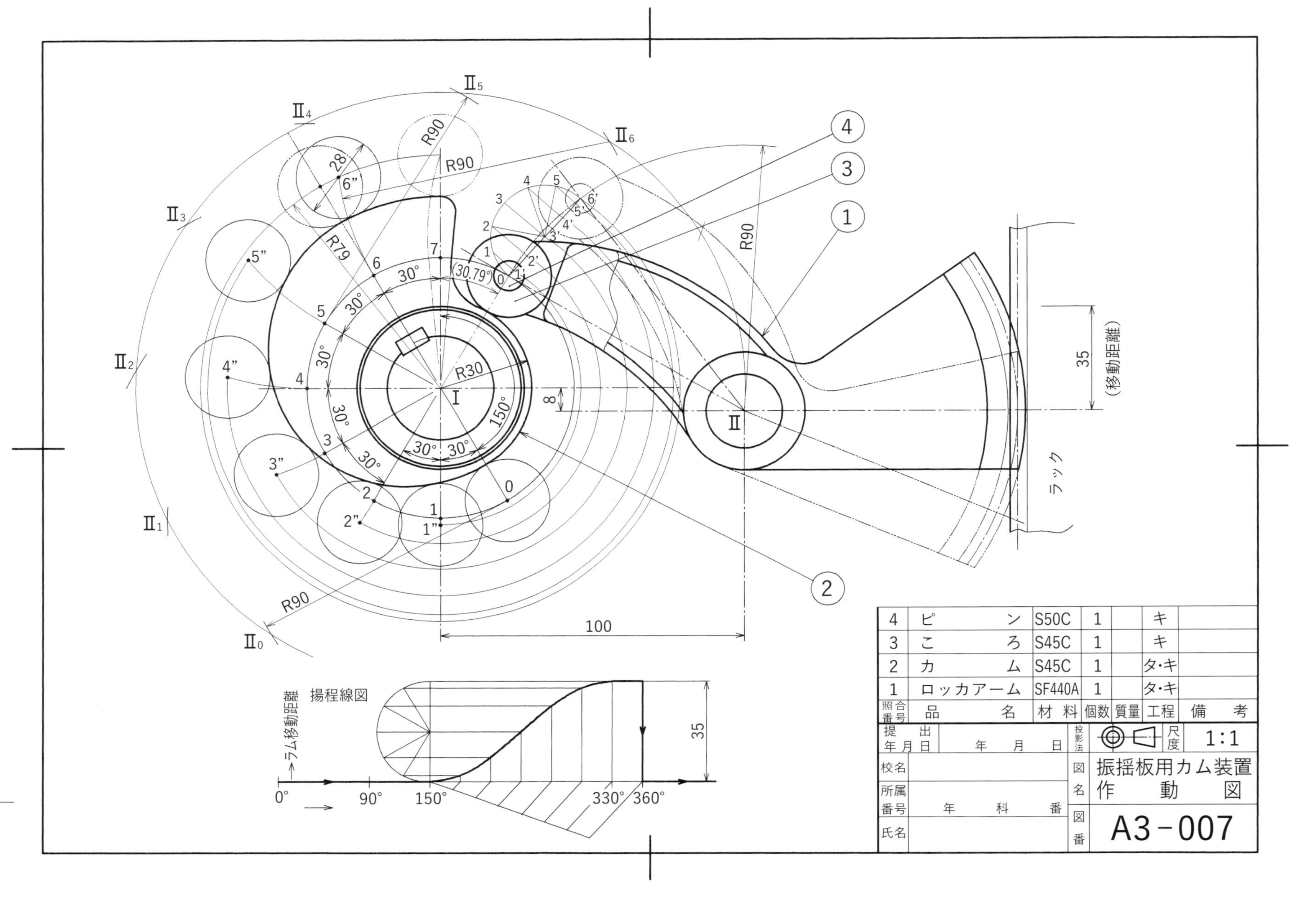

照合番号	品名	材料	個数	質量	工程	備考
4	ピン	S50C	1		キ	
3	ころ	S45C	1		キ	
2	カム	S45C	1		タ・キ	
1	ロッカアーム	SF440A	1		タ・キ	

提出年月日	年 月 日	投影法	尺度 1:1
校名		図名	振揺板用カム装置作動図
所属番号	年 科 番	図番	A3－007
氏名			

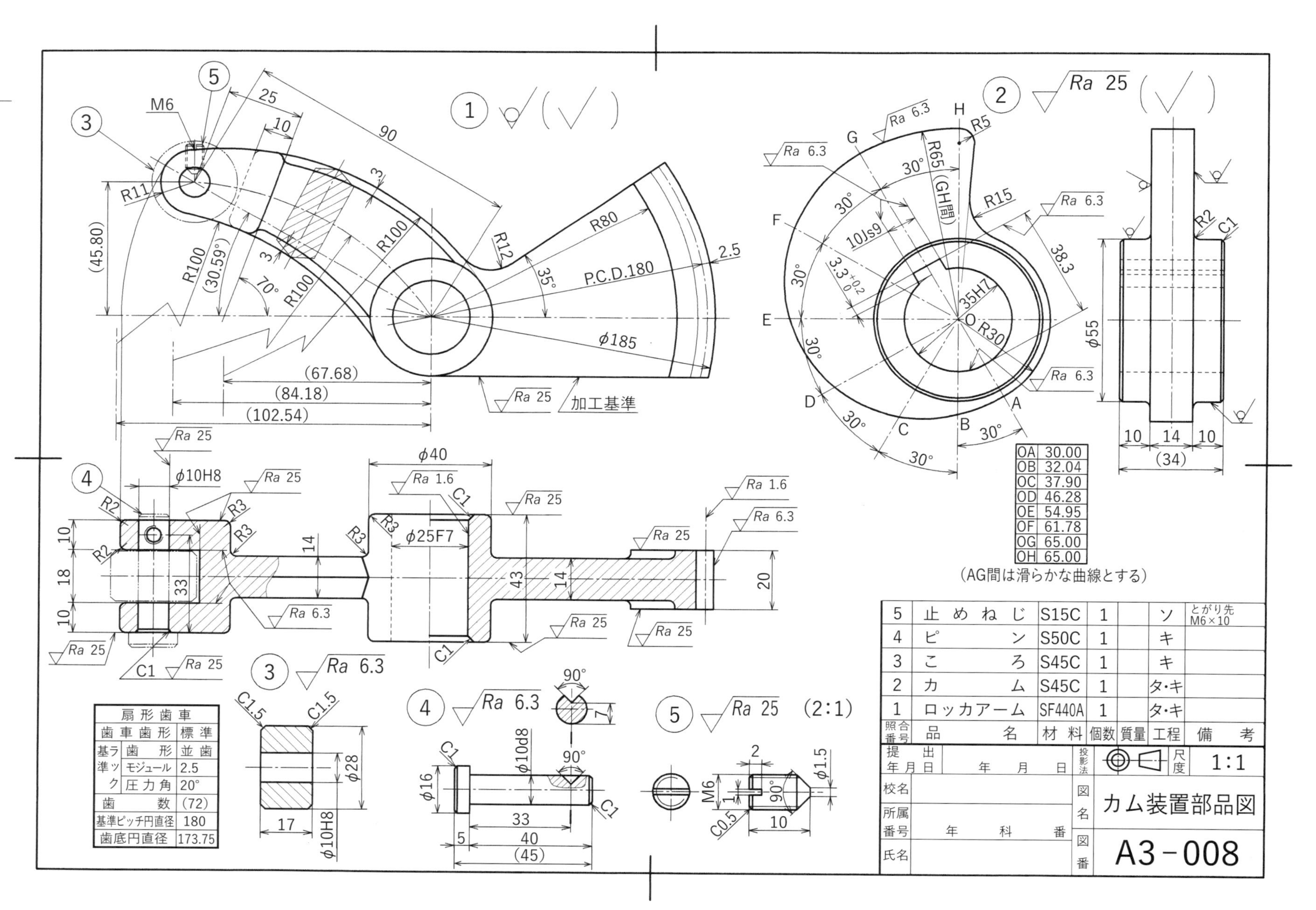

カム装置部品図
A3-008
尺度 1:1
照合番号	品名	材料	個数	質量	工程	備考
5	止めねじ	S15C	1		ソ	とがり先 M6×10
4	ピン	S50C	1		キ	
3	ころ	S45C	1		キ	
2	カム	S45C	1		タ・キ	
1	ロッカアーム	SF440A	1		タ・キ	
提出年月日 年 月 日
校名
所属番号 年 科 番
氏名
図名
図番
扇形歯車	
歯車歯形	標準
基準ラック 歯形	並歯
モジュール	2.5
圧力角	20°
歯数	(72)
基準ピッチ円直径	180
歯底円直径	173.75
OA	30.00
OB	32.04
OC	37.90
OD	46.28
OE	54.95
OF	61.78
OG	65.00
OH	65.00
(AG間は滑らかな曲線とする)
加工基準
P.C.D.180
R65 (GH間)

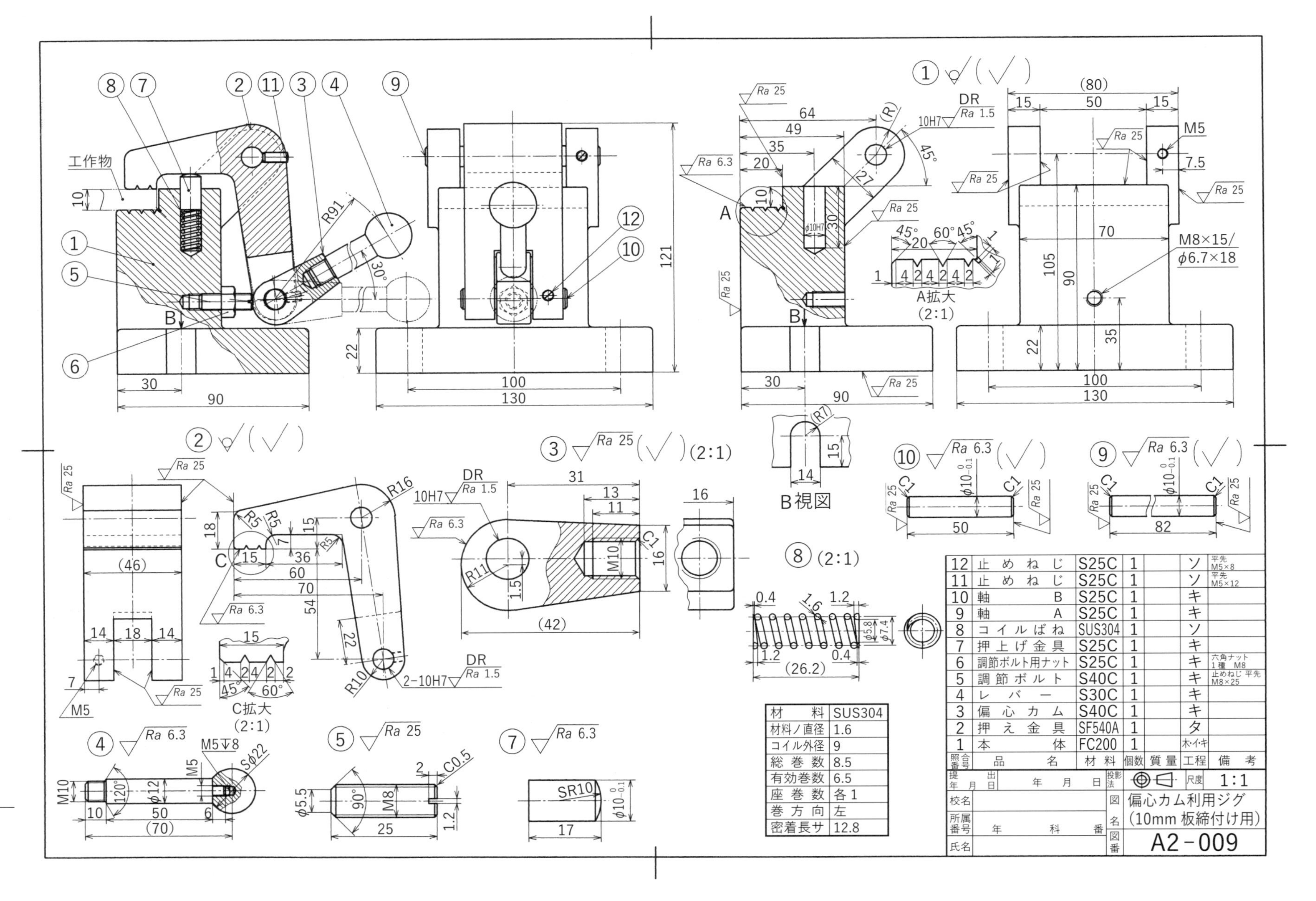

材料	SUS304
材料ノ直径	1.6
コイル外径	9
総巻数	8.5
有効巻数	6.5
座巻数	各1
巻方向	左
密着長サ	12.8

照合番号	品名	材料	個数	質量	工程	備考
12	止めねじ	S25C	1		ソ	平先 M5×8
11	止めねじ	S25C	1		ソ	平先 M5×12
10	軸 B	S25C	1		キ	
9	軸 A	S25C	1		キ	
8	コイルばね	SUS304	1		ソ	
7	押上げ金具	S25C	1		キ	
6	調節ボルト用ナット	S25C	1		キ	六角ナット 1種 M8
5	調節ボルト	S40C	1		キ	止めねじ 平先 M8×25
4	レバー	S30C	1		キ	
3	偏心カム	S40C	1		キ	
2	押え金具	SF540A	1		タ	
1	本体	FC200	1		木・イ・キ	

08 鎖歯車

Chain wheel, Sprocket wheel

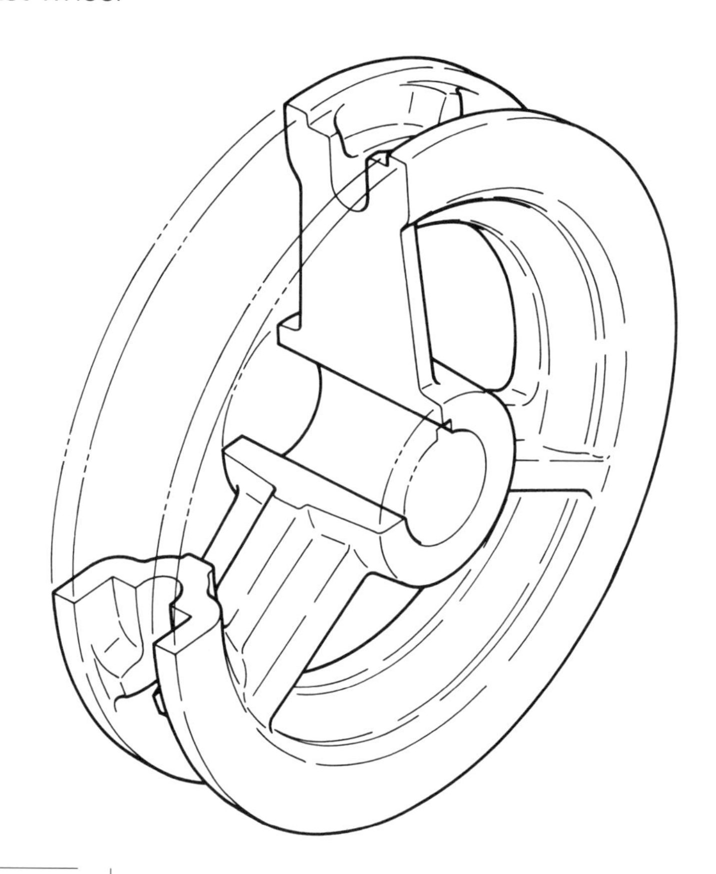

使用法の概略

鎖歯車はリム上に切られた歯によって鎖を送ることにより動力または回転を伝達させるもので，一般にあまり回転が速くないときに多く用いられる．

鎖歯車によれば速度比一定の確実な伝達が得られ，また静止のときの張力（初張力）を必要としないので動力の損失が少ないという利点がある反面，鎖の重量が大きく，また音も大きいという欠点もある．

鎖歯車には歯の側面につばのあるものとないものとがある．

製図上の注意事項

鎖歯車は強度をある程度必要とするため，一般には高級鋳鉄（FCMB 35-10，黒心可鍛鋳鉄）または鋳鋼（SC 450）が用いられる．

本課題に示すように鋳造肌が大部分をしめ，軸穴，キー溝などを機械加工するので，図面上に記す表面性状の図示記号は ✓（✓）となる．

一般に鋳造品ではすみ部に鋳アールがつくが，図面上でとくに必要でない場合は寸法数字は省略するのがふつうである．本図では歯の部分の細かな部分の鋳アールは寸法を省略したが，リム部の下部にある大きな半径寸法は，形状を定めるうえから記入している．

アーム部は左図の正面図においては断面としない．

鎖歯車のピッチ円は，かみあった状態の鎖の中心線で表す．本図では，ピッチ円直径（P. C. D.）＝ 142 mm，歯数 12．右側面図では，リムの一部を破断して内部の形状，寸法を示し，また，同図右上の図は，その歯の部分の展開図を示している（二点鎖線は，鎖を想像線で示した）．

ボス部外側のテーパは，鋳造品における抜けこう配で，一般には 1/25 ～ 1/50 の範囲につけられる．わずかな抜けこう配の場合はとくに寸法を指示する必要はないが，製作上必要な場合には指示する．

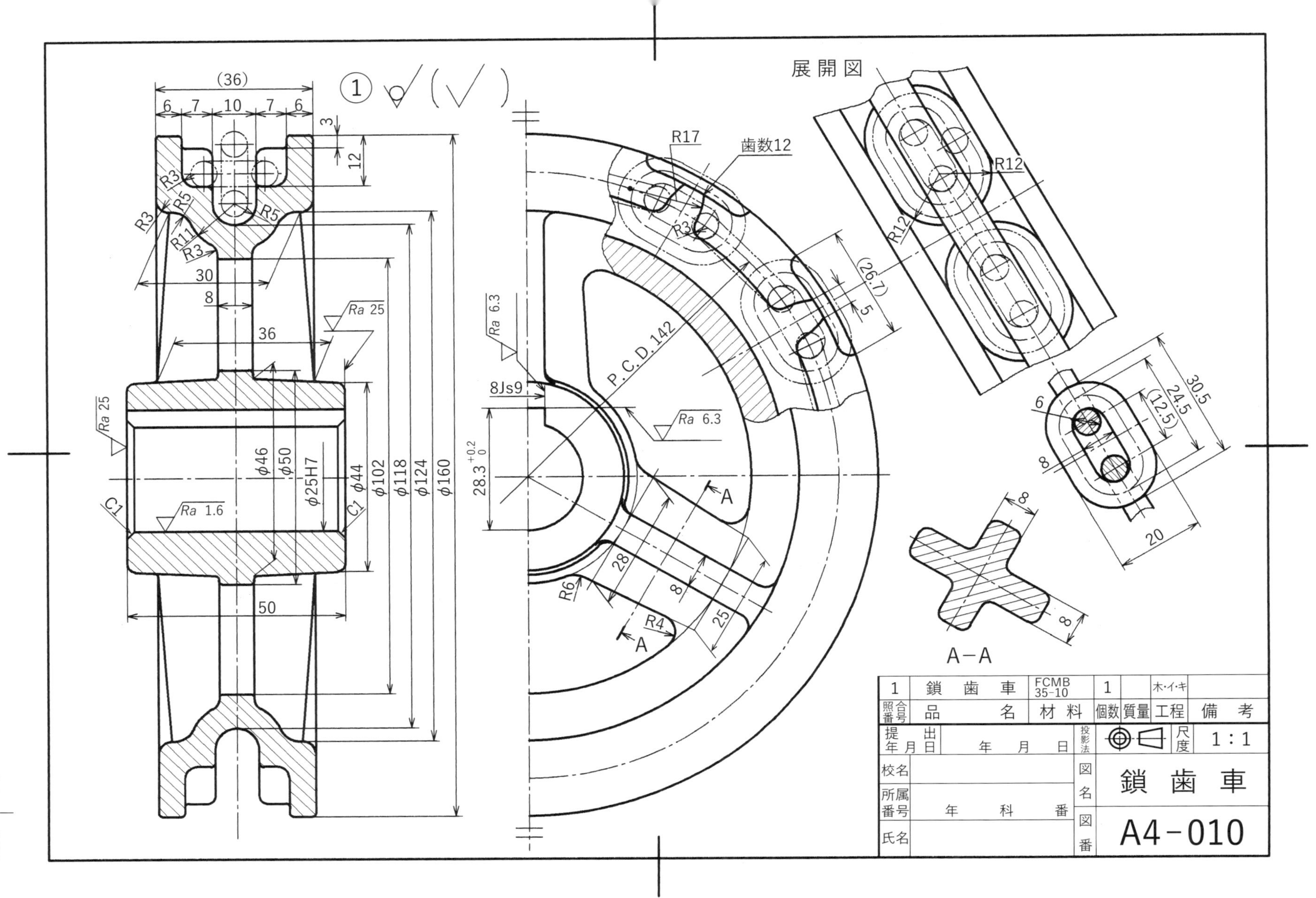
展開図
歯数12
R17
R12
P. C. D. 142
8Js9
A−A
1 鎖 歯 車 FCMB 35-10 1 木・イ・キ
照合番号 品 名 材 料 個数 質量 工程 備 考
提出年月日 年 月 日
投影法
尺度 1 : 1
校名
所属番号 年 科 番
氏名
図名 鎖 歯 車
図番 A4−010

09 フランジ形固定軸継手

Flange type rigid coupling

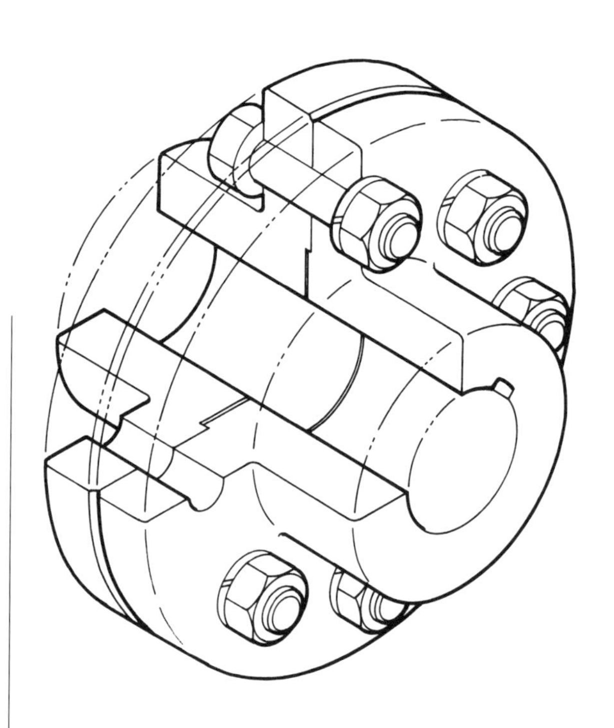

使用法の概略

軸を接合するのに用いられる継手には，固定式とたわみ式（ゴム，ばねを中間に介する）とがある．本課題のものは固定式永久継手の例である．**表 3** は軸径に対する各部の寸法について示したものである．なお右上の立体図は，次ページに示す継手外径 140 のものではなく，外径 160 × 軸穴径 40 の継手の図形であり，ボルトが 8 本使用されている．

製図上の注意事項

旋盤で加工する箇所の寸法は，直径で示す．本体の中心軸合わせの出張りとへこみ部（いんろう：図の B 部と A 部）はさらに拡大図で示す．組立図に記入する寸法は詳細を省略し，軸径（呼び），外径，ボス部長さ，使用ボルトの種類と本数および必要に応じて組み立てる際に必要なボルト抜きしろ寸法などを記入する．部品図では本体 ①，② とも対称図形であるので，側面図の半分を省略している．

① と ② の軸心合わせはめ込み部のはめあいは H 7（穴），g 7（軸）である．

表 3　フランジ形固定軸継手（**JIS B 1451：1991**）　（単位 mm）

継手外径 A	D 最大軸穴直径	D 最小軸穴直径	L	C	B	F	n（個）	a	参考 はめ込み部 E	参考 はめ込み部 S_2	参考 はめ込み部 S_1	参考 R_C 約	参考 R_A 約	参考 c 約	参考 ボルト抜きしろ
112	28	16	40	50	75	16	4	10	40	2	3	2	1	1	70
125	32	18	45	56	85	18	4	14	45	2	3	2	1	1	81
140	38	20	50	71	100	18	6	14	56	2	3	2	1	1	81
160	45	25	56	80	115	18	8	14	71	2	3	3	1	1	81
180	50	28	63	90	132	18	8	14	80	2	3	3	1	1	81
200	56	32	71	100	145	22.4	8	16	90	3	4	3	2	1	103
224	63	35	80	112	170	22.4	8	16	100	3	4	3	2	1	103
250	71	40	90	125	180	28	8	20	112	3	4	4	2	1	126
280	80	50	100	140	200	28	8	20	125	3	4	4	2	1	126
315	90	63	112	160	236	28	10	20	140	3	4	4	2	1	126
355	100	71	125	180	260	35.5	8	25	160	3	4	5	2	1	157

〔備考〕
1. ボルト抜きしろは，軸端からの寸法を示す．
2. 継手を軸から抜きやすくするためのねじ穴は，適宜設けても差し支えない．
3. ボルト穴の配置は，キー溝に対しておおむね振分けとする．

〔注〕 継手用ボルトは**付表 19** に示す．

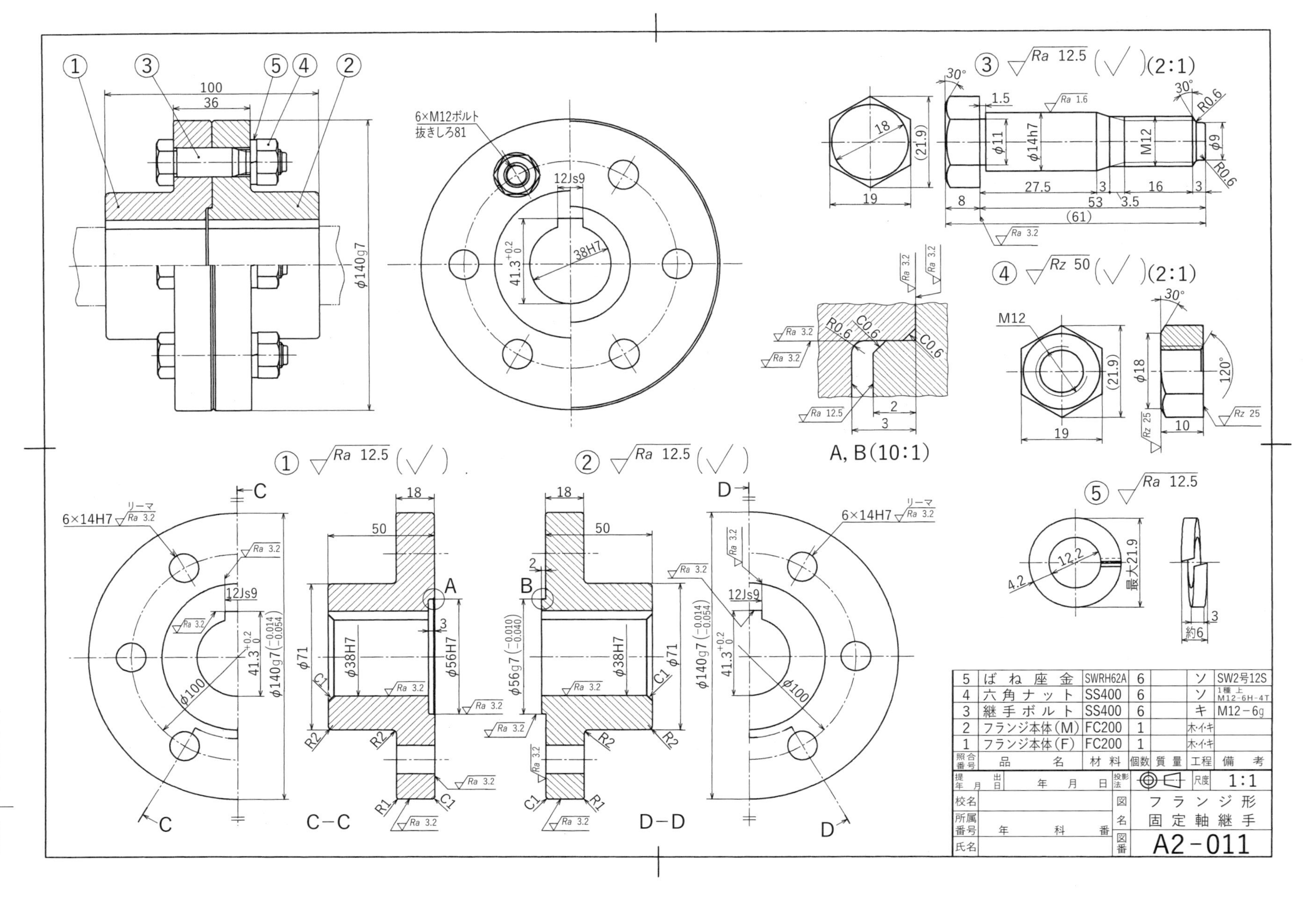
6×M12ボルト
抜きしろ81
A, B(10:1)
C−C
D−D
5 ばね座金 SWRH62A 6 ソ SW2号12S
4 六角ナット SS400 6 ソ 1種 上 M12-6H-4T
3 継手ボルト SS400 6 キ M12−6g
2 フランジ本体(M) FC200 1 木・イ・キ
1 フランジ本体(F) FC200 1 木・イ・キ
照合番号 品名 材料 個数 質量 工程 備考
尺度 1:1
図名 フランジ形固定軸継手
図番 A2−011

10 すぐばかさ歯車

Straight bevel gear

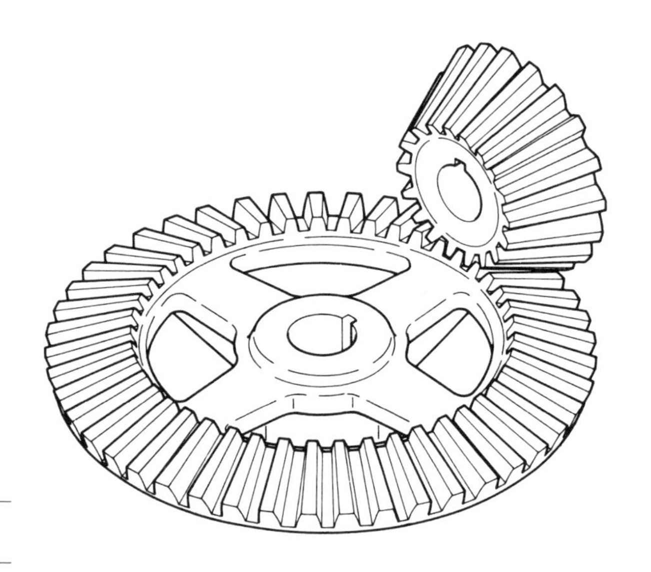

使用法の概略

2軸の中心線が同じ平面内にあって，90°またはそれ以外の角度で交差している軸間において，動力または回転を伝達する場合には，かさ歯車が用いられる．かさ歯車は一組の円すい形歯車で，その歯溝の切り方によって，すぐば（歯が直径方向に真直ぐに切られる），はすば（歯が直線で斜めに切られる），およびまがりば（曲線状に切られる）などがある．

本課題は軸角（Σ）が90°の一組のすぐばかさ歯車である．

かさ歯車の歯の形状寸法は，歯の大端（外側端部）で表示する．なお小さい歯車をピニオン，大きい方をギヤまたはホイールという．

製図上の注意事項

歯車の製作図面（おもに部品図）では，その歯車の製作に必要な要目表を添える．この要目表には，少なくとも歯車種類，歯形，工具（モジュール，圧力角，歯数）およびピッチ円直径を記入する．本図ではピニオンとギヤとを一括して示してある．

歯車の材料，製作法，表面処理法には種々あり，目的に応じて用いられる．本図のものは鋳鉄（FC 200）で，グリーソン社製のすぐばかさ歯車歯切り盤で歯形を創成する．歯面の表面性状は，図例のようにピッチ円すい線上に記入する．歯車各部の名称を**表4**に示す．

表4 歯車各部の名称

ピッチ面	(pitch surface)	歯車の歯を無限に小さくした場合の接触面．
ピッチ円	(pitch circle)	軸に垂直な平面がピッチ面と交わってできる円．
ピッチ円直径	(pitch circle diameter)	ピッチ円の直径（P. C. D.），(d)．
円ピッチ	(circular pitch)	隣あう歯間のピッチ円上で測った相対応する部分間距離（p）．
モジュール	(module)	ピッチ円直径を歯数で割った値．歯の大きさの基準となる（m）．
歯末のたけ	(addendum)	ピッチ円から歯先までの距離（h_a）．
歯元のたけ	(dedendum)	ピッチ円から歯底円までの距離（h_f）．
全歯たけ	(tooth depth)	歯全体の高さ（$h = h_a + h_f$）．
有効歯たけ	(working depth)	かみあう一対の歯のかみあう部分のたけ（$h_w = 2h_a$）．
頂げき	(bottom clearance)	かみあう歯の歯先円と相手歯車の歯底円との距離（c）．
バックラッシ	(backlash)	歯車のピッチ面上あるいは接触面法線方向における歯のすき間（j）．
歯 幅	(face width)	歯の横断面における長さ（b）．
圧力角	(pressure angle)	ピッチ点における歯形への接線と半径線とのなす角（α）．
ピッチ円すい角	(pitch angle)	ピッチ円すいの母線と軸とのなす角（δ）．
歯先円すい角	(tip angle)	歯先円すいの母線と軸とのなす角（δ_a）．
歯底円すい角	(root angle)	歯底円すいの母線と軸とのなす角（δ_f）．

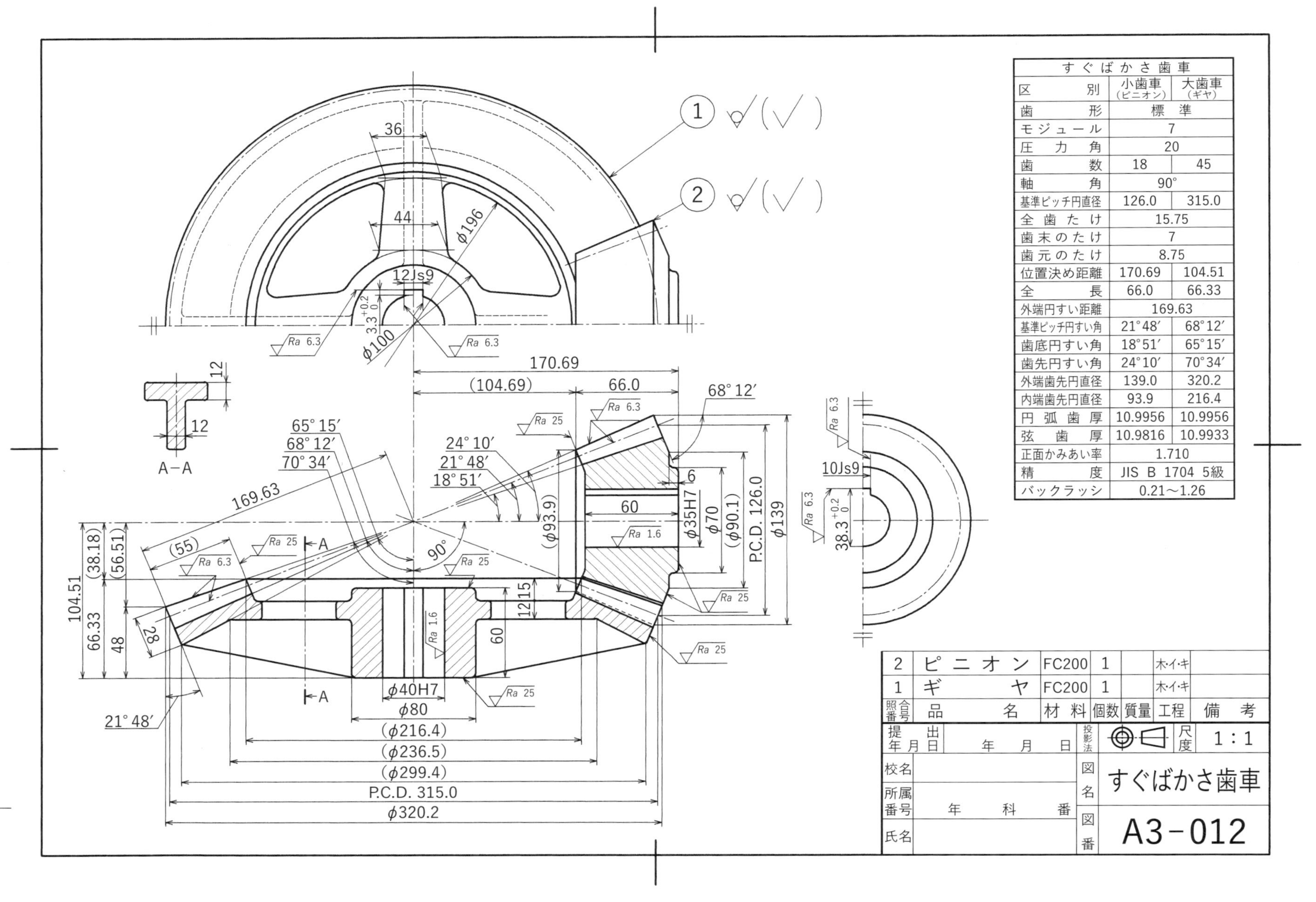

すぐばかさ歯車
区別 小歯車(ピニオン) 大歯車(ギヤ)
歯形 標準
モジュール 7
圧力角 20
歯数 18 45
軸角 90°
基準ピッチ円直径 126.0 315.0
全歯たけ 15.75
歯末のたけ 7
歯元のたけ 8.75
位置決め距離 170.69 104.51
全長 66.0 66.33
外端円すい距離 169.63
基準ピッチ円すい角 21°48′ 68°12′
歯底円すい角 18°51′ 65°15′
歯先円すい角 24°10′ 70°34′
外端歯先円直径 139.0 320.2
内端歯先円直径 93.9 216.4
円弧歯厚 10.9956 10.9956
弦歯厚 10.9816 10.9933
正面かみあい率 1.710
精度 JIS B 1704 5級
バックラッシ 0.21～1.26
2 ピニオン FC200 1 木・イ・キ
1 ギヤ FC200 1 木・イ・キ
照合番号 品名 材料 個数 質量 工程 備考
提出年月日 年 月 日
投影法
尺度 1:1
校名
所属番号 年 科 番
氏名
図名 すぐばかさ歯車
図番 A3-012
A−A

11 平歯車

Spur gear

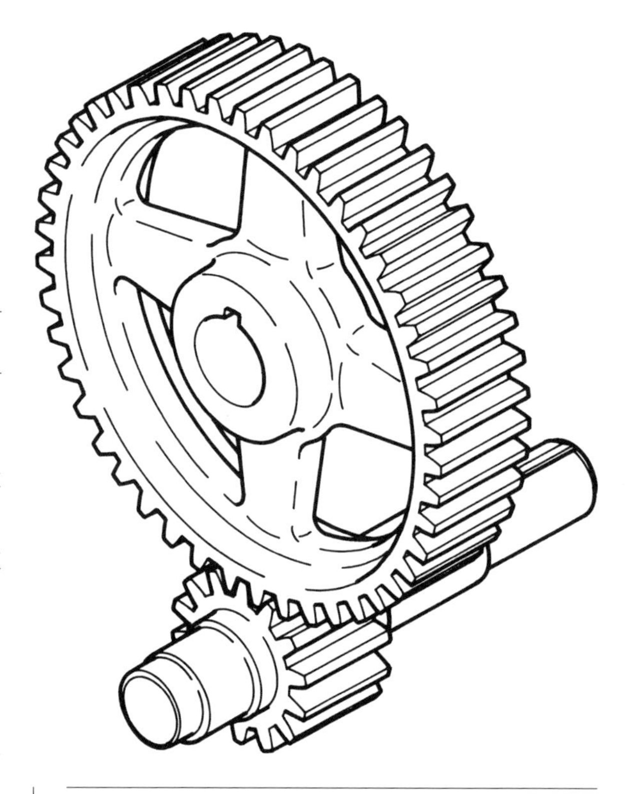

使用法の概略

2軸の中心線が同一平面上にあり，しかも平行である場合，動力あるいは回転を伝達する一方法として，一組の歯車を用いる．その歯車の歯が軸心と平行に真直ぐに切られたものを平歯車という（平歯車の他にはすば，およびやまば歯車がある）．一対の歯車の速度伝達比（i），ピッチ円直径（d），モジュール（m），歯数（z），歯先円直径（d_a）および中心距離（a）の間には**表5**のような関係がある．

一対の歯車がかみあう場合に歯数が少なすぎると，ピニオンの歯元部が狭まり，強度が低下するので，歯数が少ない歯車を切削する場合に，ラック形刃物の基準ピッチ線を標準のものより少し後退（＋転位）させて加工する．このようにした歯車を転位歯車（profile shifted gear）という．したがってこれとかみあう相手歯車は逆に同量だけ刃物を前進（－転位）させて切る．

転位歯車におけるラック工具の移動量を，モジュール（m）に対して xm で表すと，x を転位係数（addendum modification coefficient）といい，この場合の中心距離 a と歯先円直径 d_a は**表5**のようになる．

製図上の注意事項

本課題の歯車の速度伝達比は1/3.29で転位歯車である．要目表に転位係数などを記入した．ピニオンは軸と一体とし，その軸の軸受部分は摩耗を防止するため表面焼入れを施してある．表面焼入れの加工箇所は，図に示すように太い一点鎖線で外形線とわずかに離して記入する．ピニオン軸の右端はフランジ形固定軸継手を想像線によって表示してある．

表5 標準歯車および転位歯車における関係式（**付表23**参照）

速度伝達比	$i = \frac{n_2}{n_1} = \frac{z_1}{z_2} = \frac{d_1}{d_2}$	ただし， n_1，z_1，d_1 は駆動歯車の回転数，歯数，ピッチ円直径． n_2，z_2，d_2 は被動歯車の回転数，歯数，ピッチ円直径．	
標準歯車		**転位歯車**	
ピッチ円直径	$d = zm$	歯先円直径	$d_{a1} = (z_1 + 2)m + 2(y - x_2)m$
歯先円直径	$d_a = (z + 2)m$	歯先円直径	$d_{a2} = (z_2 + 2)m + 2(y - x_1)m$
中心距離	$a = \frac{m}{2}(z_1 + z_2)$ $= \frac{1}{2}(d_1 + d_2)$	中心距離	$a = \frac{z_1 + z_2}{2}m + ym$ ただし，y は中心距離増加係数，x_1，x_2 は転位係数．

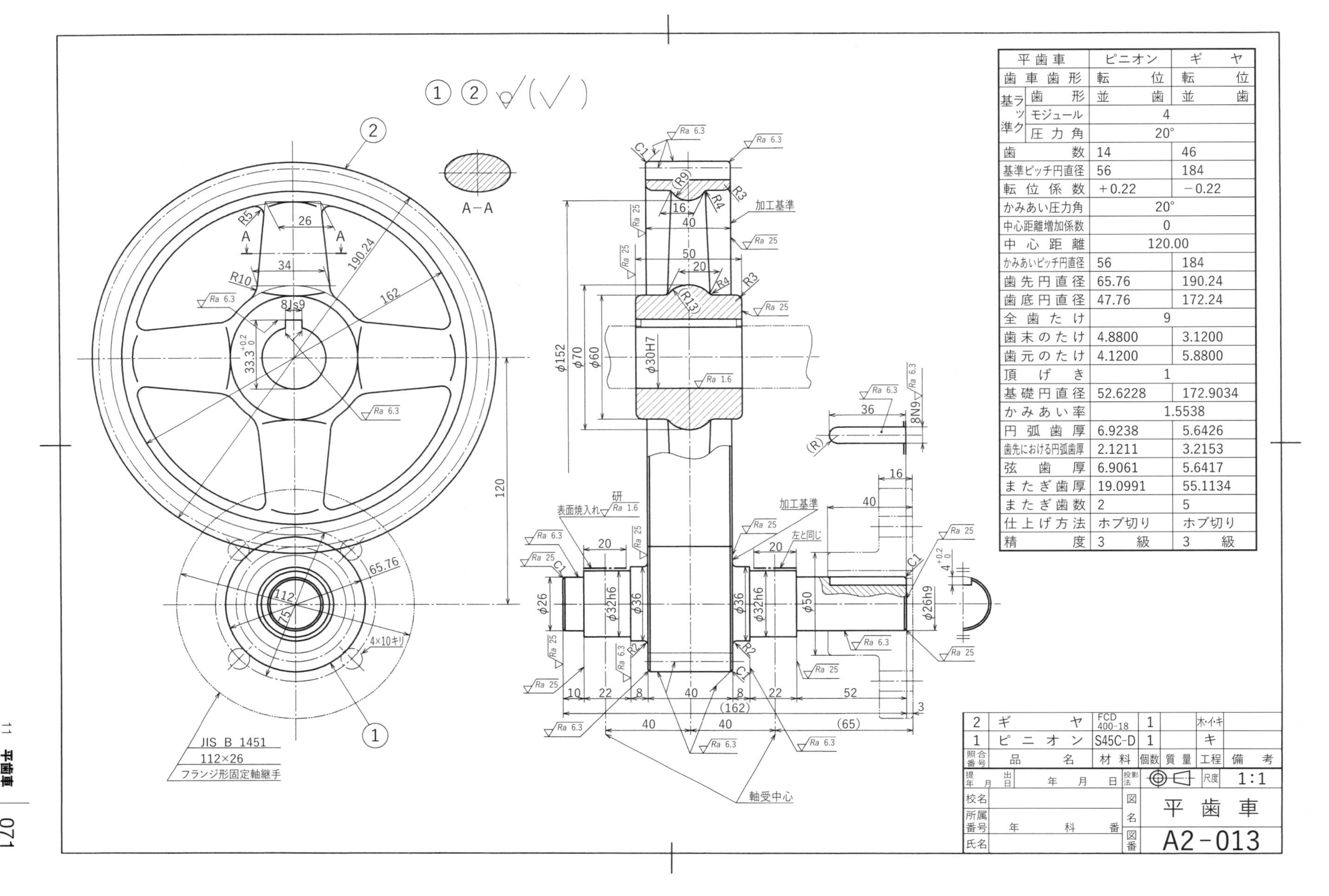

平歯車		ピニオン	ギヤ
歯車歯形		転位	転位
基準ラック	歯形	並歯	並歯
	モジュール	4	
	圧力角	20°	
歯数		14	46
基準ピッチ円直径		56	184
転位係数		+0.22	−0.22
かみあい圧力角		20°	
中心距離増加係数		0	
中心距離		120.00	
かみあいピッチ円直径		56	184
歯先円直径		65.76	190.24
歯底円直径		47.76	172.24
全歯たけ		9	
歯末のたけ		4.8800	3.1200
歯元のたけ		4.1200	5.8800
頂げき		1	
基礎円直径		52.6228	172.9034
かみあい率		1.5538	
円弧歯厚		6.9238	5.6426
歯先における円弧歯厚		2.1211	3.2153
弦歯厚		6.9061	5.6417
またぎ歯厚		19.0991	55.1134
またぎ歯数		2	5
仕上げ方法		ホブ切り	ホブ切り
精度		3級	3級

照合番号	品名	材料	個数	質量	工程	備考
2	ギヤ	FCD 400-18	1		木・イ・キ	
1	ピニオン	S45C-D	1		キ	

提出年月日	年 月 日	投影法	尺度 1:1
校名		図名	平歯車
所属番号	年 科 番		
氏名		図番	A2-013

12 オイル リング式固定軸受

Oil ring type plain bearing

ブシュ付きすべり軸受

Bush type plain bearing

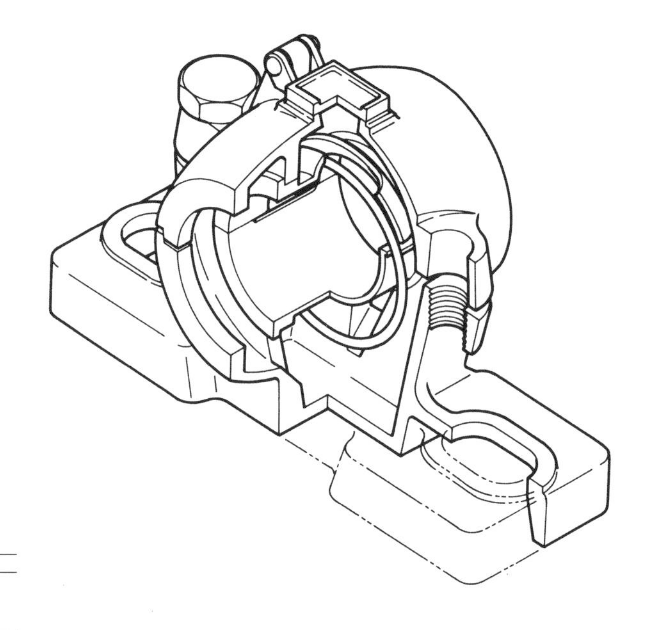

12-1 オイル リング式固定軸受

使用法の概略

軸受は回転または往復運動をする軸を支えるために用いられる．軸受にはボールまたはローラなどによる転がり軸受と，軟金属などのブシュと軸との間のすべりによるすべり軸受とがある．荷重の向きによってラジアル（直径方向）のものとスラスト（軸方向）のものとがある．また構造上単体軸受と，上下二つ以上に分割できる割り軸受，軸心のたわみを自動的に調整する自動調心軸受，および調整ができない固定軸受とに分けられる．

軸受金には一般に油みぞを設け，油膜が切れないようにし，オイル リング式の場合には下部の油だめの油を，軸の回転を利用して回されるオイル リングが，つねに摩擦面に補給するようになっている．

製図上の注意事項

組立図には基準となるべき軸径のほか，基準となる大きさと取りつけに必要な寸法だけを記入し，詳細な製作に必要な寸法は省略する．本体①，軸受キャップ②，軸受メタル③と④および給油口ふた⑧はいずれも鋳造品でつくるため，各部に鋳アールがあるが，その寸法数字は特別なものを除いて省略する．

オイル リング⑤のちょうつがい部および接続部は製作上，図のように拡大図で示すことが望ましい．六角ボルト⑦，リング連結ピン⑥および給油口ふた止めピン⑨は，市販品であるので図面を省略し，部品表の記事欄に必要な項目を記入した．

12-2 ブシュ付きすべり軸受

使用法の概略

12-1 のすべり軸受よりもより簡単な構造のすべり軸受で，給油は④のグリース ニップルよりグリースを圧入して潤滑する方式のものである．

製図上の注意事項

この図は組立図と部品図とをともに1枚の図で示すもので，比較的簡単なものの図面によく用いられる．

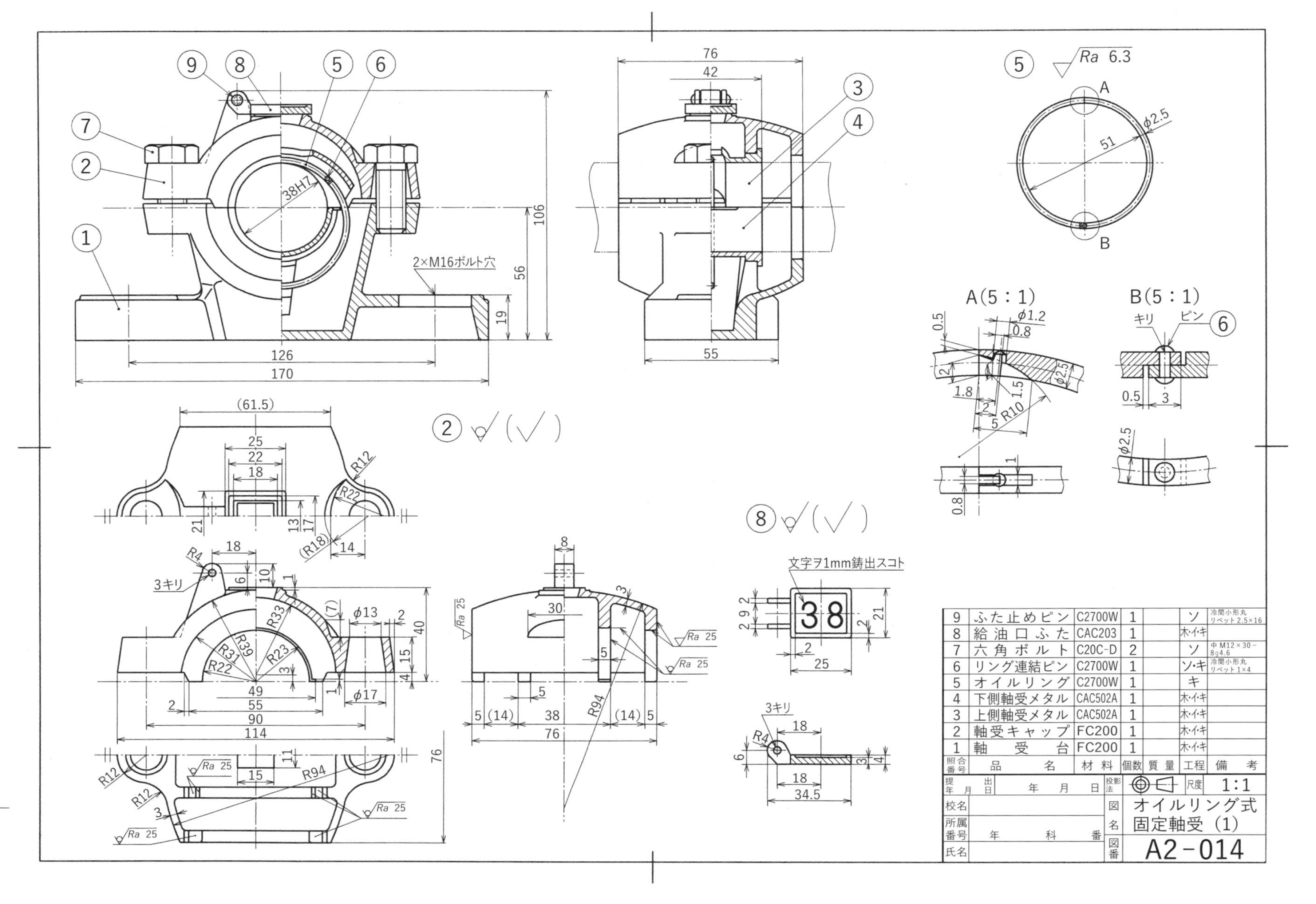

2×M16ボルト穴
A(5:1)
B(5:1)
キリ
ピン
3キリ
文字ヲ1mm鋳出スコト
9 ふた止めピン C2700W 1 ソ 冷間小形丸リベット2.5×16
8 給油口ふた CAC203 1 ホ・イ・キ
7 六角ボルト C20C-D 2 ソ 中M12×30-8g4.6
6 リング連結ピン C2700W 1 ソ・キ 冷間小形丸リベット1×4
5 オイルリング C2700W 1 キ
4 下側軸受メタル CAC502A 1 ホ・イ・キ
3 上側軸受メタル CAC502A 1 ホ・イ・キ
2 軸受キャップ FC200 1 ホ・イ・キ
1 軸受台 FC200 1 ホ・イ・キ
照合番号 品名 材料 個数 質量 工程 備考
尺度 1:1
オイルリング式固定軸受(1)
A2-014

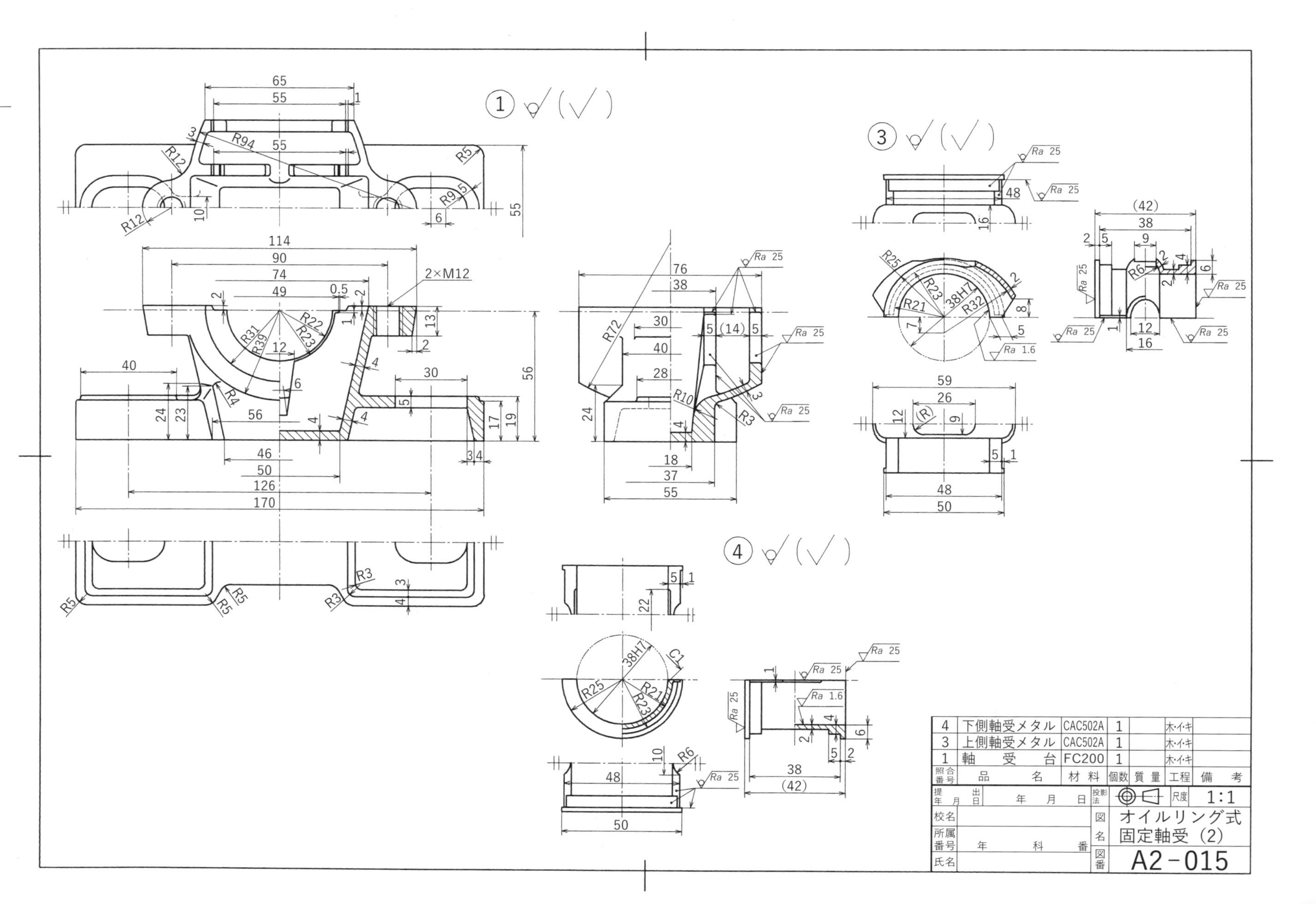

4 下側軸受メタル CAC502A 1 木・イキ
3 上側軸受メタル CAC502A 1 木・イキ
1 軸受台 FC200 1 木・イキ
照合番号 品名 材料 個数 質量 工程 備考
提出年月日 年 月 日
投影法
尺度 1:1
校名
所属番号 年 科 番
氏名
図名 オイルリング式固定軸受(2)
図番 A2-015

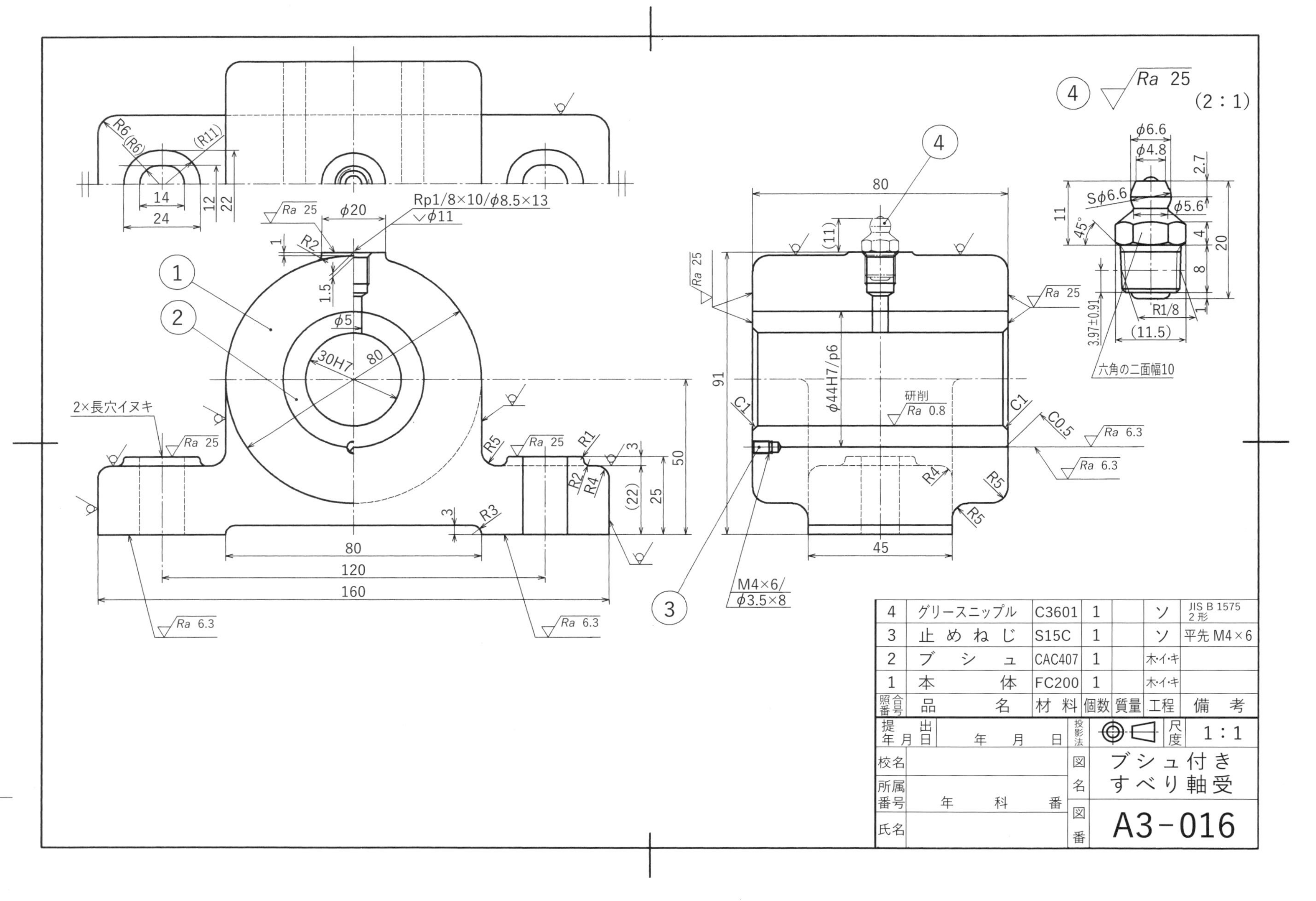

4 グリースニップル C3601 1 ソ JIS B 1575 2形
3 止めねじ S15C 1 ソ 平先 M4×6
2 ブシュ CAC407 1 木・イ・キ
1 本体 FC200 1 木・イ・キ
照合番号 品名 材料 個数 質量 工程 備考
尺度 1:1
図名 ブシュ付きすべり軸受
図番 A3-016

13 二方コック

One way cock

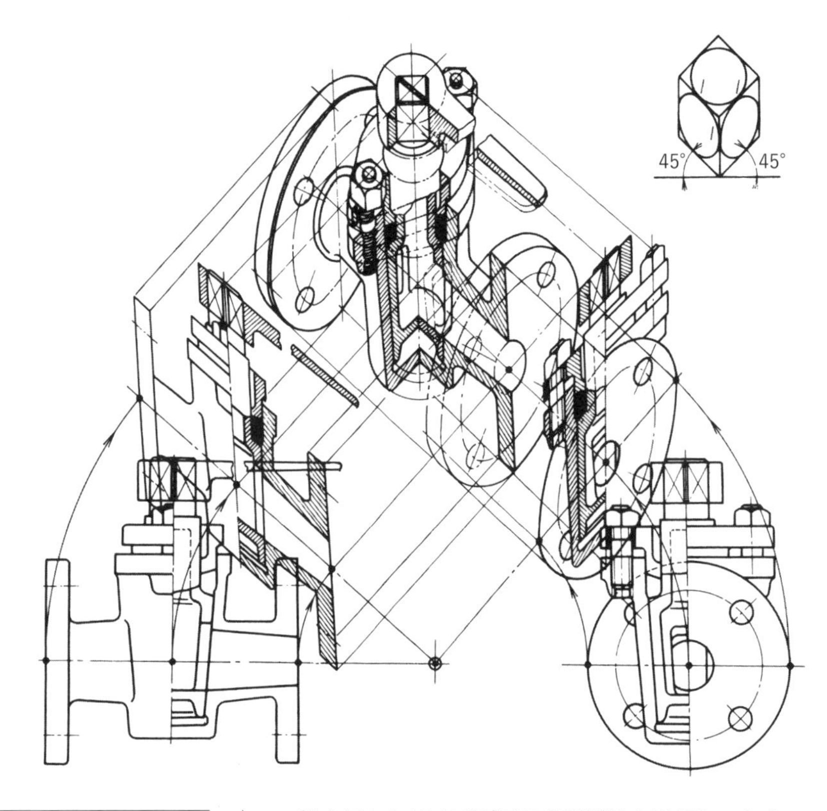

使用法の概略

コックには，二方コック（流れ方向が一つのもの）と三方コック（入口が一つで出口が二つあるもの）とがある．

管とコックとの接合法には，フランジによるものとねじ込みによるものとがある．ねじ込み式は比較的小さなものに用いられるが，強度をより要求される場合，および大きなもの（内径 20 ～ 100 mm）ではフランジ式が多く用いられる．

一般にコックは鋳鉄製のものは比較的廉価であるが，蒸気や水，薬品などで錆を生じる場合には青銅製あるいはステンレス鋼製のものなどが用いられる．

製図上の注意事項

二方コックは，本体，弁，パッキン押え，植込みボルト，同ナット，ハンドルなどから構成され，本図のものでは流体または蒸気などと接触する部分の材料は青銅鋳物（CAC 406）でつくられる．

組立図における正面図は半断面法を採用し，とくに植込みボルトの形状を示すため，この箇所は90°回転した状態で示した．またその平面図は，図中に示すAA線に沿って切断した状態で右半分を描いており，ハンドル ⑥ の作動範囲は一点鎖線によって示してある．

同様に，弁 ② のテーパ記号，角穴部および上端のハンドル ⑥ がはまる角頭の表示法などに気をつけて製図する必要がある．

① および ② のしゅう動面の性状が記号に付したすりあわせを行う場合に，② の頭につけた 1 mm のすりわりを用いて回転させる．このすりわりは，また，流れ方向（角穴の方向）に入れておくため，開閉状態を一見してわかるようにする役目もはたしている．

① と ② のすりあわせ面上にある角穴は，円すい面上にあいているため，その図示には複雑な形を示すが，製作図では省略して単に直線で図示してもよい．

パッキン押え ③ は，B-O-B と指示したように中心線上で直角に切断し，これを平面に展開した図形で下の正面図を描いている．

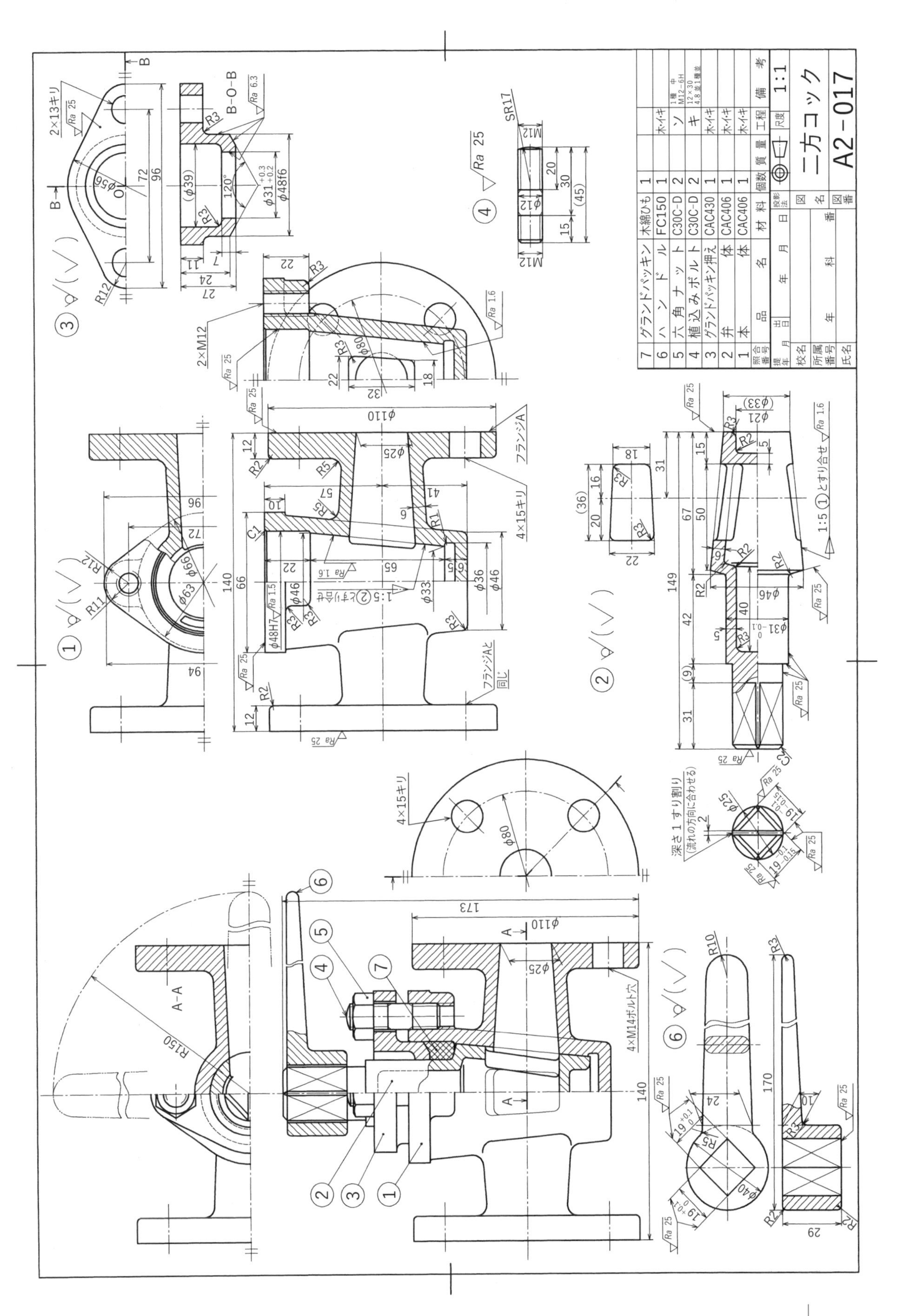

7 グランドパッキン 木綿ひも 1
6 ハンドル FC150 1 木イキ
5 六角ナット C30C-D 2
4 植込みボルト C30C-D 2
3 グランドパッキン押え CAC430 1 木イキ
2 弁体 CAC406 1 木イキ
1 本体 CAC406 1 木イキ
照合番号 品名 材料 個数 質量 工程 備考
尺度 1:1
二方コック
A2-017
A-A
B-O-B

14 ねずみ鋳鉄 - 10 K - 50 フランジ形玉形弁

Flange type globe valve

青銅 - 10 K - 1 ねじ込み玉形弁

Screw type globe valve

14 - 1 ねずみ鋳鉄 - 10 K - 50 フランジ形玉形弁

使用法の概略

本図の玉形弁は，ねずみ鋳鉄製で最高許容圧力 0.98 MPa，接続パイプ内径 50 mm（呼び径）で，弁，弁座などの要部は青銅製のフランジ形玉形弁である．またパッキン ⑳ の外側に弁棒のねじ部があるため，外ねじ式ともいう．

流体の流れ方向は，閉弁した場合にパッキンに圧力が加わらないように，弁座の下から上向きに水圧が作用するようにして取りつけられる．

製図上の注意事項

組立図中に示されている細線は，弁箱 ① の球形部の側面形を示したものである．また組立図における弁棒 ⑫ の中心線の右の部分は，ふた②，パッキン押え輪 ⑨ およびパッキン押え ⑩ の組み合わさった状態を90°回転して描いたものである．

部品図における弁箱 ① およびふた ② はいずれもねずみ鋳鉄製（FC 200）で，とくに弁棒中心軸を合わせるため，いんろう部を設けてある．その接触面の表面性状は，算術平均粗さ *Ra* 6.3 にする．ふた ② のリブ部はふつう断面をしないで描く．また，ふた ② の正面図において，中心線から右側の下の部分の図は，ふたを右側面から見た形を 90°回転して示してある．

弁体 ③ および弁座 ⑤ は青銅鋳物 6 種（CAC 406）によりつくられ，要部はさらに機械加工する．弁と弁座が接触する部分の表面性状は，算術平均粗さ *Ra* 0.4 で，ラップ加工で施される．

弁棒およびねじはめ輪 ⑧ のねじは，メートル台形ねじ（Tr 20 × 4）であり，ボルト，ナットならびに弁棒上端のねじはいずれもメートル並目ねじであるが，他のねじはすべてメートル細目ねじを用いている．またねじはめ輪は回り止めのため M 28 × 2-6 H の一部分にさらに M 4-6 H のねじが組立て後切られ，それにビス（M 4 × 12）が入って固定される．同様に回り止め ⑦ は，組立て後に一部分上下に折り曲げて弁体 ③ と弁押え ⑥ とを固定する．

これらの組立て後の加工は，各部品図にできるだけ説明あるいは記号で表示しておく．

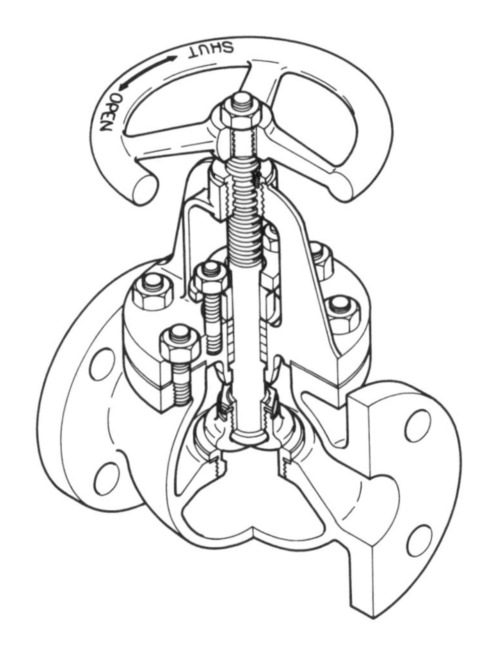

14 - 2 青銅 - 10 K - 1 ねじ込み玉形弁

使用法の概略

14 - 1 のフランジ形と同様であるが，弁棒のねじ部が，パッキン部より内側にある内ねじ式の例である．

製図上の注意事項

① の弁箱の管との接合に用いられるめねじは，管用テーパねじ，呼び Rc 1 を用いている．その他は **14 - 1** のフランジ形玉形弁と同様である．

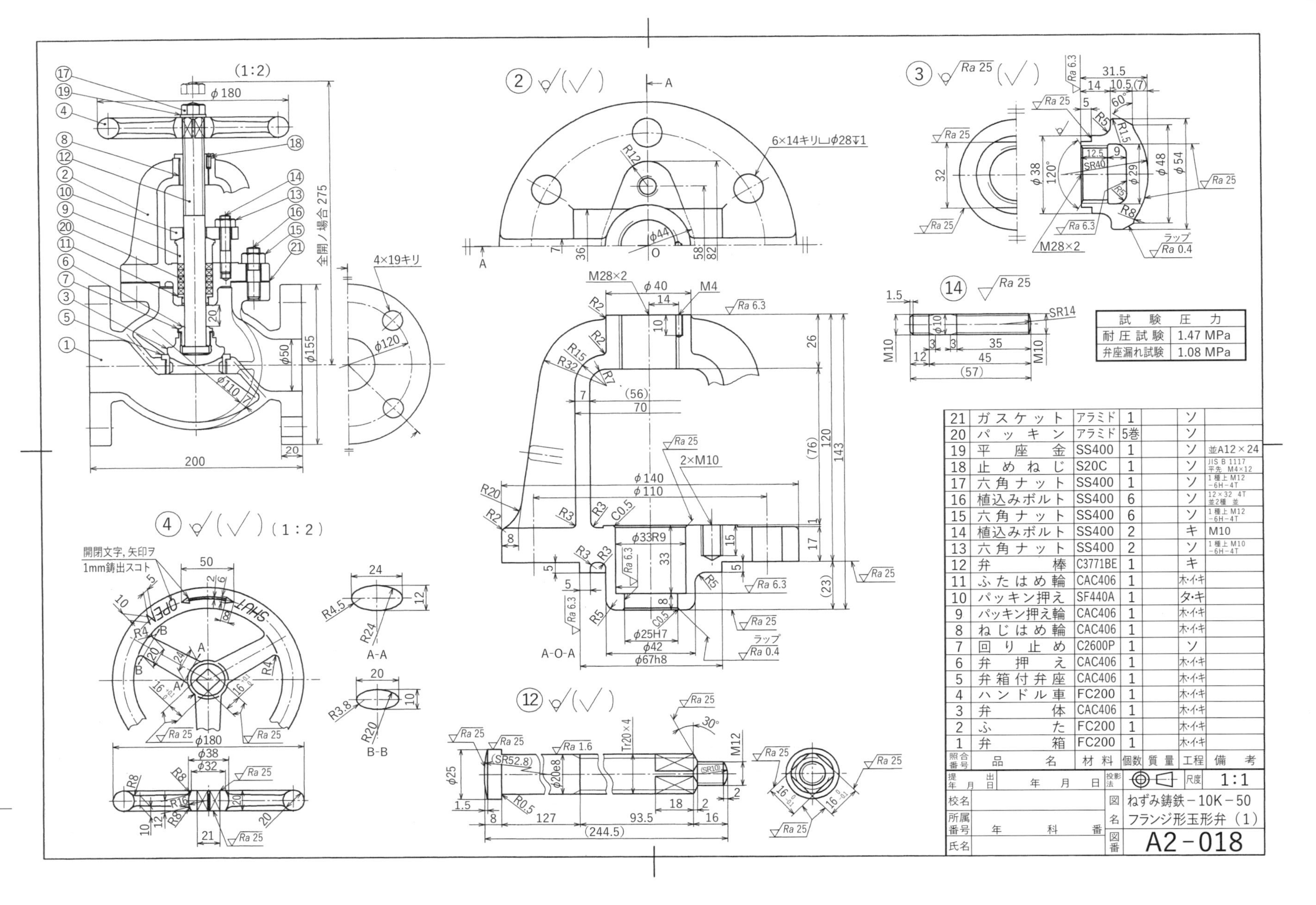

試　験	圧　力
耐圧試験	1.47 MPa
弁座漏れ試験	1.08 MPa

照合番号	品　名	材　料	個数	質量	工程	備　考
21	ガスケット	アラミド	1		ソ	
20	パッキン	アラミド	5巻		ソ	
19	平座金	SS400	1		ソ	並A12×24
18	止めねじ	S20C	1		ソ	JIS B 1117 平先 M4×12
17	六角ナット	SS400	1		ソ	1種上 M12 -6H-4T
16	植込みボルト	SS400	6		ソ	12×32 4T 並2種 並
15	六角ナット	SS400	6		ソ	1種上 M12 -6H-4T
14	植込みボルト	SS400	2		キ	M10
13	六角ナット	SS400	2		ソ	1種上 M10 -6H-4T
12	弁棒	C3771BE	1		キ	
11	ふたはめ輪	CAC406	1		木・イ・キ	
10	パッキン押え	SF440A	1		タ・キ	
9	パッキン押え輪	CAC406	1		木・イ・キ	
8	ねじはめ輪	CAC406	1		木・イ・キ	
7	回り止め	C2600P	1		ソ	
6	弁押え	CAC406	1		木・イ・キ	
5	弁箱付弁座	CAC406	1		木・イ・キ	
4	ハンドル車	FC200	1		木・イ・キ	
3	弁体	CAC406	1		木・イ・キ	
2	ふた	FC200	1		木・イ・キ	
1	弁箱	FC200	1		木・イ・キ	

提出年月日	年　月　日	投影法	尺度	1:1
校名		図名	ねずみ鋳鉄－10K－50 フランジ形玉形弁（1）	
所属番号	年　科　番	図番	A2－018	
氏名				

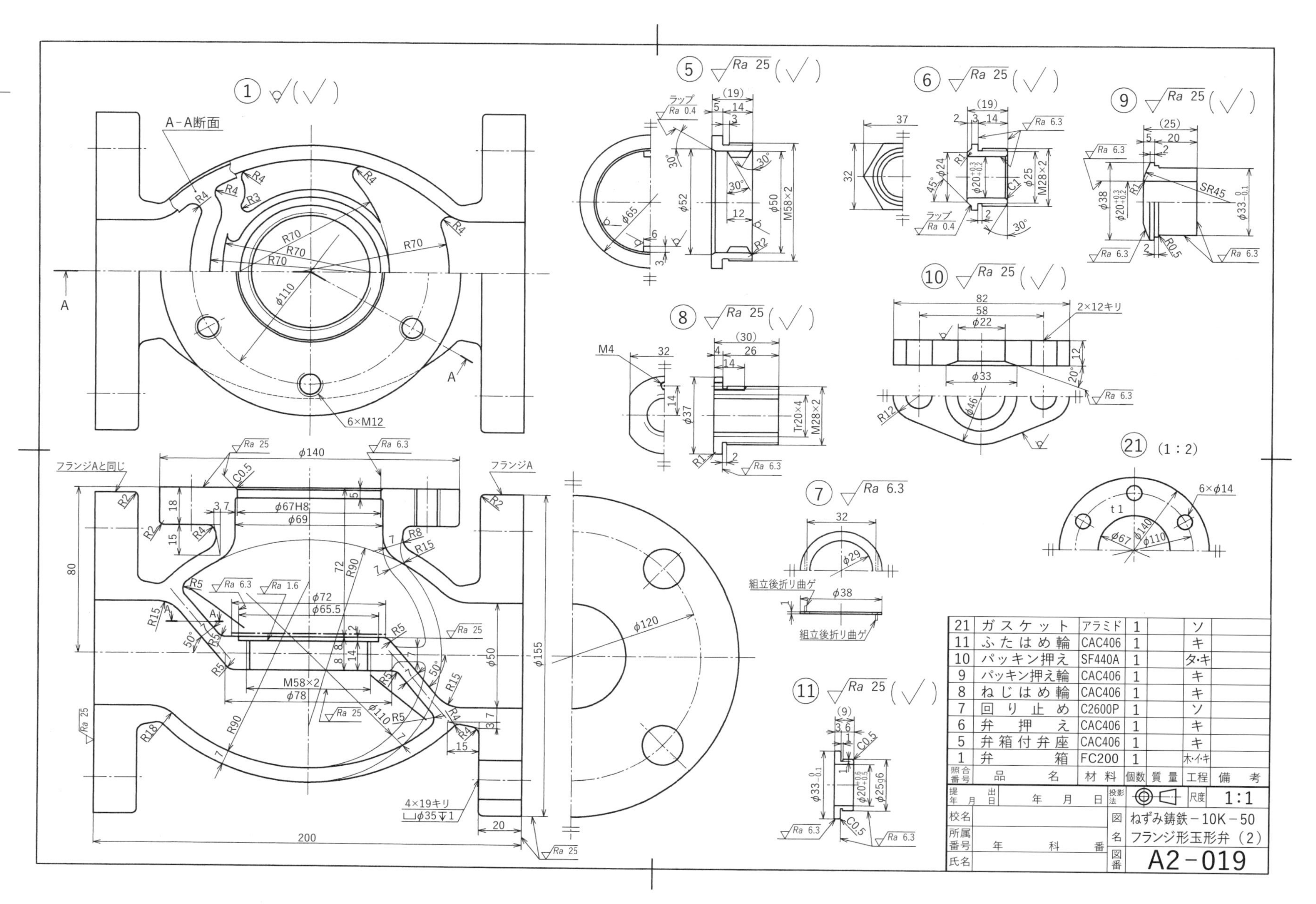

A−A断面
6×M12
フランジAと同じ
フランジA
4×19キリ
⌴φ35↧1
ラップ
組立後折り曲ゲ
2×12キリ
6×φ14
21 ガスケット アラミド 1 ソ
11 ふたはめ輪 CAC406 1 キ
10 パッキン押え SF440A 1 タ・キ
9 パッキン押え輪 CAC406 1 キ
8 ねじはめ輪 CAC406 1 キ
7 回り止め C2600P 1 ソ
6 弁押え CAC406 1 キ
5 弁箱付弁座 CAC406 1 キ
1 弁箱 FC200 1 木・イ・キ
照合番号 品名 材料 個数 質量 工程 備考
提出 年月日 年 月 日
投影法
尺度 1:1
校名
所属番号 年 科 番
氏名
図名 ねずみ鋳鉄−10K−50
フランジ形玉形弁（2）
図番 A2−019

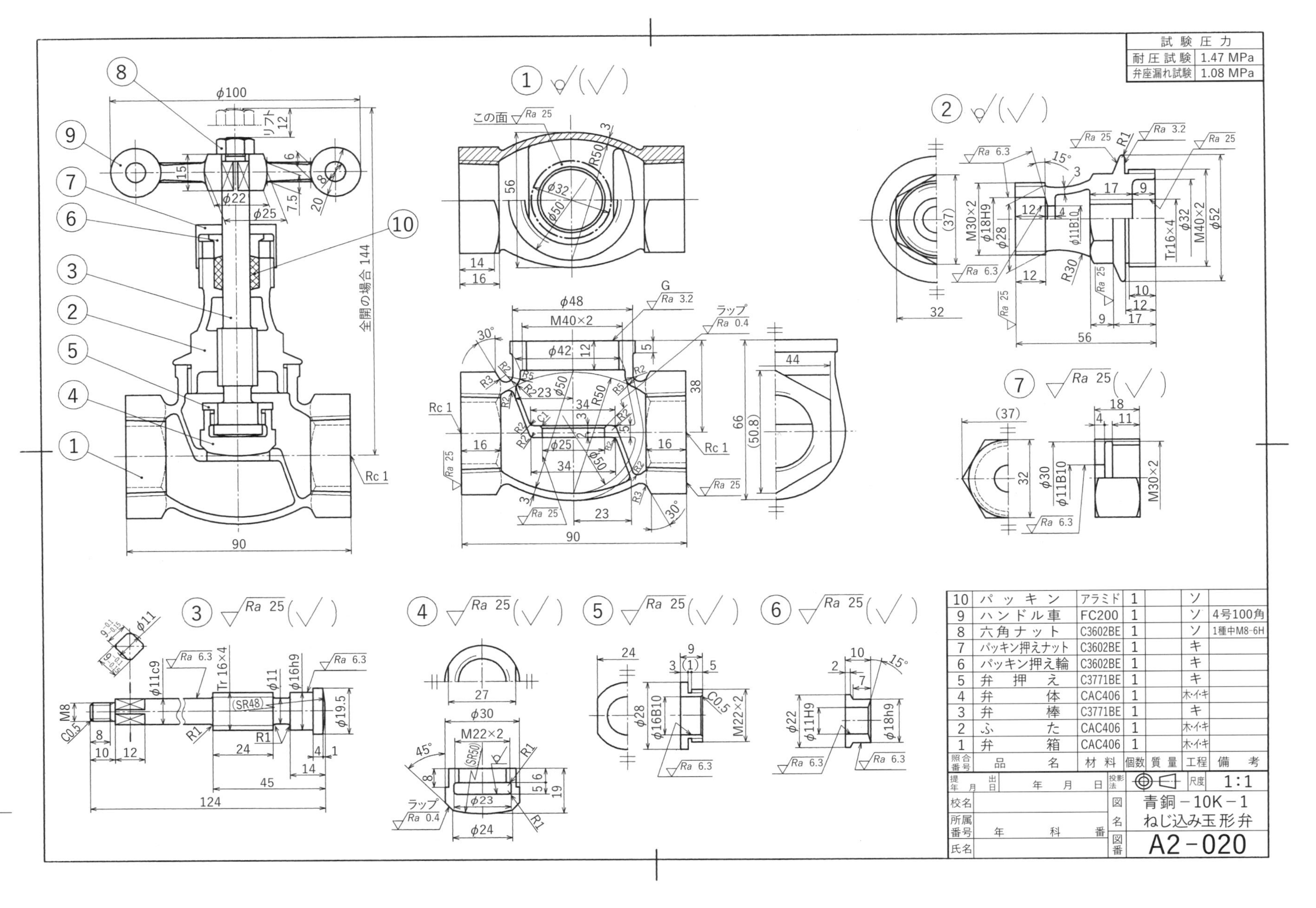
試験圧力
耐圧試験 1.47 MPa
弁座漏れ試験 1.08 MPa
全開の場合 144
リフト 12
この面
ラップ
10 パッキン アラミド 1 ソ
9 ハンドル車 FC200 1 ソ 4号100角
8 六角ナット C3602BE 1 ソ 1種中M8-6H
7 パッキン押えナット C3602BE 1 キ
6 パッキン押え輪 C3602BE 1 キ
5 弁押え C3771BE 1 キ
4 弁体 CAC406 1 木·イ·キ
3 弁棒 C3771BE 1 キ
2 ふた CAC406 1 木·イ·キ
1 弁箱 CAC406 1 木·イ·キ
照合番号 品名 材料 個数 質量 工程 備考
尺度 1:1
図名 青銅-10K-1 ねじ込み玉形弁
図番 A2-020

15 油圧調節弁付き歯車ポンプ

Gear pump with pressure control valve

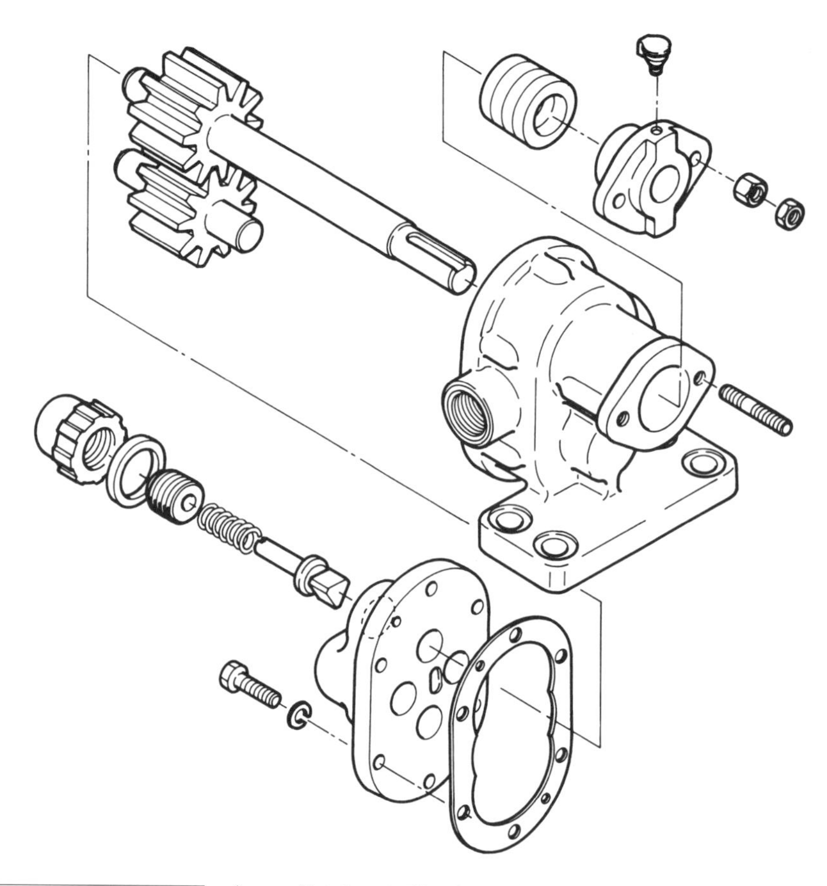

使用法の概略

ケーシング内でかみあう一対の歯車を回転させ，歯とケース間の空間に満たされた流体が，反対側まで送られたのち再びかみあいによって排出されてポンプ作用をする．かみあい点に近づく側に排出口，その反対側に吸入口をもち，比較的小形で簡単な機構で能率もよく，油，薬品などの移送に適している．本図の性能は，吐出し圧力が一定の圧力調節弁をもち，圧力 0.294 MPa，吐出し量 10 *l*/min（回転数 350 rpm）である．

製図上の注意事項

組立図における照合番号は，最も明示できる箇所に記入する必要があり，またその引出線は交差しないようにし，水平および垂直線は避けて斜めの線を用いる．照合番号の引出線の先端は，品物の内部からの場合はその先端に直径 0.5 mm 程度の黒丸をつけ，品物の外ふちから引き出す場合は矢印をつける．照合番号を記入するには，ふつう直径 10 ～ 15 mm の細線の円の中に，番号数字を大きく記入する．

部品図では，本体 ①，カバー ② は歯車軸を一致させるために，4 mm のピン 2 本によって位置決めする．本体 ① の側壁にある吸入口および排出口のねじは，管用テーパめねじ（Rc 1/2）である．

本体 ① の基礎ボルトの頭のすわる箇所は，直径 24 mm のざぐりを施す．駆動軸 ③ および被動軸 ④ は，転位した歯車 ⑤ を 3 mm 径のピンによって所定の場所に固定する．したがってその接合法を ③ と ④ の部品図に想像線で示している．

歯車の歯先，歯面，側面およびケーシング内壁などは，上仕上げとする．⑫ のガスケットは t 0.2（厚さ 0.2 mm）の紙を用いる．歯車 ⑤ および圧力調節用圧縮コイルばね ⑧ は要目表を付す．ばねの図示法は，ばね製図（**JIS B 0004**）に規定されている．

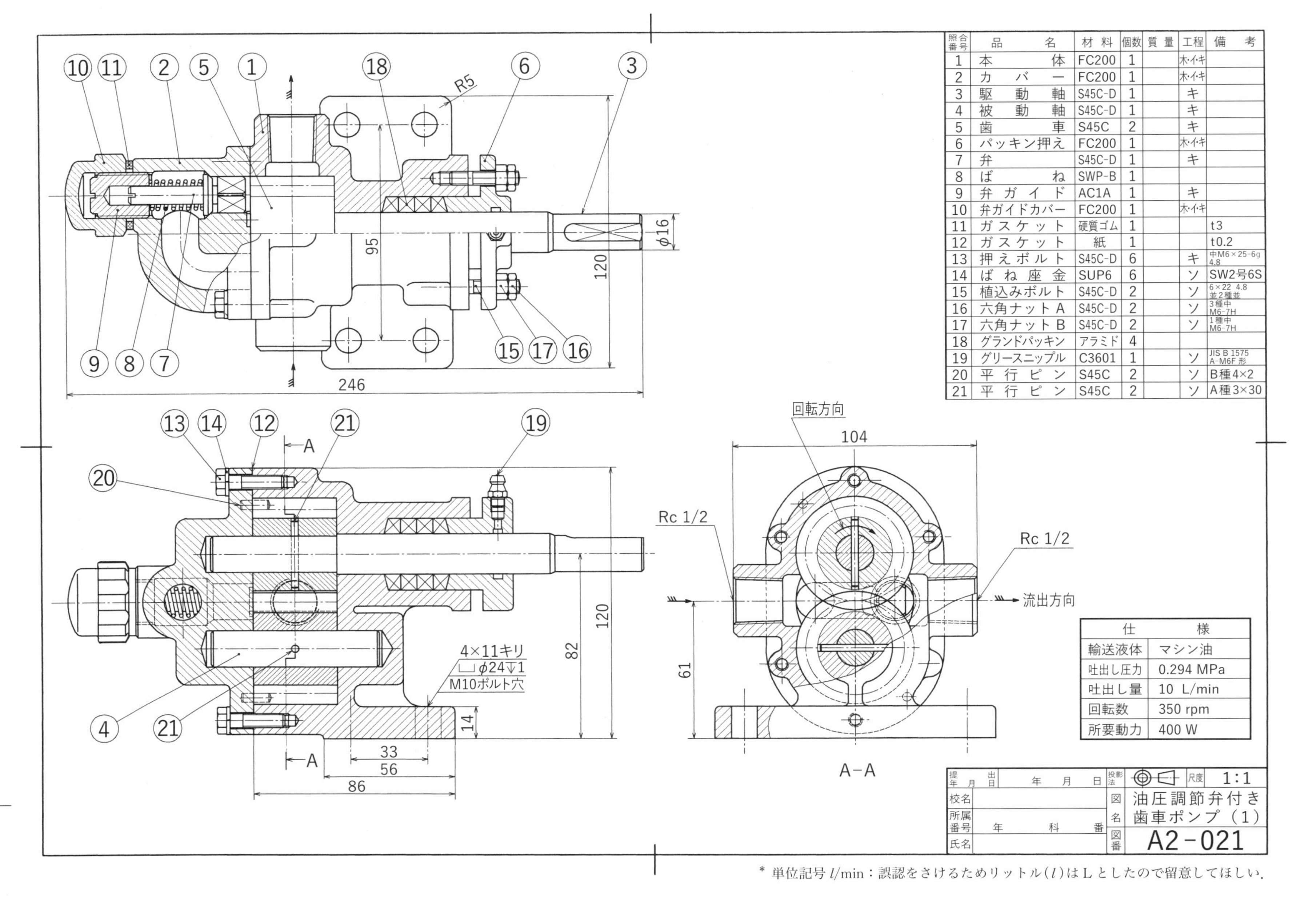

照合番号	品名	材料	個数	質量	工程	備考
1	本体	FC200	1		木・イ・キ	
2	カバー	FC200	1		木・イ・キ	
3	駆動軸	S45C-D	1		キ	
4	被動軸	S45C-D	1		キ	
5	歯車	S45C	2		キ	
6	パッキン押え	FC200	1		木・イ・キ	
7	弁	S45C-D	1		キ	
8	ばね	SWP-B	1			
9	弁ガイド	AC1A	1		キ	
10	弁ガイドカバー	FC200	1		木・イ・キ	
11	ガスケット	硬質ゴム	1			t3
12	ガスケット	紙	1			t0.2
13	押えボルト	S45C-D	6		キ	中M6×25-6g 4.8
14	ばね座金	SUP6	6		ソ	SW2号6S
15	植込みボルト	S45C-D	2		ソ	6×22 4.8 並2種並
16	六角ナットA	S45C-D	2		ソ	3種中 M6-7H
17	六角ナットB	S45C-D	2		ソ	1種中 M6-7H
18	グランドパッキン	アラミド	4			
19	グリースニップル	C3601	1		ソ	JIS B 1575 A-M6F形
20	平行ピン	S45C	2		ソ	B種4×2
21	平行ピン	S45C	2		ソ	A種3×30

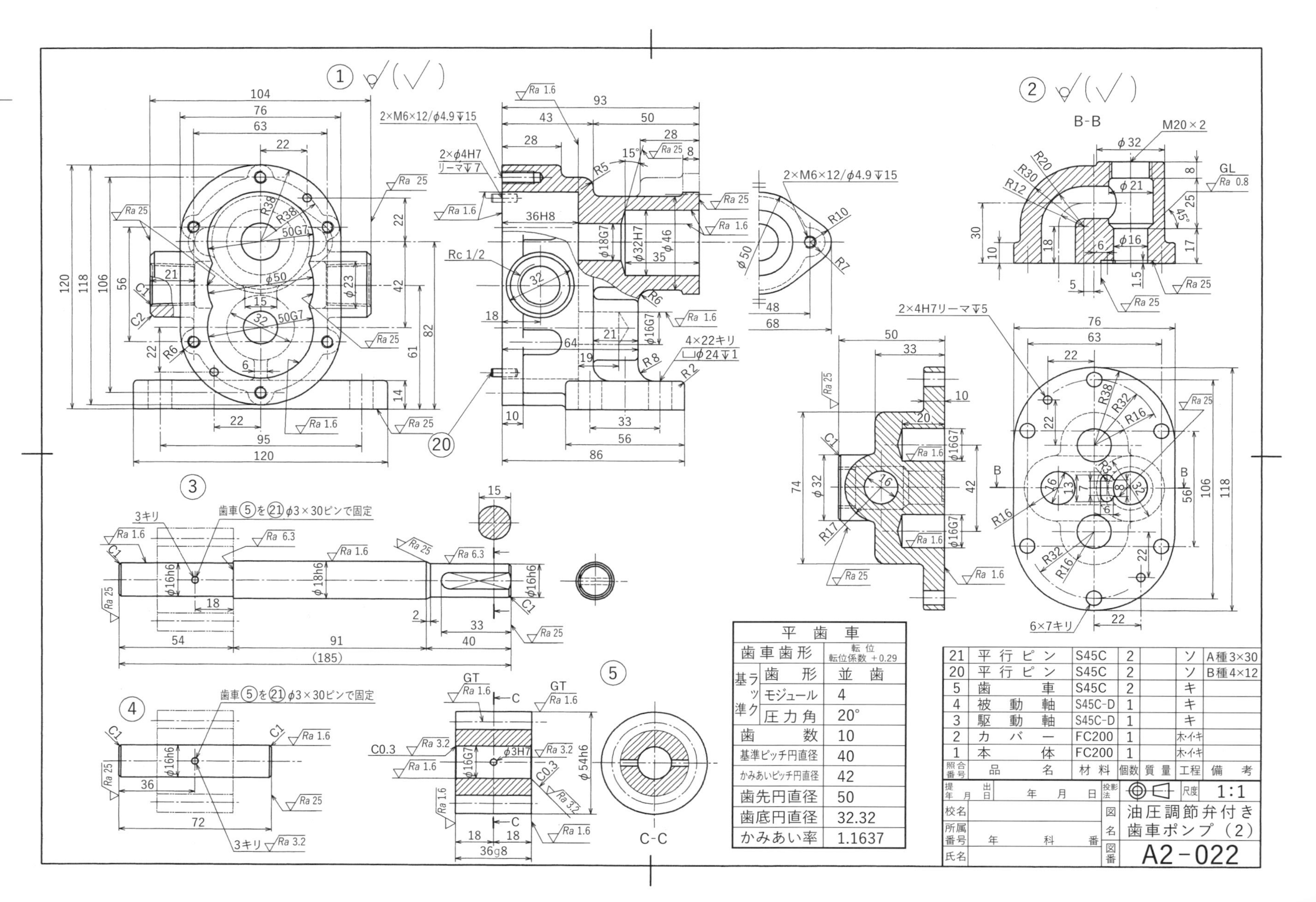
① ◁(√)
② ◁(√)
B-B
C-C
③
④
⑤
⑳
歯車⑤を㉑φ3×30ピンで固定
平歯車
歯車歯形 転位
転位係数 +0.29
基準ラック 歯形 並歯
モジュール 4
圧力角 20°
歯数 10
基準ピッチ円直径 40
かみあいピッチ円直径 42
歯先円直径 50
歯底円直径 32.32
かみあい率 1.1637
21 平行ピン S45C 2 ソ A種3×30
20 平行ピン S45C 2 ソ B種4×12
5 歯車 S45C 2 キ
4 被動軸 S45C-D 1 キ
3 駆動軸 S45C-D 1 キ
2 カバー FC200 1 木・イ・キ
1 本体 FC200 1 木・イ・キ
照合番号 品名 材料 個数 質量 工程 備考
尺度 1:1
油圧調節弁付き歯車ポンプ(2)
A2-022

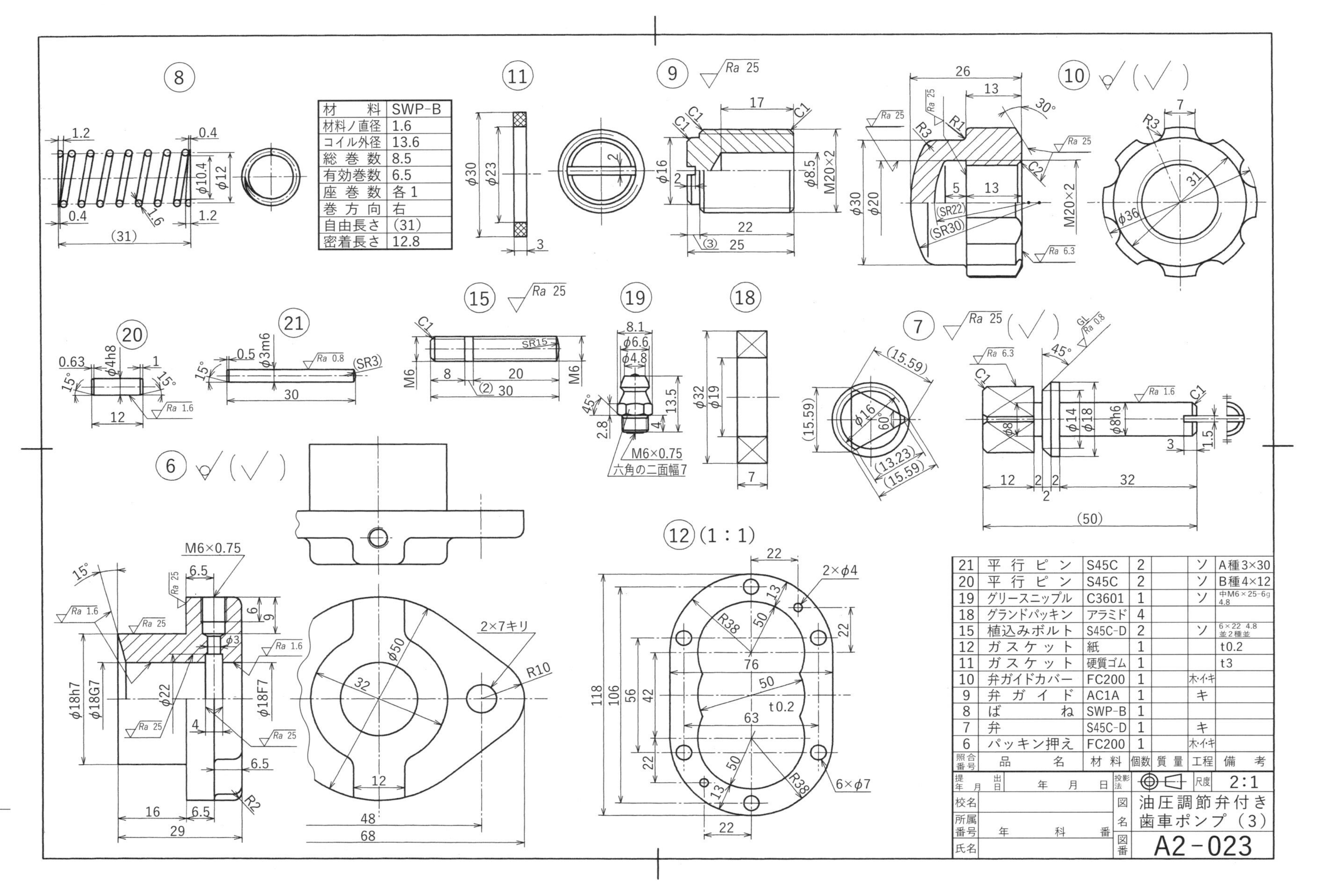

材料	SWP-B
材料ノ直径	1.6
コイル外径	13.6
総巻数	8.5
有効巻数	6.5
座巻数	各1
巻方向	右
自由長さ	(31)
密着長さ	12.8

照合番号	品名	材料	個数	質量	工程	備考
21	平行ピン	S45C	2		ソ	A種3×30
20	平行ピン	S45C	2		ソ	B種4×12
19	グリースニップル	C3601	1		ソ	中M6×25-6g 4.8
18	グランドパッキン	アラミド	4			
15	植込みボルト	S45C-D	2		ソ	6×22 4.8 並2種並
12	ガスケット	紙	1			t0.2
11	ガスケット	硬質ゴム	1			t3
10	弁ガイドカバー	FC200	1		ホ・イ・キ	
9	弁ガイド	AC1A	1		キ	
8	ばね	SWP-B	1			
7	弁	S45C-D	1		キ	
6	パッキン押え	FC200	1		ホ・イ・キ	

16 SB 50 F 20 ばね安全弁

Spring type safety valve

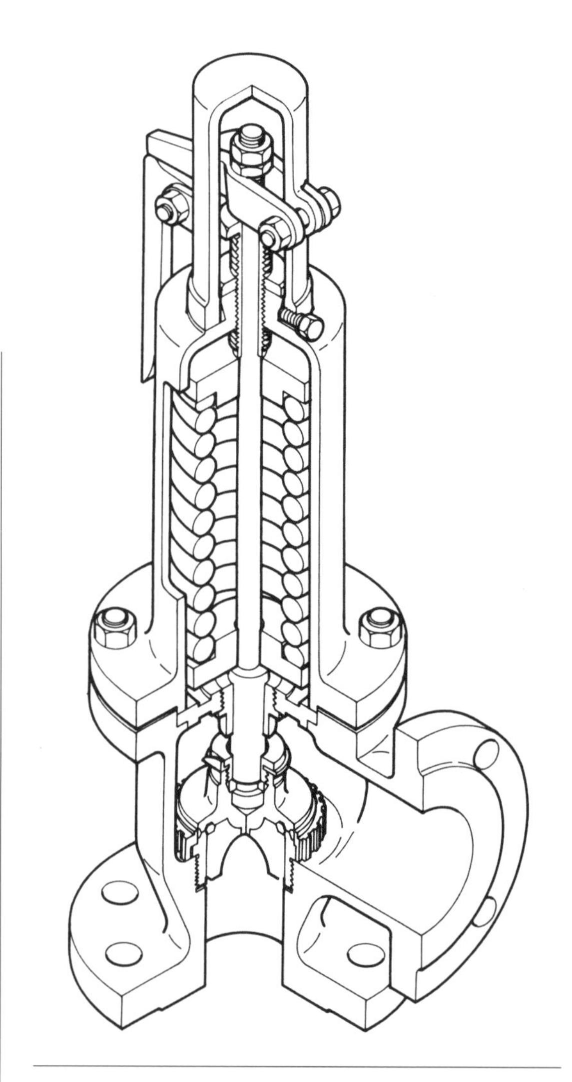

使用法の概略

ガス，蒸気，液体などの装置内で，圧力が異常に高くなった場合に，自動的に作動してその一部を逃がし，圧力が規定以上にあがるのを防ぐために用いる．安全弁の形式は，おもり式，てこ式，電磁式，ばね式の4種がある．ばね式は廉価で確実性があり，また互換性がよいので広く用いられる．本課題のものは最高使用圧力 1.47 MPa，蒸気温度 235° C 以下，実際蒸発量 2900 kg/h 以下（2個使用）の陸用蒸気ボイラ用低揚程ばね安全弁である．なお，吹き出した蒸気を屋外に導くため，側面のフランジ部に配管用炭素鋼鋼管（**JIS G 3452**）を接続して使用する．

製図上の注意事項

組立図において，弁箱 ⑨ にある細線は，右側面から見た場合の形状を示したものである．また，この種のものは，とくに管との接続の際に必要な取りつけ寸法，たとえばフランジ径，管径，ボルトの種類や本数を組立図中に示す必要がある．

弁箱 ⑨ はねずみ鋳鉄製（FC 200）であるが，他の直接蒸気に触れる要部は青銅鋳物3種（CAC 403）が用いられている．弁棒 ⑮ はネーバル黄銅棒（C 4622 BE）を用い，その直径寸法は熱膨張を考慮して，少し小さくしてある．弁体 ① と弁座 ② との接触面の表面性状は，算術平均粗さ *Ra* 0.4 で，ラップ加工で施される．

ばね ⑯ はばね鋼鋼材（SUP 6）であり，要目表を付す．その他の小部品で規格品そのままのものおよび市販品の場合には，その呼び寸法を部品表の備考欄に記入して，図は省略してある．

呼び方の説明

S　B　50 F　20
（1）（2）（3）（4）

（1） 要求性能の記号で，蒸気用を S，ガス用を G とする．

（2） 形式記号で，揚程式の密閉構造を A，開放構造を B，また，全量式の密閉構造を C，開放構造を D とする．

（3） 入口側の呼び径と接続形状の記号で，フランジ式を F，ねじ式を T，溶接式を W とする．

（4） 呼び圧力で，この区分には，1，10，20，30，45，65，…などがある．

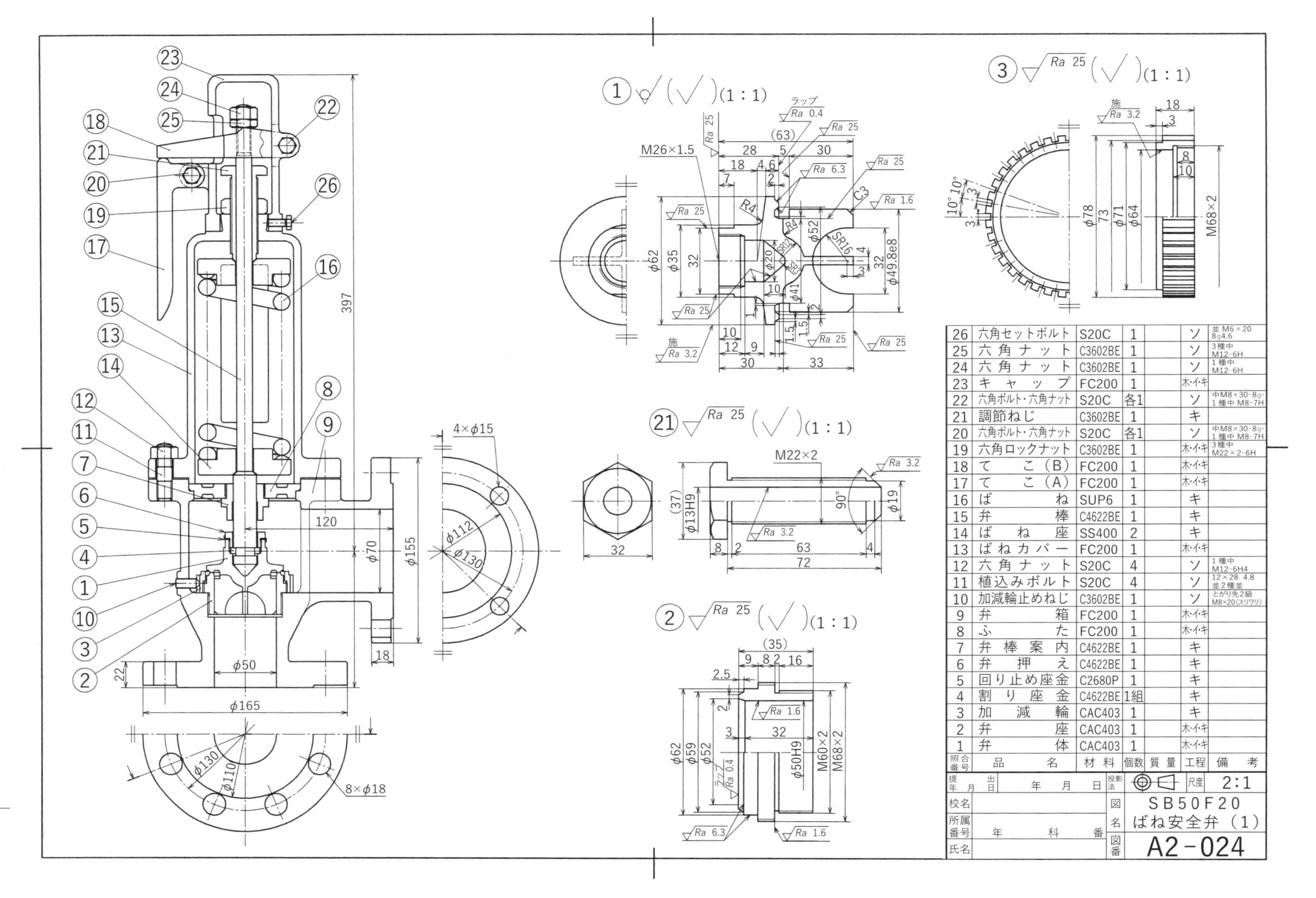

照合番号	品名	材料	個数	質量	工程	備考
26	六角セットボルト	S20C	1		ソ	並 M6×20 8g4.6
25	六角ナット	C3602BE	1		ソ	3種中 M12-6H
24	六角ナット	C3602BE	1		ソ	1種中 M12-6H
23	キャップ	FC200	1		木・イキ	
22	六角ボルト・六角ナット	S20C	各1		ソ	中M8×30-8g・1種中 M8-7H
21	調節ねじ	C3602BE	1		キ	
20	六角ボルト・六角ナット	S20C	各1		ソ	中M8×30-8g・1種中 M8-7H
19	六角ロックナット	C3602BE	1		木・イキ	3種中 M22×2-6H
18	てこ(B)	FC200	1		木・イキ	
17	てこ(A)	FC200	1		木・イキ	
16	ばね	SUP6	1		キ	
15	弁棒	C4622BE	1		キ	
14	ばね座	SS400	2		キ	
13	ばねカバー	FC200	1		木・イキ	
12	六角ナット	S20C	4		ソ	1種中 M12-6H4
11	植込みボルト	S20C	4		ソ	12×28 4.8 並2種並
10	加減輪止めねじ	C3602BE	1		ソ	とがり先2級 M8×20(スリワリ)
9	弁箱	FC200	1		木・イキ	
8	ふた	FC200	1		木・イキ	
7	弁棒案内	C4622BE	1		キ	
6	弁押え	C4622BE	1		キ	
5	回り止め座金	C2680P	1		キ	
4	割り座金	C4622BE	1組		キ	
3	加減輪	CAC403	1		キ	
2	弁座	CAC403	1		木・イキ	
1	弁体	CAC403	1		木・イキ	

提出年月日	年 月 日	投影法	尺度 2:1
校名		図名	SB50F20 ばね安全弁(1)
所属番号	年 科 番		
氏名		図番	A2-024

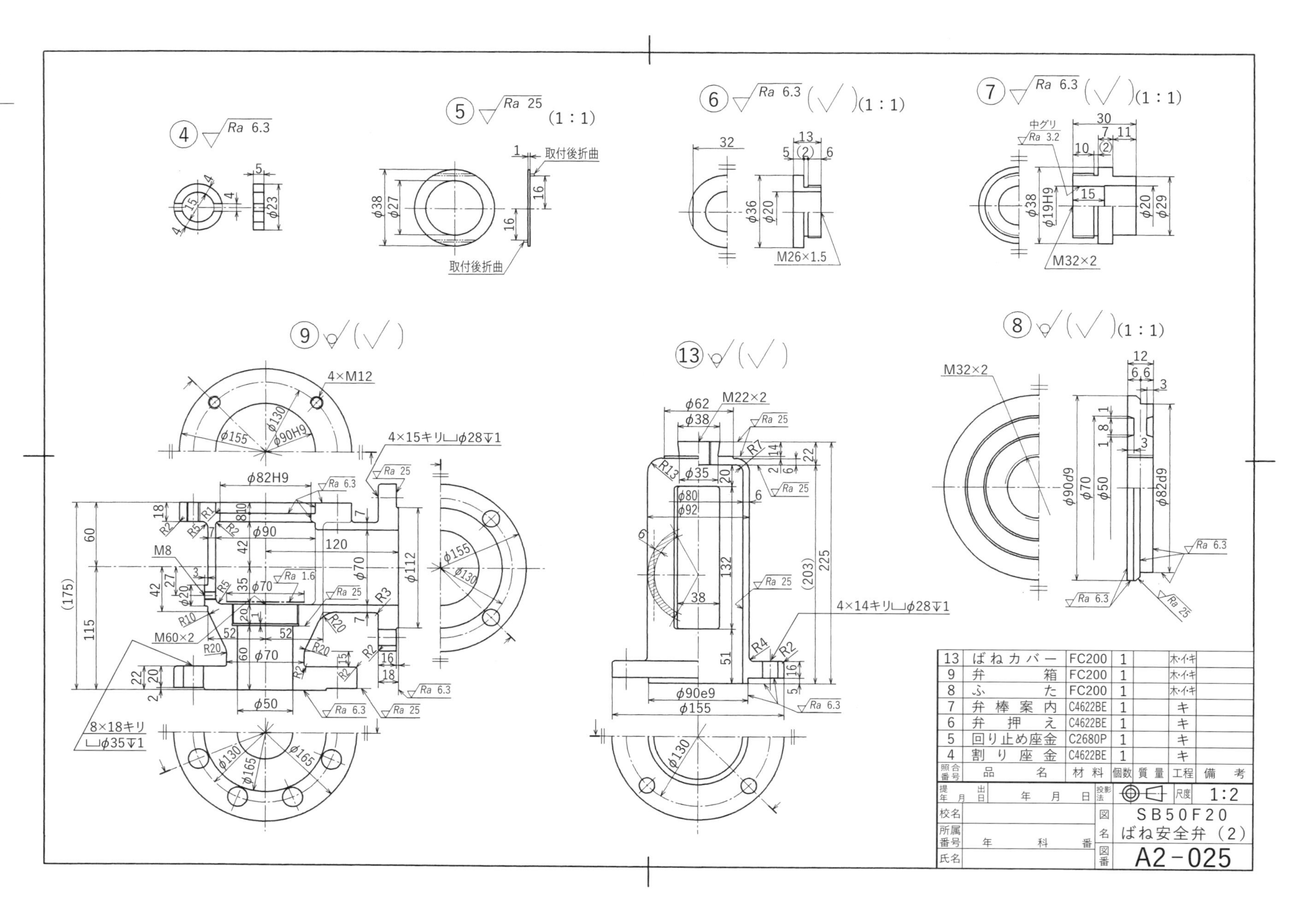

④ Ra 6.3
⑤ Ra 25 (1：1)
取付後折曲
⑥ Ra 6.3 (√)(1：1)
M26×1.5
⑦ Ra 6.3 (√)(1：1)
中グリ Ra 3.2
M32×2
⑨ (√)
4×M12
4×15キリ⌴φ28↧1
M8
M60×2
8×18キリ ⌴φ35↧1
⑬ (√)
M22×2
4×14キリ⌴φ28↧1
⑧ (√)(1：1)
M32×2
13 ばねカバー FC200 1 木・イ・キ
9 弁箱 FC200 1 木・イ・キ
8 ふた FC200 1 木・イ・キ
7 弁棒案内 C4622BE 1 キ
6 弁押え C4622BE 1 キ
5 回り止め座金 C2680P 1 キ
4 割り座金 C4622BE 1 キ
照合番号 品名 材料 個数 質量 工程 備考
提出 年 月 日
投影法 尺度 1:2
校名
所属番号 年 科 番
氏名
図名 SB50F20 ばね安全弁（2）
図番 A2-025

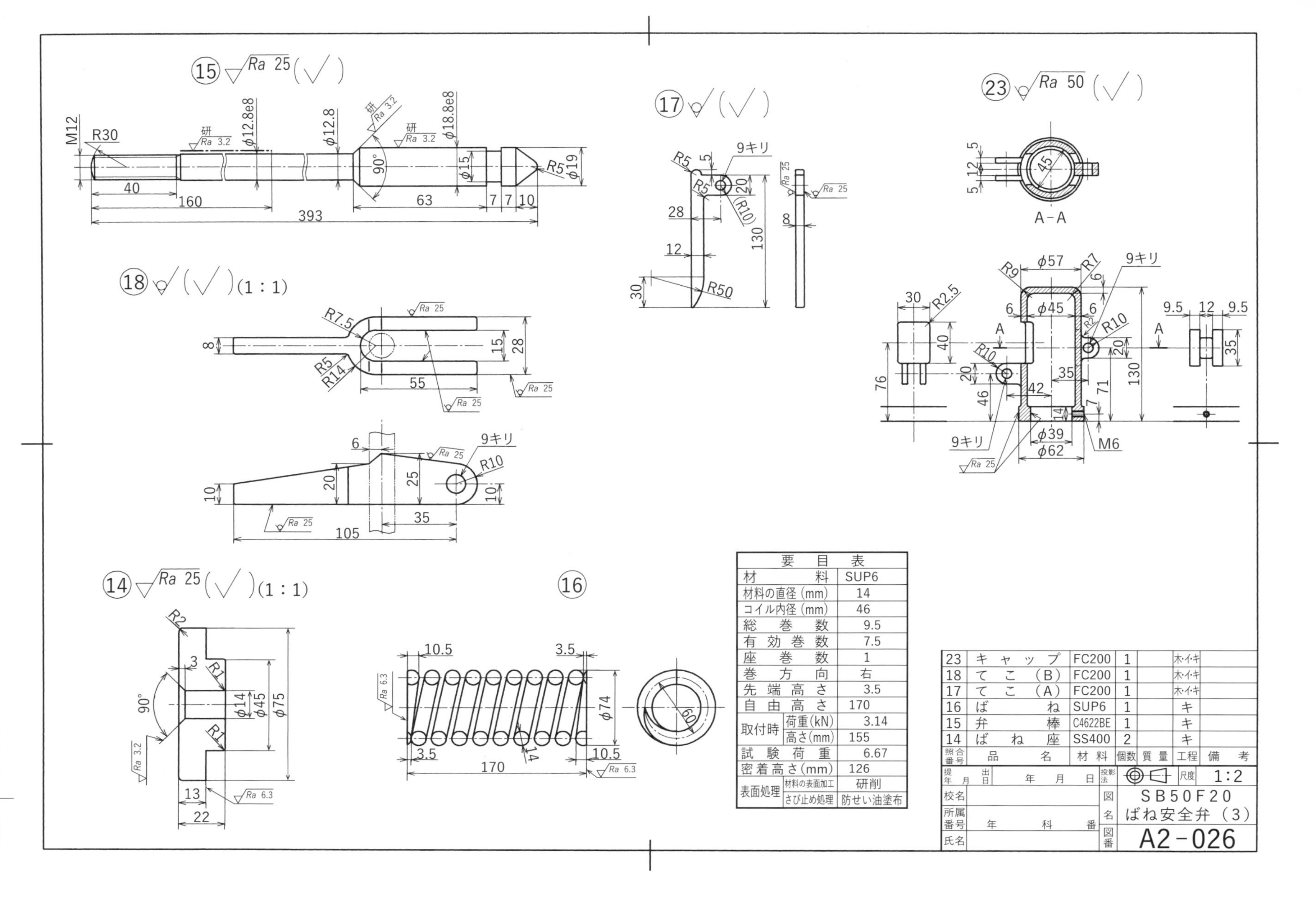
要目表
材料 SUP6
材料の直径(mm) 14
コイル内径(mm) 46
総巻数 9.5
有効巻数 7.5
座巻数 1
巻方向 右
先端高さ 3.5
自由高さ 170
取付時 荷重(kN) 3.14
取付時 高さ(mm) 155
試験荷重 6.67
密着高さ(mm) 126
表面処理 材料の表面加工 研削
表面処理 さび止め処理 防せい油塗布
23 キャップ FC200 1 木・イ・キ
18 てこ(B) FC200 1 木・イ・キ
17 てこ(A) FC200 1 木・イ・キ
16 ばね SUP6 1 キ
15 弁棒 C4622BE 1 キ
14 ばね座 SS400 2 キ
照合番号 品名 材料 個数 質量 工程 備考
尺度 1:2
SB50F20 ばね安全弁(3)
図番 A2-026
A-A

17 300 kg 手巻きウインチ

300 kg Hand winch

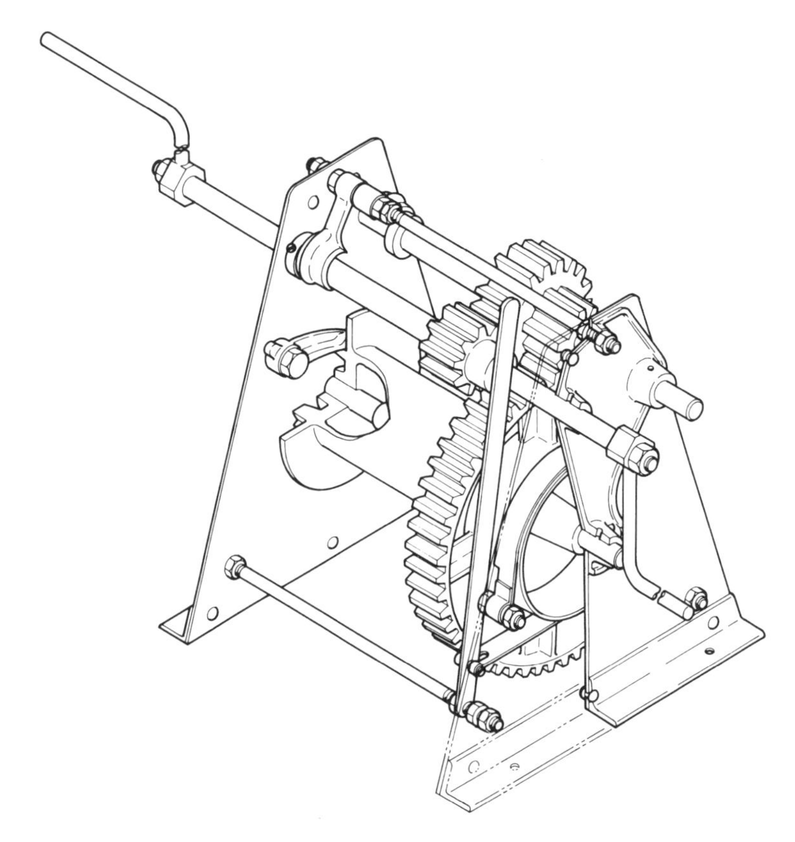

使用法の概略

ウインチは1本のワイヤ ロープの端に重量物を引っかけ，他端からこれを巻き取って手元に引き寄せたり，高く引き上げたりする場合に用いられる．

これには手動式（小容量）のものと，動力式（大容量）のものとがある．本図は土木建築工事用でつり上げ荷重300 kg（質量），揚程12 m，二段および一段減速，一人または二人兼用の手動式である．

製図上の注意事項

組立図の正面図は，巻き胴軸④の中心線より上が断面，下が外形で図示している．この断面図における巻き胴歯車⑮と中間歯車⑫とのかみあい図は，両者の中心軸が，紙面と同一平面にないため，中間歯車⑫のピッチ線に巻き胴歯車⑮のピッチ線を合わせて図示してある．したがって，巻き胴歯車のピッチ線は実際寸法より少し短く描かれている．

組立図の側面図は，左側ハンドル㊱と左側フレーム①を取りはずした状態で示してある．部品図のフレーム①，②は，フレーム用軸受⑩①，⑳①，山形鋼⑩②，⑳②を取りつけた状態で示されている．巻き胴③と巻き胴歯車⑮の接合は，中心軸を合わせるために，はめあい方式が採用されている．巻き胴③にあるつめ車は，その歯先円を歯数で割った値をモジュール（m）で表し，歯先円直径，歯数とともに要目表で示す．本機における歯車はすべて鋳放しで，表面性状は，算術平均粗さ Ra 25以下である．また歯数が少ない⑧および⑫のA歯車は，いずれも転位した歯形形状の木型によって鋳型がつくられる．ブレーキ帯㉔は，これにアラミドなどでつくったブレーキシューを内張りして用いる．ロープ止め金具㉞はこれを製作するために便利なように，展開図を想像線で示している．その他ボルト，ナット，リベットなどの規格品は部品表の記事欄に種類，寸法を示し，図は省略してある．

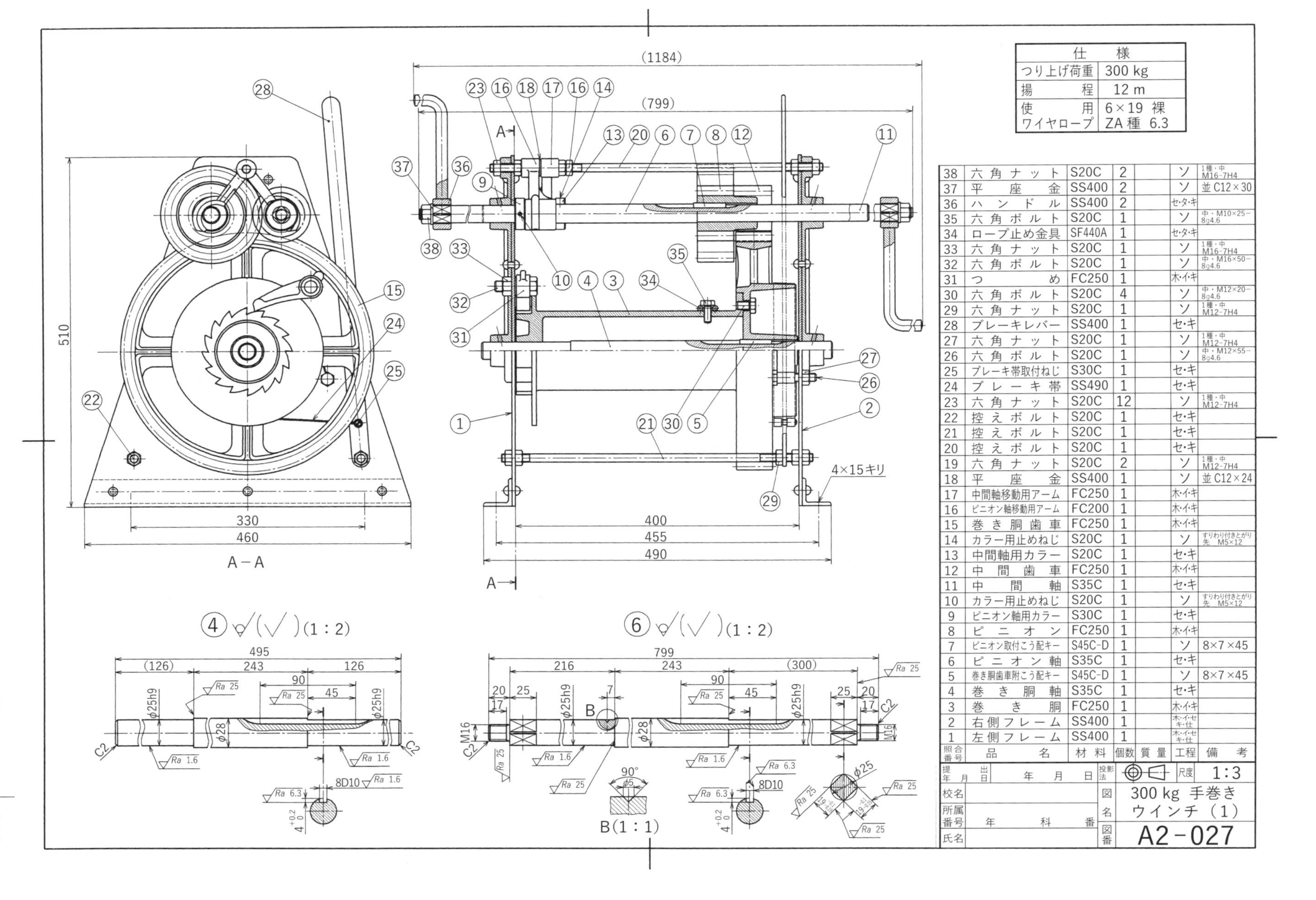

仕	様
つり上げ荷重	300 kg
揚程	12 m
使用ワイヤロープ	6×19 裸 ZA種 6.3

照合番号	品名	材料	個数	質量	工程	備考
38	六角ナット	S20C	2		ソ	1種・中 M16-7H4
37	平座金	SS400	2		ソ	並 C12×30
36	ハンドル	SS400	2		セ・タ・キ	
35	六角ボルト	S20C	1		ソ	中・M10×25-8g4.6
34	ロープ止め金具	SF440A	1		セ・タ・キ	
33	六角ナット	S20C	1		ソ	1種・中 M16-7H4
32	六角ボルト	S20C	1		ソ	中・M16×50-8g4.6
31	つめ	FC250	1		木・イ・キ	
30	六角ボルト	S20C	4		ソ	中・M12×20-8g4.6
29	六角ナット	S20C	1		ソ	1種・中 M12-7H4
28	ブレーキレバー	SS400	1		セ・キ	
27	六角ナット	S20C	1		ソ	1種・中 M12-7H4
26	六角ボルト	S20C	1		ソ	中・M12×55-8g4.6
25	ブレーキ帯取付ねじ	S30C	1		セ・キ	
24	ブレーキ帯	SS490	1		セ・キ	
23	六角ナット	S20C	12		ソ	1種・中 M12-7H4
22	控えボルト	S20C	1		セ・キ	
21	控えボルト	S20C	1		セ・キ	
20	控えボルト	S20C	1		セ・キ	
19	六角ナット	S20C	2		ソ	1種・中 M12-7H4
18	平座金	SS400	1		ソ	並 C12×24
17	中間軸移動用アーム	FC250	1		木・イ・キ	
16	ピニオン軸移動用アーム	FC200	1		木・イ・キ	
15	巻き胴歯車	FC250	1		木・イ・キ	
14	カラー用止めねじ	S20C	1		ソ	すりわり付きとがり先 M5×12
13	中間軸用カラー	S20C	1		セ・キ	
12	中間歯車	FC250	1		木・イ・キ	
11	中間軸	S35C	1		セ・キ	
10	カラー用止めねじ	S20C	1		ソ	すりわり付きとがり先 M5×12
9	ピニオン軸用カラー	S30C	1		セ・キ	
8	ピニオン	FC250	1		木・イ・キ	
7	ピニオン取付こう配キー	S45C-D	1		ソ	8×7×45
6	ピニオン軸	S35C	1		セ・キ	
5	巻き胴歯車附こう配キー	S45C-D	1		ソ	8×7×45
4	巻き胴軸	S35C	1		セ・キ	
3	巻き胴	FC250	1		木・イ・キ	
2	右側フレーム	SS400	1		木・イ・セ・キ・仕	
1	左側フレーム	SS400	1		木・イ・セ・キ・仕	

提出 年月日	年 月 日	投影法		尺度	1:3
校名		図名	300 kg 手巻きウインチ（1）		
所属番号	年 科 番				
氏名		図番	A2-027		

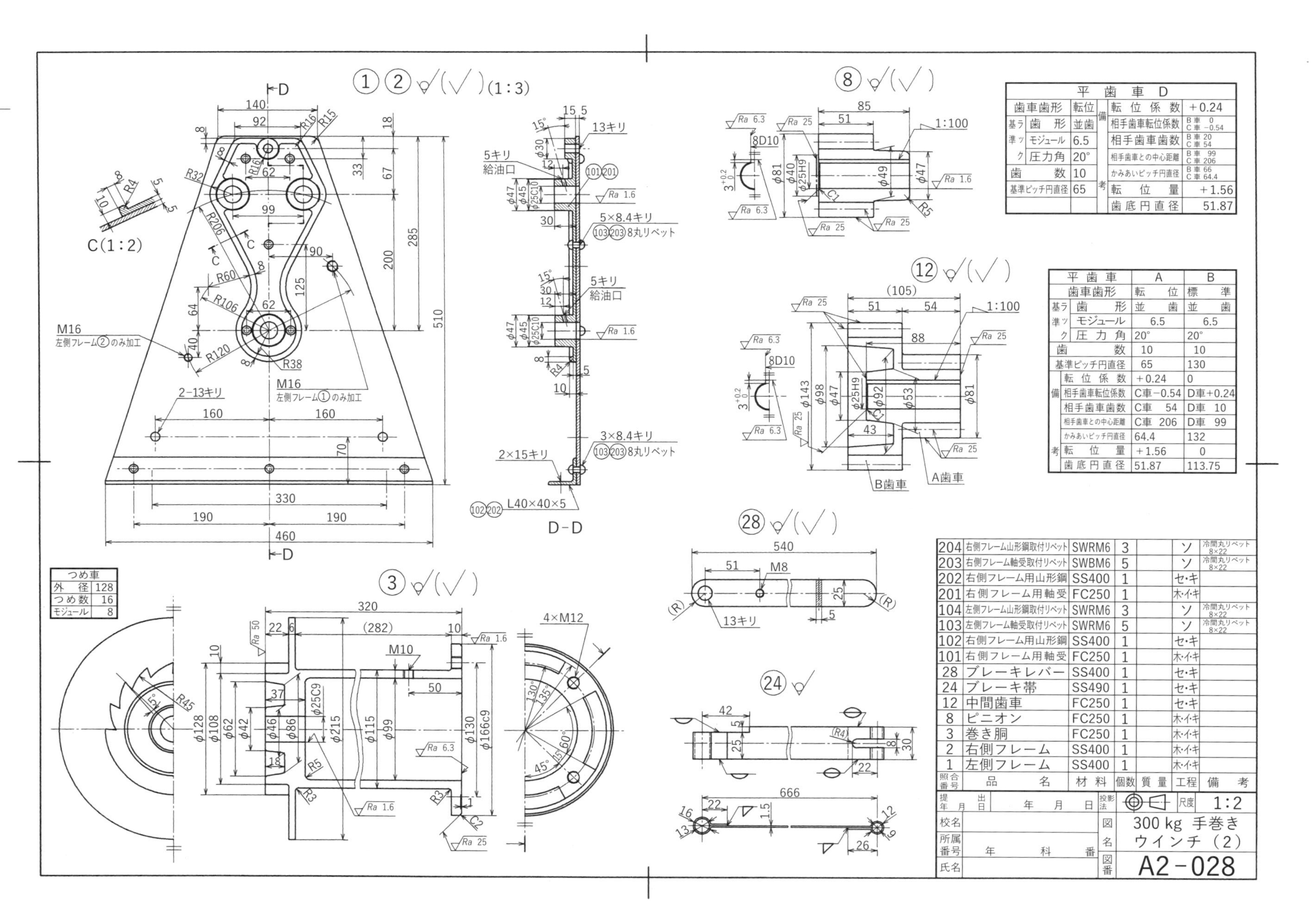

平歯車 D				
歯車歯形	転位	備考	転位係数	+0.24
基準ラック 歯形	並歯		相手歯車転位係数	B車 0 C車 −0.54
モジュール	6.5		相手歯車歯数	B車 20 C車 54
圧力角	20°		相手歯車との中心距離	B車 99 C車 206
歯数	10		かみあいピッチ円直径	B車 66 C車 64.4
基準ピッチ円直径	65		転位量	+1.56
			歯底円直径	51.87

平歯車	A	B
歯車歯形	転位	標準
基準ラック 歯形	並歯	並歯
モジュール	6.5	6.5
圧力角	20°	20°
歯数	10	10
基準ピッチ円直径	65	130
備考 転位係数	+0.24	0
相手歯車転位係数	C車−0.54	D車+0.24
相手歯車歯数	C車 54	D車 10
相手歯車との中心距離	C車 206	D車 99
かみあいピッチ円直径	64.4	132
転位量	+1.56	0
歯底円直径	51.87	113.75

つめ車	
外径	128
つめ数	16
モジュール	8

照合番号	品名	材料	個数	質量	工程	備考
204	右側フレーム山形鋼取付リベット	SWRM6	3		ソ	冷間丸リベット 8×22
203	右側フレーム軸受取付リベット	SWBM6	5		ソ	冷間丸リベット 8×22
202	右側フレーム用山形鋼	SS400	1		セ・キ	
201	右側フレーム用軸受	FC250	1		木・イ・キ	
104	左側フレーム山形鋼取付リベット	SWRM6	3		ソ	冷間丸リベット 8×22
103	左側フレーム軸受取付リベット	SWRM6	5		ソ	冷間丸リベット 8×22
102	右側フレーム用山形鋼	SS400	1		セ・キ	
101	右側フレーム用軸受	FC250	1		木・イ・キ	
28	ブレーキレバー	SS400	1		セ・キ	
24	ブレーキ帯	SS490	1		セ・キ	
12	中間歯車	FC250	1		セ・キ	
8	ピニオン	FC250	1		木・イ・キ	
3	巻き胴	FC250	1		木・イ・キ	
2	右側フレーム	SS400	1		木・イ・キ	
1	左側フレーム	SS400	1		木・イ・キ	

提出年月日	年 月 日	投影法		尺度	1:2
校名		図名	300 kg 手巻きウインチ（2）		
所属番号	年 科 番				
氏名		図番	A2-028		

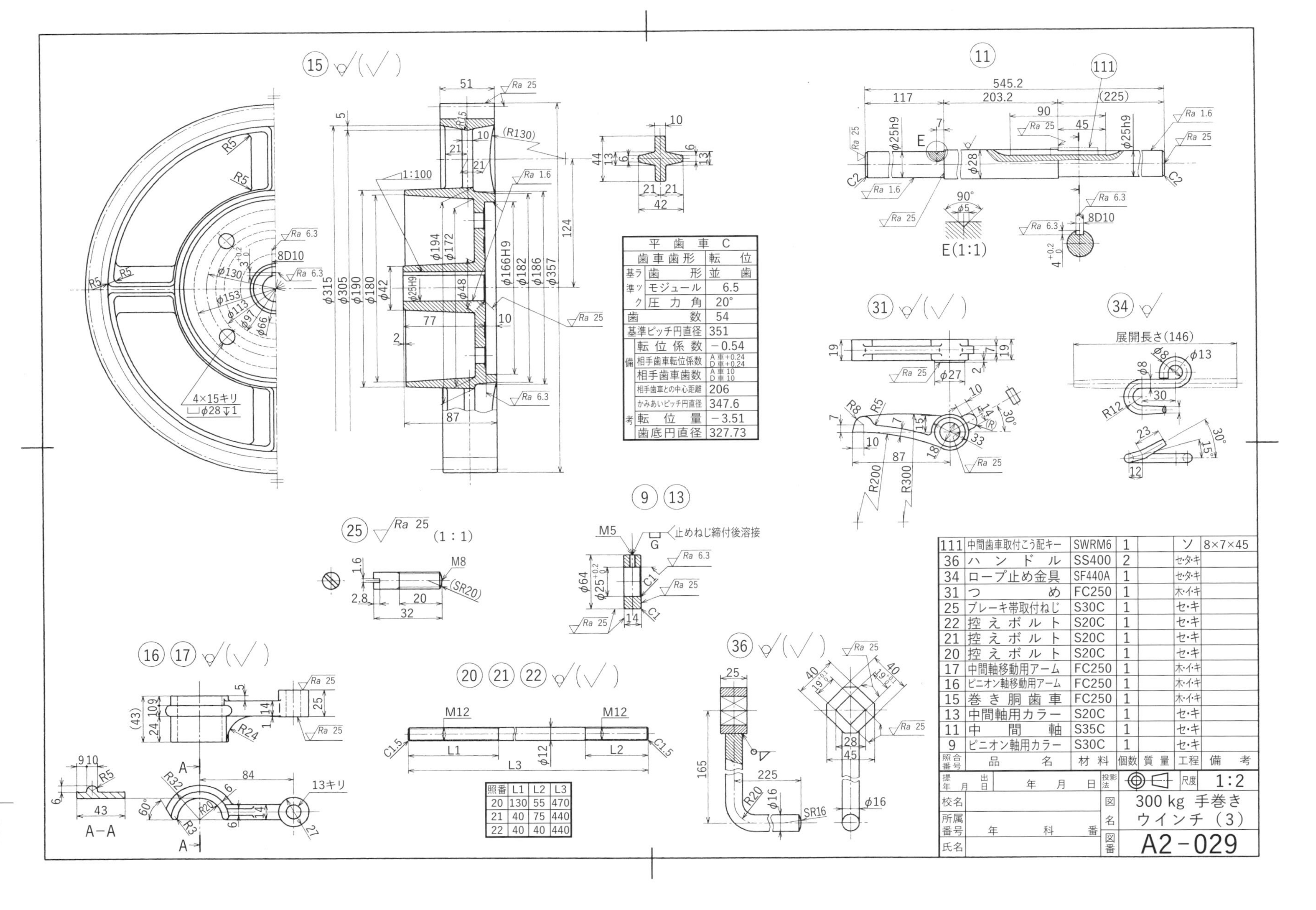

111 中間歯車取付けこう配キー SWRM6 1 ソ 8×7×45
36 ハンドル SS400 2 セ・タ・キ
34 ロープ止め金具 SF440A 1 セ・タ・キ
31 つめ FC250 1 ホ・イ・キ
25 ブレーキ帯取付ねじ S30C 1 セ・キ
22 控えボルト S20C 1 セ・キ
21 控えボルト S20C 1 セ・キ
20 控えボルト S20C 1 セ・キ
17 中間軸移動用アーム FC250 1 ホ・イ・キ
16 ピニオン軸移動用アーム FC250 1 ホ・イ・キ
15 巻き胴歯車 FC250 1 ホ・イ・キ
13 中間軸用カラー S20C 1 セ・キ
11 中間軸 S35C 1 セ・キ
9 ピニオン軸用カラー S30C 1 セ・キ
照合番号 品名 材料 個数 質量 工程 備考
尺度 1:2
300 kg 手巻きウインチ（3）
A2-029
校名 所属 番号 氏名
平歯車 C
歯車歯形 転位
基準ラック 歯形 並歯
モジュール 6.5
圧力角 20°
歯数 54
基準ピッチ円直径 351
転位係数 −0.54
相手歯車歯数 A車 10 D車 10
相手歯車との中心距離 206
かみあいピッチ円直径 347.6
転位量 −3.51
歯底円直径 327.73
照番 L1 L2 L3
20 130 55 470
21 40 75 440
22 40 40 440
展開長さ(146)
止めねじ締付後溶接
4×15キリ
13キリ
E(1:1)
A−A

18 500 kg 手巻きウインチ

500 kg Hand winch

起重機用 3 トン フォーリング ブロック

3 ton Falling block

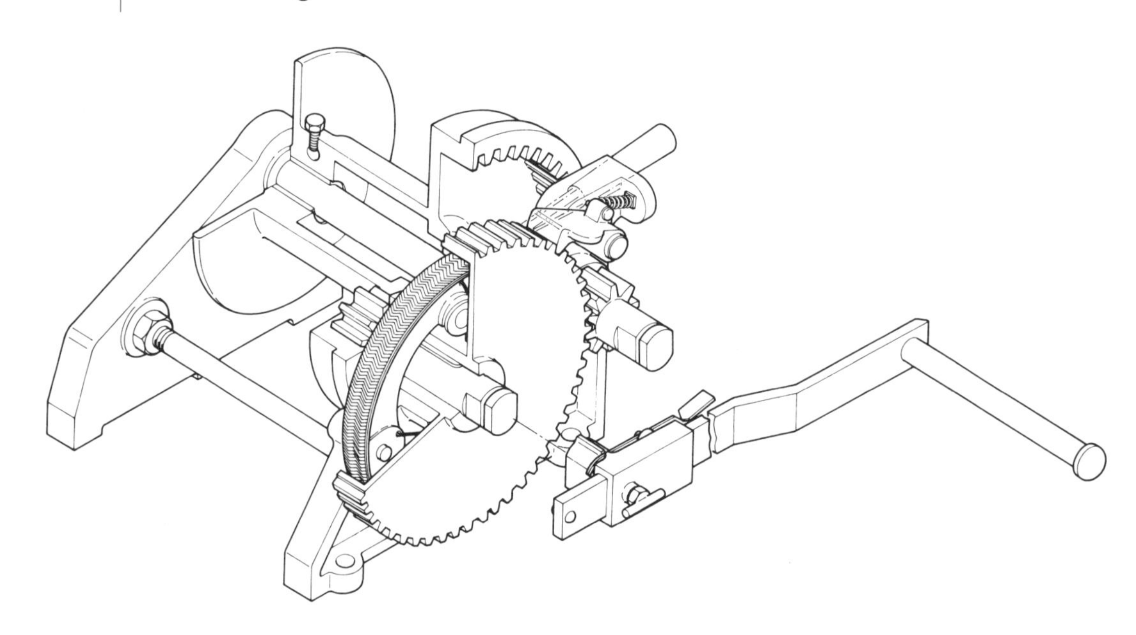

18-1 500 kg 手巻きウインチ

使用法の概略

17 と同様である．本機はつり上げ荷重 500 kg（質量），一段減速（減速比 1/4.5），二段減速（減速比 1/22.5）で持運びに便利なように小形化されている．

製図上の注意事項

フレーム ⑽，⑽，つめ ㊻，巻き胴 ⑳，歯車 ㉚，ブレーキ シュー ㊷ などいずれも鋳鉄製（FC 200）で，しゅう動部または他部品との接触面は必要に応じて機械加工して製作される．フレーム ⑽，⑽ は大きさが異なる多数の穴があいているので，部品図における正面図では，これらの穴の中心軸を通って断面を行う，いわゆる階段状断面法を用いている．巻き胴 ⑳ の軸受は，別に機械加工したブシュ ㉕ を圧入してつくるので，その状態を想像線で示した．軸 ㉜，㉟ にあるピニオンでは，㉟ は歯数 10 で転位を行わないため，歯形は歯元部で狭まったアンダカットの歯形をしている．C 形止め輪 ㉝，㉗ およびグリース ニップル ⑮ などは市販品であるので，詳細寸法は省略する．

クランク アーム 501 および同部品 503 などの折曲げ加工を施してつくられるものは，できるだけ展開図を示す．

18-2 起重機用 3 トン フォーリング ブロック

使用法の概略

重量物をつり下げるワイヤ ロープ用滑車 2 個とフックからできている．鋼索用プーリは固定軸 ③ の回りに自由回転するようになっていて，ブシュが滑車ボス部にねじ止めされている．またその潤滑は軸心部にあるグリースだめを押しねじで押して供給する．

製図上の注意事項

本図は組立図と製作図を兼用している．

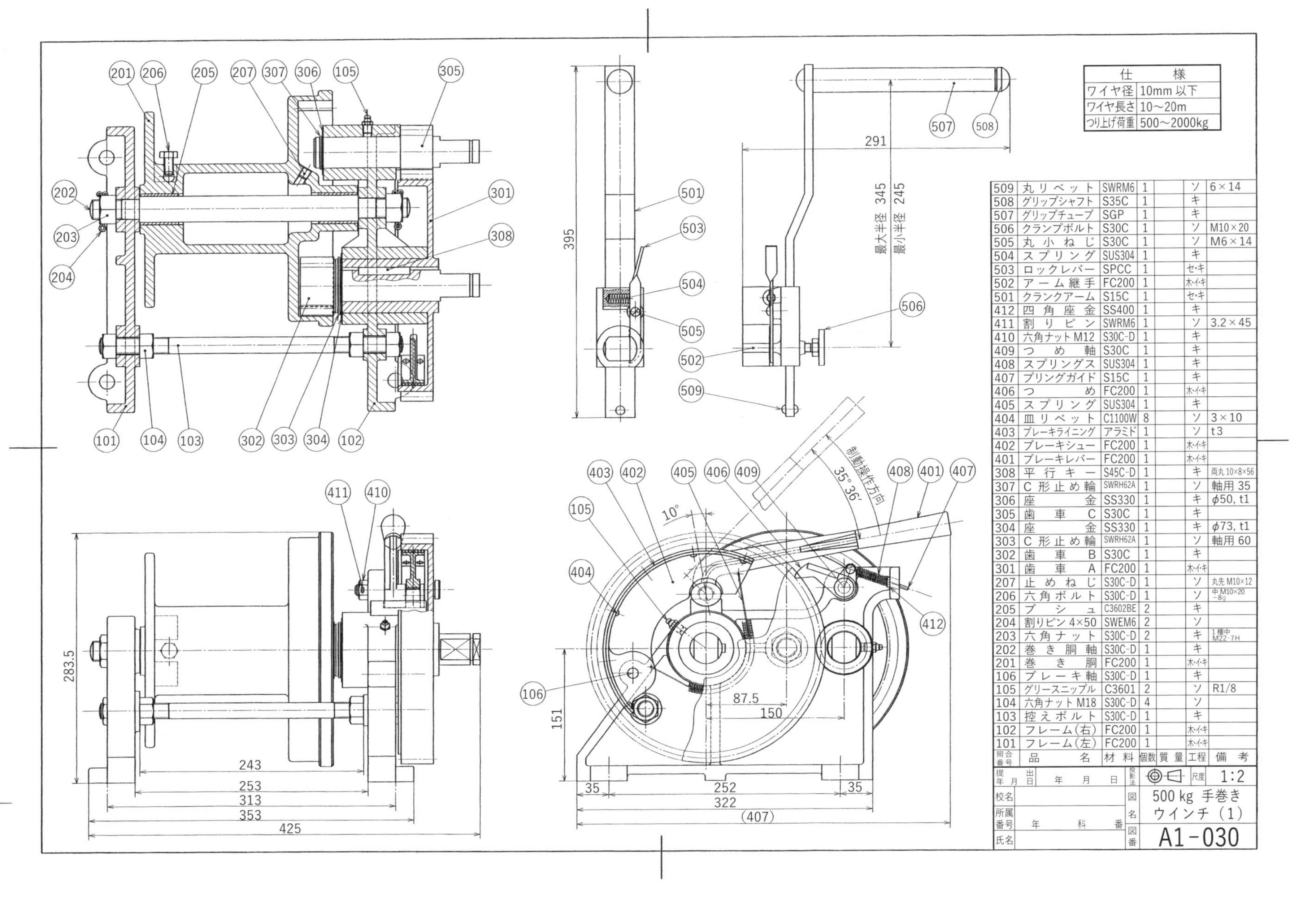

仕	様
ワイヤ径	10mm 以下
ワイヤ長さ	10~20m
つり上げ荷重	500~2000kg

照合番号	品名	材料	個数	質量	工程	備考
509	丸リベット	SWRM6	1		ソ	6×14
508	グリップシャフト	S35C	1		キ	
507	グリップチューブ	SGP	1		キ	
506	クランプボルト	S30C	1		ソ	M10×20
505	丸小ねじ	S30C	1		ソ	M6×14
504	スプリング	SUS304	1		キ	
503	ロックレバー	SPCC	1		セ・キ	
502	アーム継手	FC200	1		ホ・イ・キ	
501	クランクアーム	S15C	1		セ・キ	
412	四角座金	SS400	1		キ	
411	割りピン	SWRM6	1		ソ	3.2×45
410	六角ナットM12	S30C-D	1		キ	
409	つめ軸	S30C	1		キ	
408	スプリングス	SUS304	1		キ	
407	プリングガイド	S15C	1		キ	
406	つめ	FC200	1		ホ・イ・キ	
405	スプリング	SUS304	1		キ	
404	皿リベット	C1100W	8		ソ	3×10
403	ブレーキライニング	アラミド	1		ソ	t3
402	ブレーキシュー	FC200	1		ホ・イ・キ	
401	ブレーキレバー	FC200	1		ホ・イ・キ	
308	平行キー	S45C-D	1		キ	両丸10×8×56
307	C形止め輪	SWRH62A	1		ソ	軸用35
306	座金	SS330	1		キ	φ50, t1
305	歯車C	S30C	1		キ	
304	座金	SS330	1		キ	φ73, t1
303	C形止め輪	SWRH62A	1		ソ	軸用60
302	歯車B	S30C	1		キ	
301	歯車A	FC200	1		ホ・イ・キ	
207	止めねじ	S30C-D	1		ソ	丸先M10×12
206	六角ボルト	S30C-D	1		ソ	中M10×20 −8g
205	ブッシュ	C3602BE	2		キ	
204	割りピン4×50	SWEM6	2		ソ	
203	六角ナット	S30C-D	2		キ	1種中M22-7H
202	巻き胴軸	S30C-D	1		キ	
201	巻き胴	FC200	1		ホ・イ・キ	
106	ブレーキ軸	S30C-D	1		キ	
105	グリースニップル	C3601	2		ソ	R1/8
104	六角ナットM18	S30C-D	4		ソ	
103	控えボルト	S30C-D	1		キ	
102	フレーム(右)	FC200	1		ホ・イ・キ	
101	フレーム(左)	FC200	1		ホ・イ・キ	

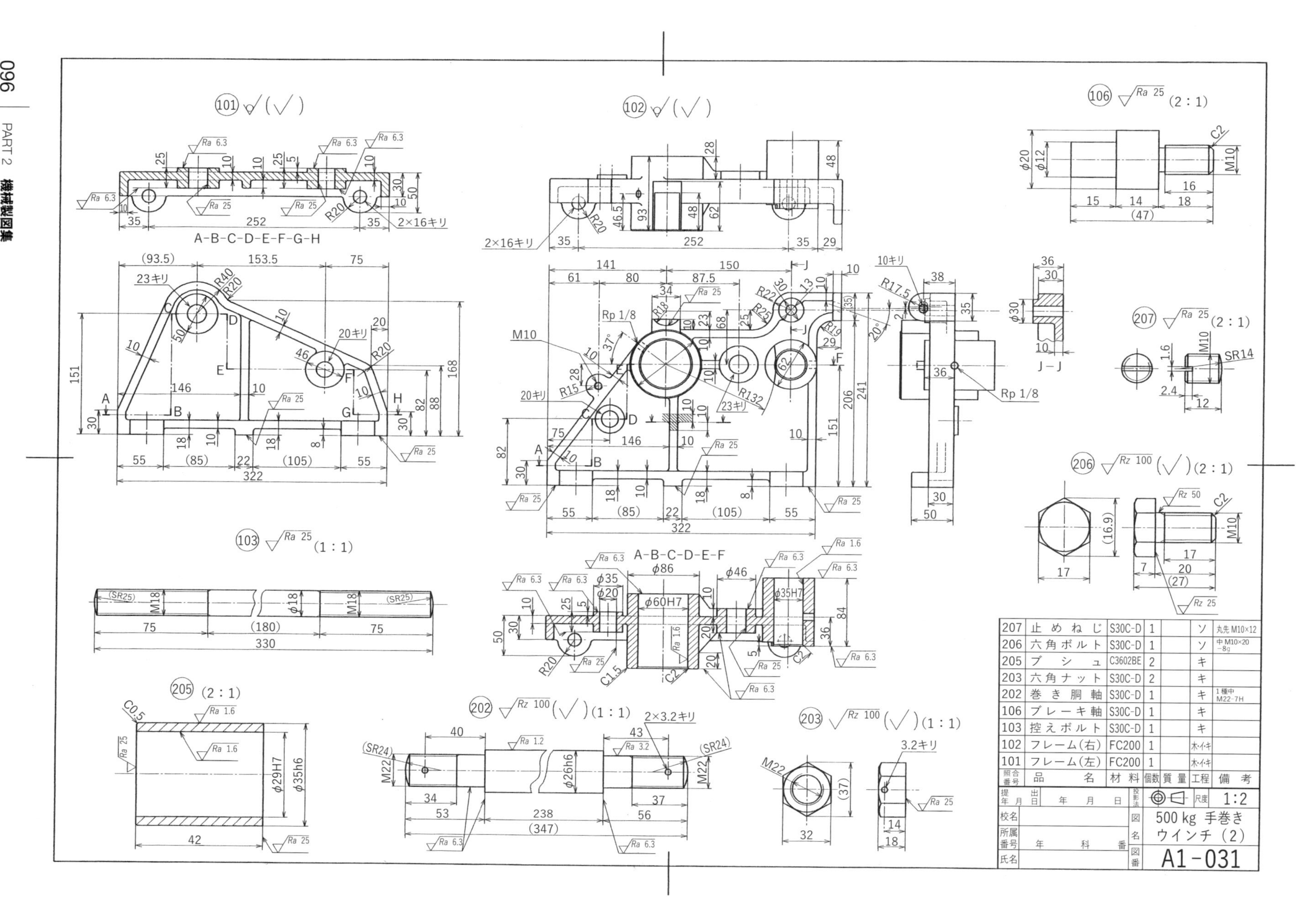
207 止めねじ S30C-D 1 ソ 丸先 M10×12
206 六角ボルト S30C-D 1 ソ 中 M10×20 -8g
205 ブシュ C3602BE 2 キ
203 六角ナット S30C-D 2 キ
202 巻き胴軸 S30C-D 1 キ 1種中 M22-7H
106 ブレーキ軸 S30C-D 1 キ
103 控えボルト S30C-D 1 キ
102 フレーム(右) FC200 1 ホ・イ・キ
101 フレーム(左) FC200 1 ホ・イ・キ
照合番号 品名 材料 個数 質量 工程 備考
尺度 1:2
図名 500 kg 手巻きウインチ(2)
図番 A1-031
校名 所属番号 氏名

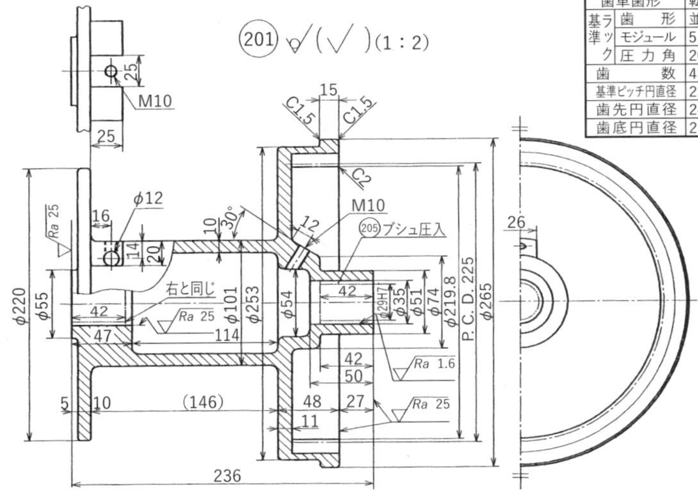

平歯車				
歯車歯形	転位	備考	転位係数	+0.480
基準ラック 歯形	並歯		歯末のたけ	2.6
基準ラック モジュール	5		歯元のたけ	8.65
基準ラック 圧力角	20°		全歯たけ	11.25
歯数	45		相手歯車歯数	10
基準ピッチ円直径	225		相手歯車転位係数	+0.480
歯先円直径	242.3		中心距離	87.5
歯底円直径	219.8		かみあいピッチ円直径	225
			かみあい率	1.504

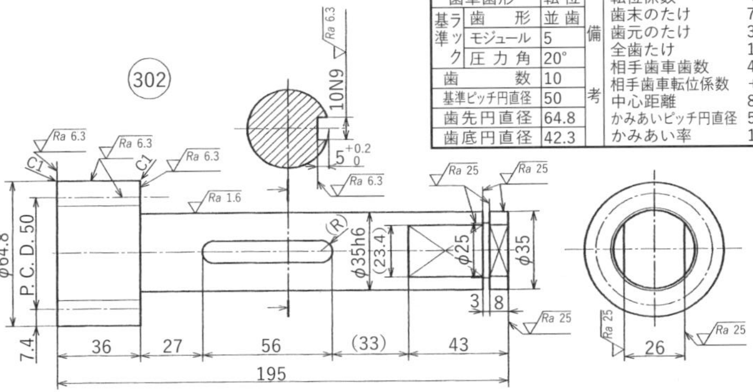

平歯車				
歯車歯形	転位	備考	転位係数	+0.480
基準ラック 歯形	並歯		歯末のたけ	7.4
基準ラック モジュール	5		歯元のたけ	3.85
基準ラック 圧力角	20°		全歯たけ	11.25
歯数	10		相手歯車歯数	45
基準ピッチ円直径	50		相手歯車転位係数	+0.480
歯先円直径	64.8		中心距離	87.5
歯底円直径	42.3		かみあいピッチ円直径	50
			かみあい率	1.504

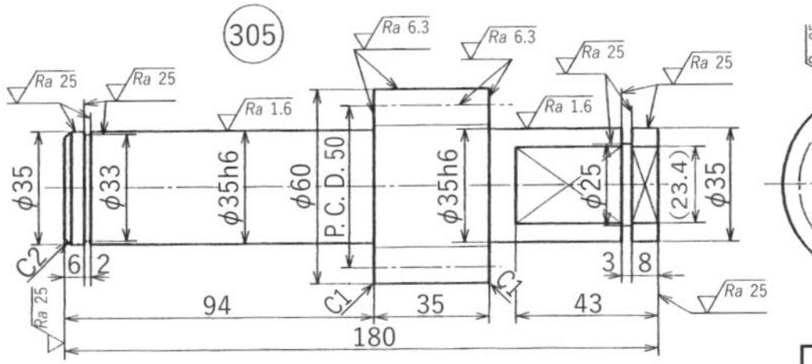

平歯車				
歯車歯形	標準	備考	歯底円直径	237.5
基準ラック 歯形	並歯		歯末のたけ	5.0
基準ラック モジュール	5		歯元のたけ	6.25
基準ラック 圧力角	20°		全歯たけ	11.25
歯数	50		頂げき	1.25
基準ピッチ円直径	250		相手歯車歯数	10
歯先円直径	260		中心距離	150.0
			かみあい率	1.562

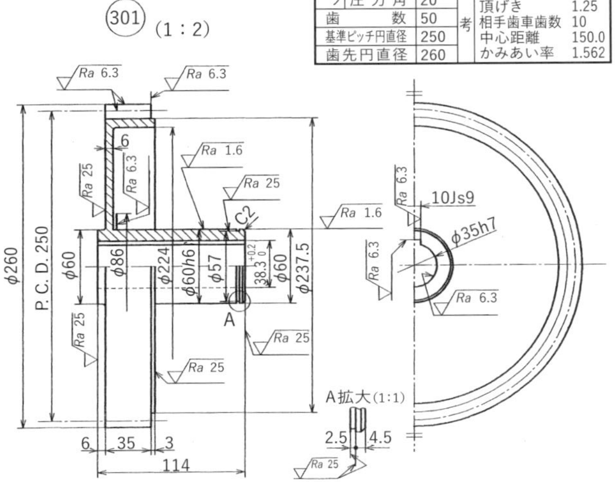

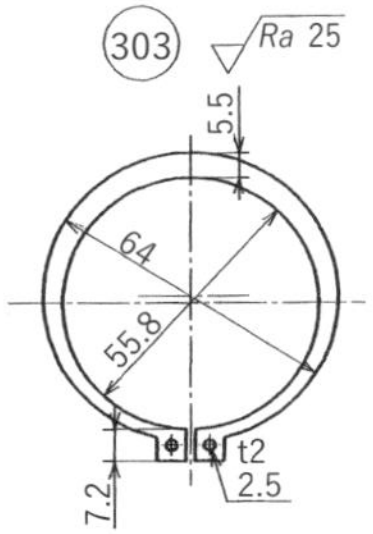

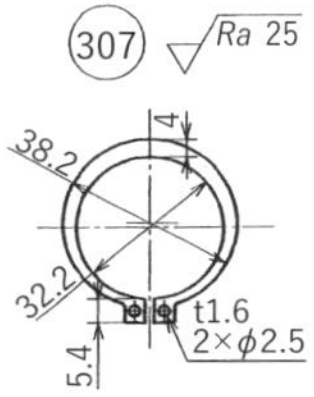

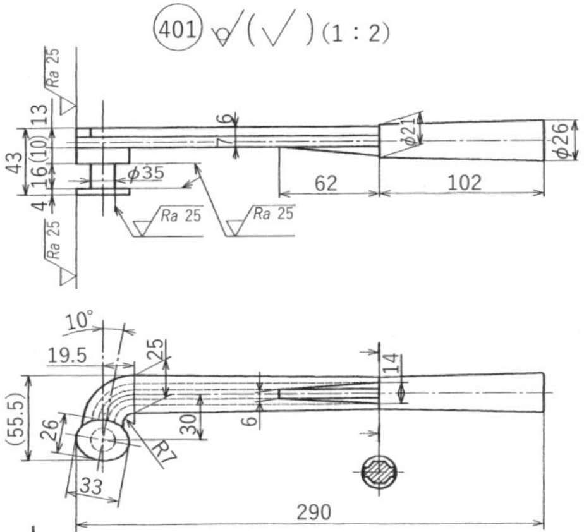

平歯車				
歯車歯形	標準	備考	歯底円直径	37.5
基準ラック 歯形	並歯		歯末のたけ	5.0
基準ラック モジュール	5		歯元のたけ	6.25
基準ラック 圧力角	20°		全歯たけ	11.25
歯数	10		頂げき	1.25
基準ピッチ円直径	50		相手歯車歯数	50
歯先円直径	60		中心距離	150.0
			かみあい率	1.562

照合番号	品名	材料	個数	質量	工程	備考
401	ブレーキレバー	FC200	1		木・イ・キ	
307	C形止め輪	SNRH62A	1		ソ	軸用 35
305	歯車 C	S30C	2		キ	
303	C形止め輪	SNRH62A	2		ソ	軸用 60
302	歯車 B	S30C	1		キ	
301	歯車 A	FC200	1		木・イ・キ	
205	ブシュ	S3602BE	2		キ	
201	巻き胴	FC200	1		木・イ・キ	

提出 年月日	年 月 日	投影法	尺度 1:1
校名		図名	500 kg 手巻きウインチ（3）
所属番号	年 科 番		
氏名		図番	A1-032

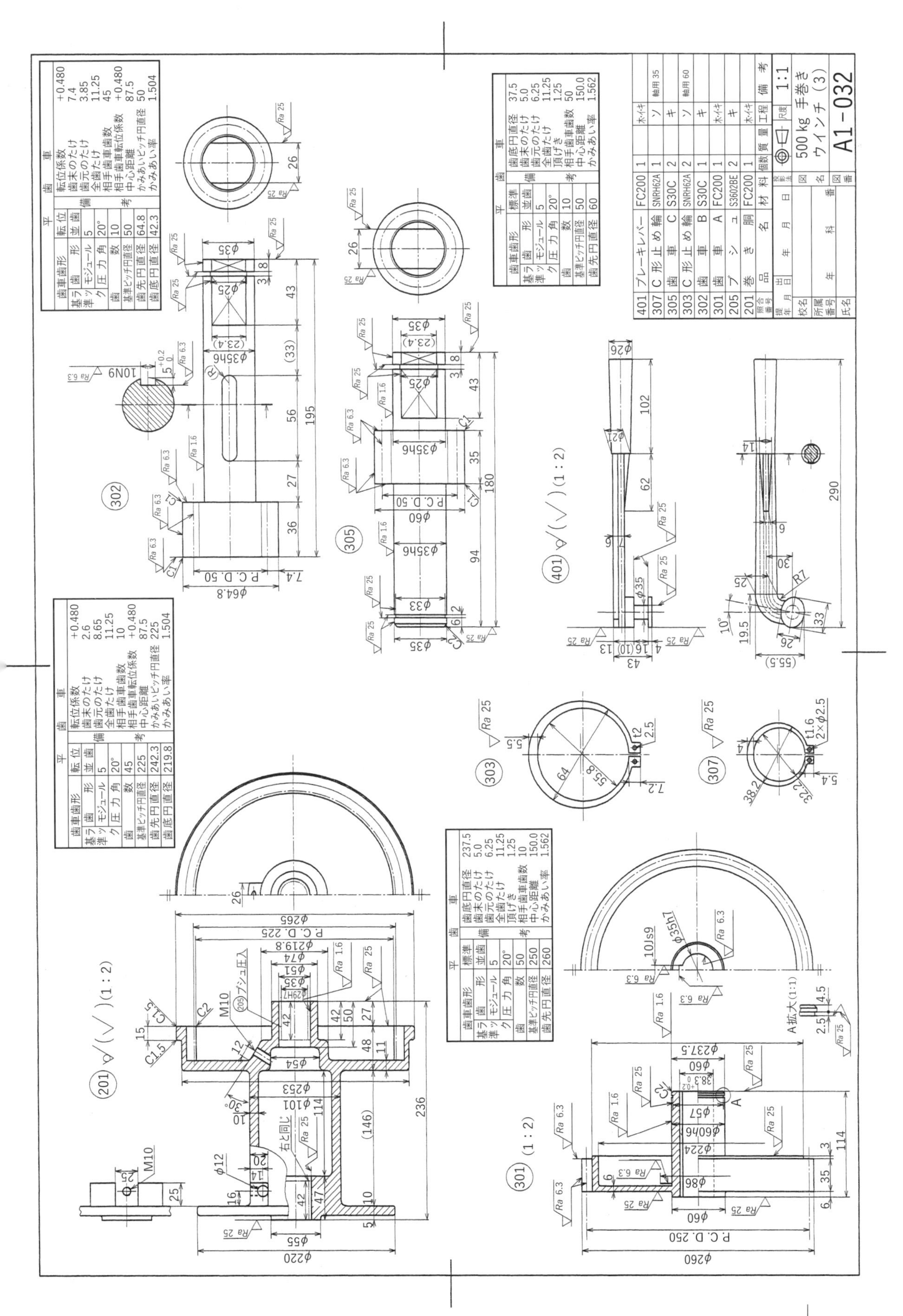

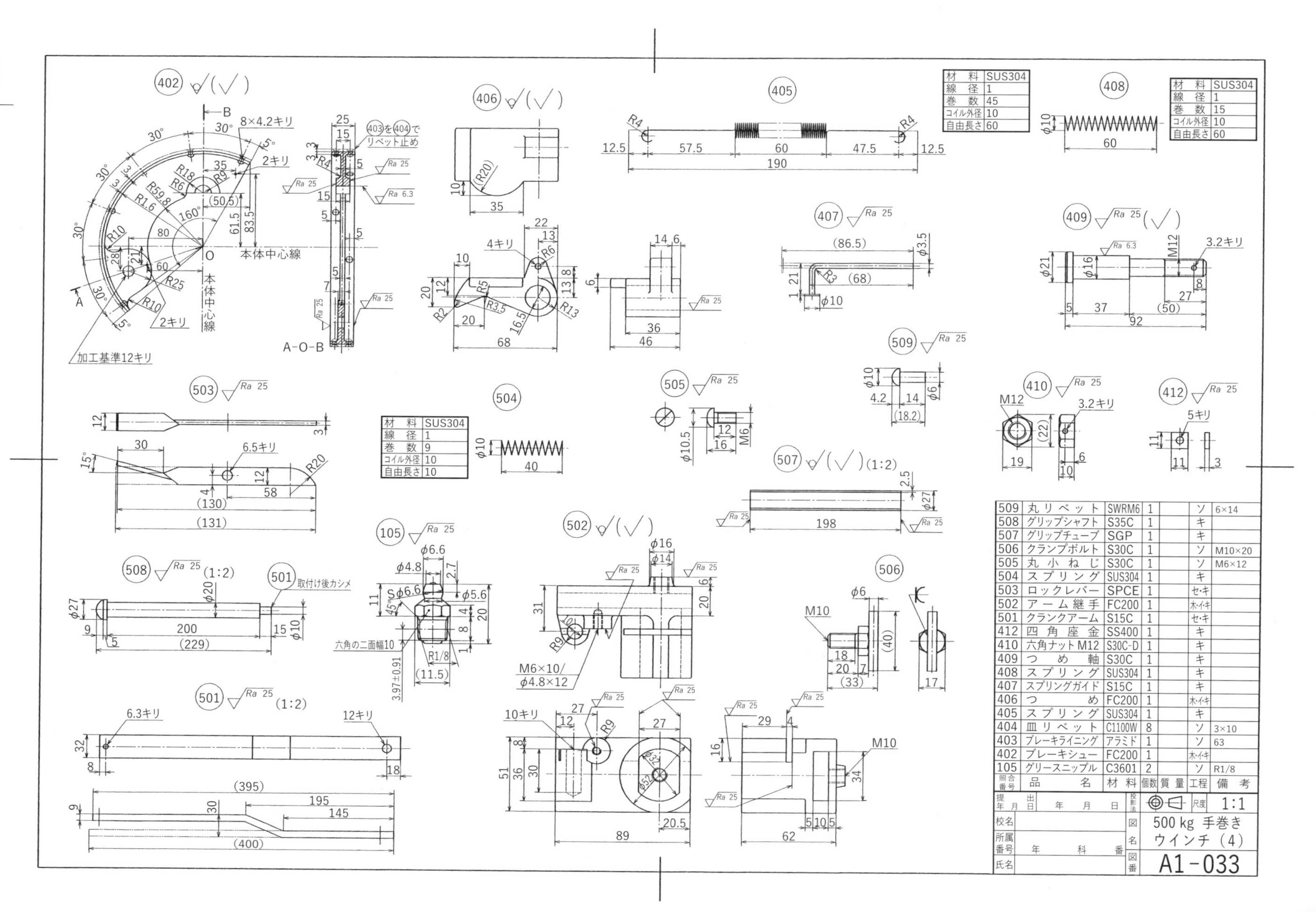
509 丸リベット SWRM6 1 ソ 6×14
508 グリップシャフト S35C 1 キ
507 グリップチューブ SGP 1 キ
506 クランプボルト S30C 1 ソ M10×20
505 丸小ねじ S30C 1 ソ M6×12
504 スプリング SUS304 1 キ
503 ロックレバー SPCE 1 セ・キ
502 アーム継手 FC200 1 木・イ・キ
501 クランクアーム S15C 1 セ・キ
412 四角座金 SS400 1 キ
410 六角ナットM12 S30C-D 1 キ
409 つめ軸 S30C 1 キ
408 スプリング SUS304 1 キ
407 スプリングガイド S15C 1 キ
406 つめ FC200 1 木・イ・キ
405 スプリング SUS304 1 キ
404 皿リベット C1100W 8 ソ 3×10
403 ブレーキライニング アラミド 1 ソ 63
402 ブレーキシュー FC200 1 木・イ・キ
105 グリースニップル C3601 2 ソ R1/8
照合番号 品名 材料 個数 質量 工程 備考
尺度 1:1
図名 500 kg 手巻きウインチ(4)
図番 A1-033

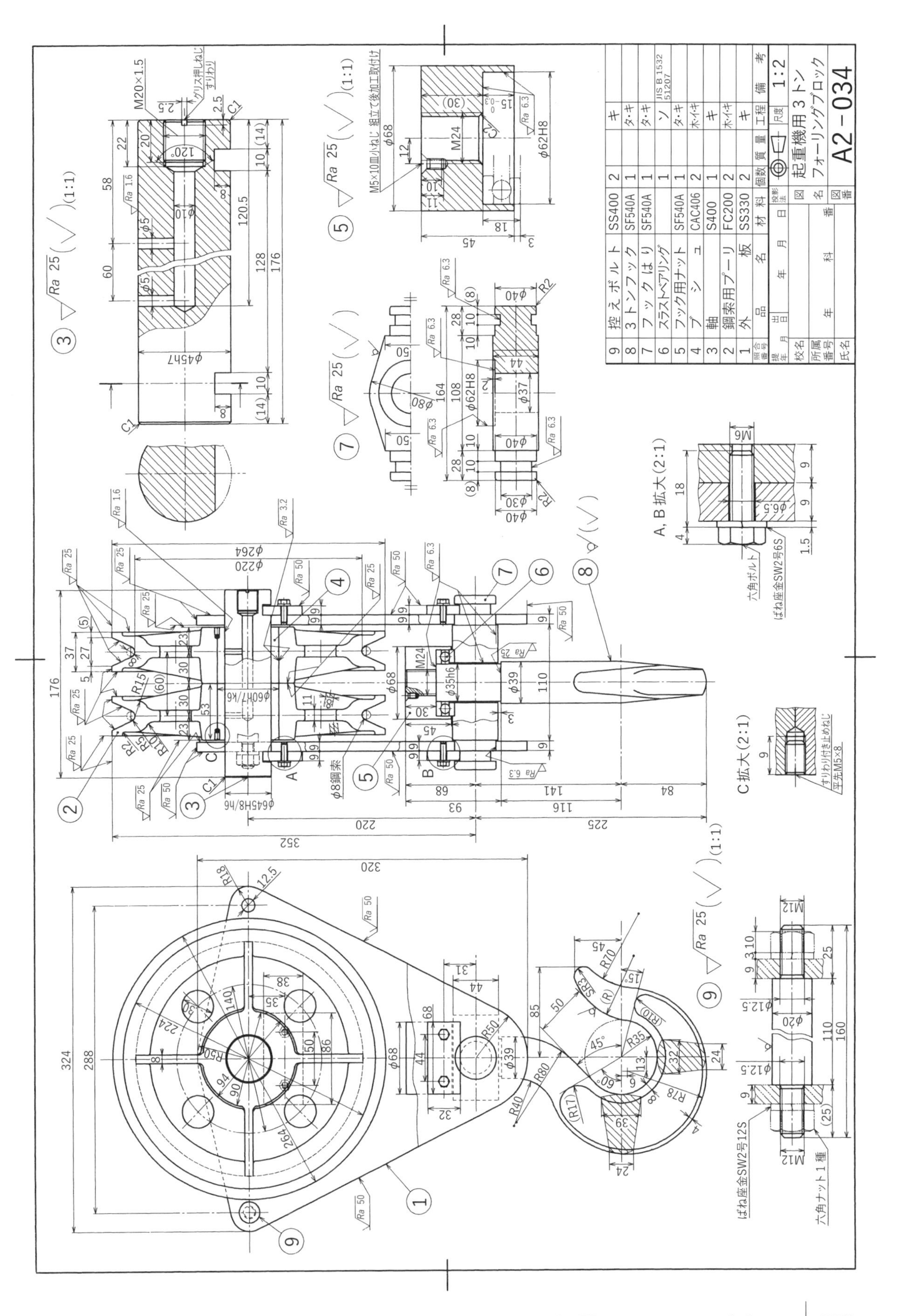

照合番号	品名	材料	個数	質量	工程	備考
9	控えボルト	SS400	2		キ	
8	3トンフック	SF540A	1		タ・キ	
7	フック（はり）	SF540A	1		タ・キ	
6	スラストベアリング		1		ソ	JIS B 1532 51207
5	フック用ナット	SF540A	1		タ・キ	
4	ブシュ	CAC406	2		ホ・イ・キ	
3	軸	S400	1		キ	
2	鋼索用プーリ	FC200	2		ホ・イ・キ	
1	外板	SS330	2		キ	

19 1/200 - 0.2 kW 減速機

0.2 kW Reduction gear box

スラスト軸受台

Thrust ball bearing

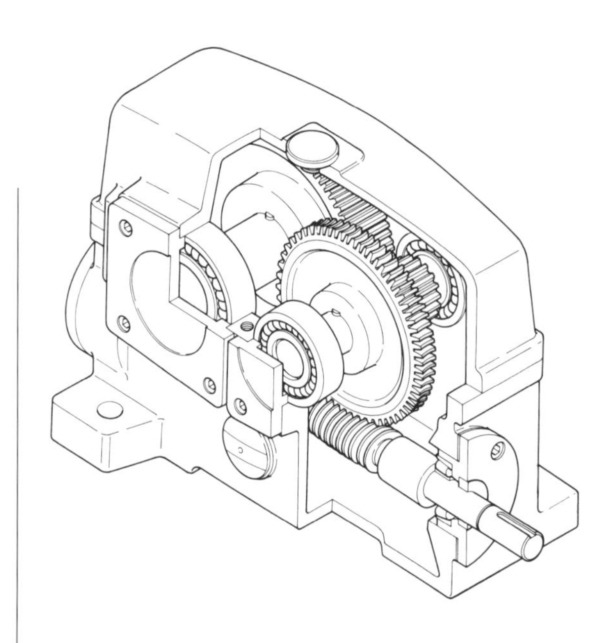

19-1 1/200 - 0.2 kW 減速機

使用法の概略

歯車による減速法は，容積が小さくてすみ，正確な速度伝達比が得られ，しかも機械効率が高い．

本機はウォーム ギヤ（worm gear）および平歯車（spur gear）を用いた二段式で，速度伝達比 1/200，所要動力 0.2 kW である．本機の潤滑油は密閉されたケーシング中に一定量ためられたものを歯車自身の回転によって各部に行きわたるようになっている．軸受はいずれも転がり軸受で，ウォーム軸（入力軸）③はかみあいによる軸方向の推力を円すいころ軸受で受けとめている．また同軸 ③ には，位置調節ねじ ⑲ があって，調整できるようになっている．

製図上の注意事項

組立図においては全断面を採用し，内部構造を明示した．組立図にはさらに仕様表を示し，その性能，動力などを記入する．

部品図における本体 ①，② は，ともに鋳鉄製（FC 300）で，種々な加工が施されるので，その寸法記入法はとくに加工法別に記入することが必要である．ウォーム ホイール ⑥ は鋳鉄製であるが，歯の部分はあとから黄銅を鋳造し，肉盛りしてブランク（歯切りする前の素材の状態）をつくり，以後歯切りしたものである．これらの加工はできるだけ図面中に指示した方がよい．

部品図における玉軸受 ⑧，⑨ および円すいころ軸受 ⑩ はいずれも市販品であるため，記号による簡略図示法を用いた．

19-2 スラスト軸受台

使用法の概略

ウォーム軸などかみあいにともなってスラスト力を生じるような場合に用いられる．

本課題のものは軸径 70 mm で，自動調心ラジアル玉軸受 ⑩，調心座金付き複式スラスト玉軸受 ⑪およびそのハウジング ③ などからできていて，⑮ および ⑯ のビス穴から注油する密閉形のものである．

製図上の注意事項

軸受台本体の図面であるから，玉軸受 ⑩，⑪ は簡略図示によらず，実体に似た形になるような略図で描く．そのため，軸受の主要寸法を JIS または製作所カタログより求める必要がある．オイル シール ⑨ も同様とする．後出の**図 2**（**p.106**）に一例を示す．

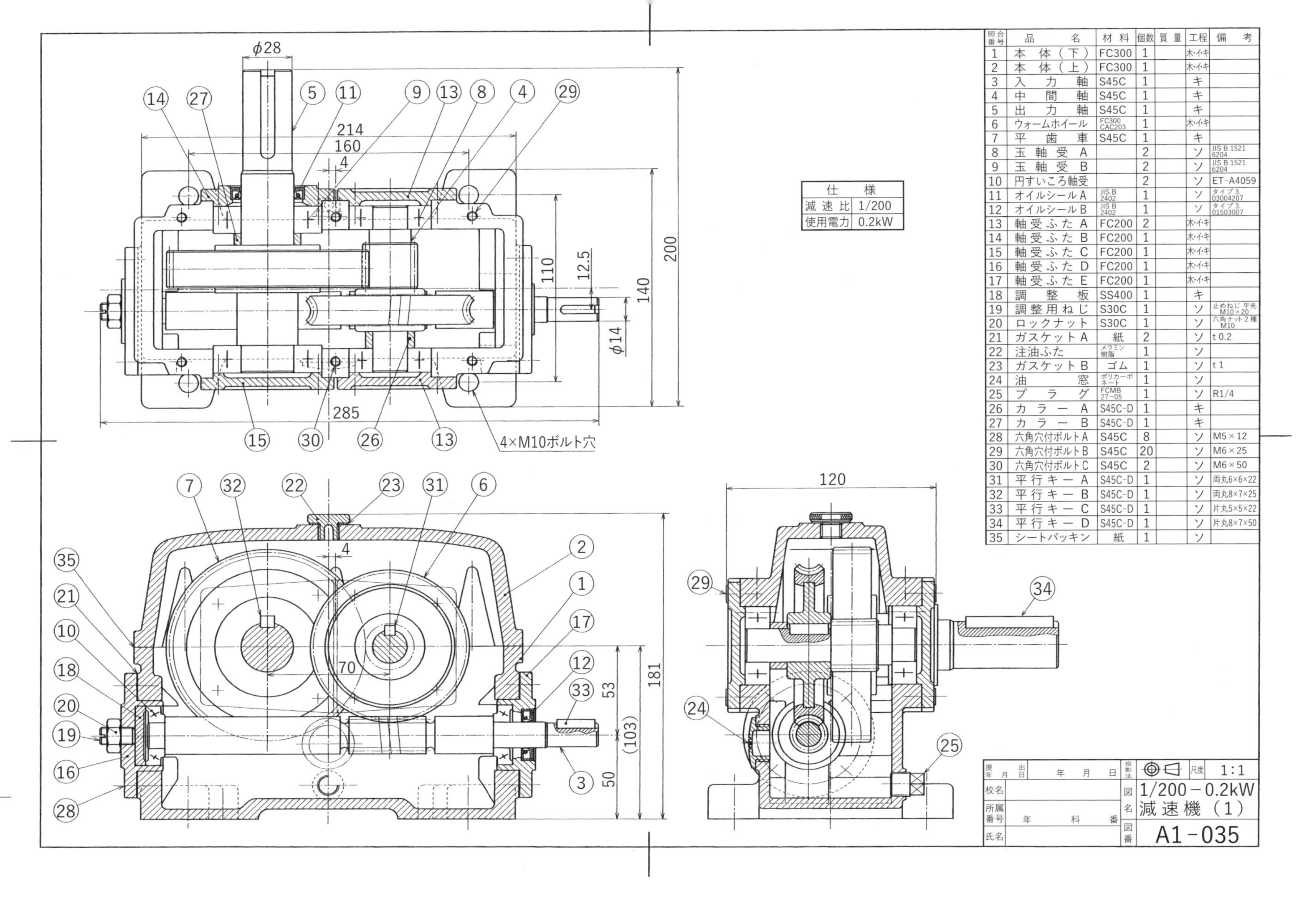

照合番号	品名	材料	個数	質量	工程	備考
1	本体（下）	FC300	1		木･イ･キ	
2	本体（上）	FC300	1		木･イ･キ	
3	入力軸	S45C	1		キ	
4	中間軸	S45C	1		キ	
5	出力軸	S45C	1		キ	
6	ウォームホイール	FC300 CAC203	1		木･イ･キ	
7	平歯車	S45C	1		キ	
8	玉軸受A		2		ソ	JIS B 1521 6204
9	玉軸受B		2		ソ	JIS B 1521 6204
10	円すいころ軸受		2		ソ	ET-A4059
11	オイルシールA	JIS B 2402	1		ソ	タイプ3, 03004207
12	オイルシールB	JIS B 2402	1		ソ	タイプ3, 01503007
13	軸受ふたA	FC200	2		木･イ･キ	
14	軸受ふたB	FC200	1		木･イ･キ	
15	軸受ふたC	FC200	1		木･イ･キ	
16	軸受ふたD	FC200	1		木･イ･キ	
17	軸受ふたE	FC200	1		木･イ･キ	
18	調整板	SS400	1		キ	
19	調整用ねじ	S30C	1		ソ	止めねじ 平先 M10×20
20	ロックナット	S30C	1		ソ	六角ナット2種 M10
21	ガスケットA	紙	2		ソ	t 0.2
22	注油ふた	メラミン樹脂	1		ソ	
23	ガスケットB	ゴム	1		ソ	t 1
24	油窓	ポリカーボネート	1		ソ	
25	プラグ	FCMB 27-05	1		ソ	R1/4
26	カラーA	S45C-D	1		キ	
27	カラーB	S45C-D	1		キ	
28	六角穴付ボルトA	S45C	8		ソ	M5×12
29	六角穴付ボルトB	S45C	20		ソ	M6×25
30	六角穴付ボルトC	S45C	2		ソ	M6×50
31	平行キーA	S45C-D	1		ソ	両丸6×6×22
32	平行キーB	S45C-D	1		ソ	両丸8×7×25
33	平行キーC	S45C-D	1		ソ	片丸5×5×22
34	平行キーD	S45C-D	1		ソ	片丸8×7×50
35	シートパッキン	紙	1		ソ	

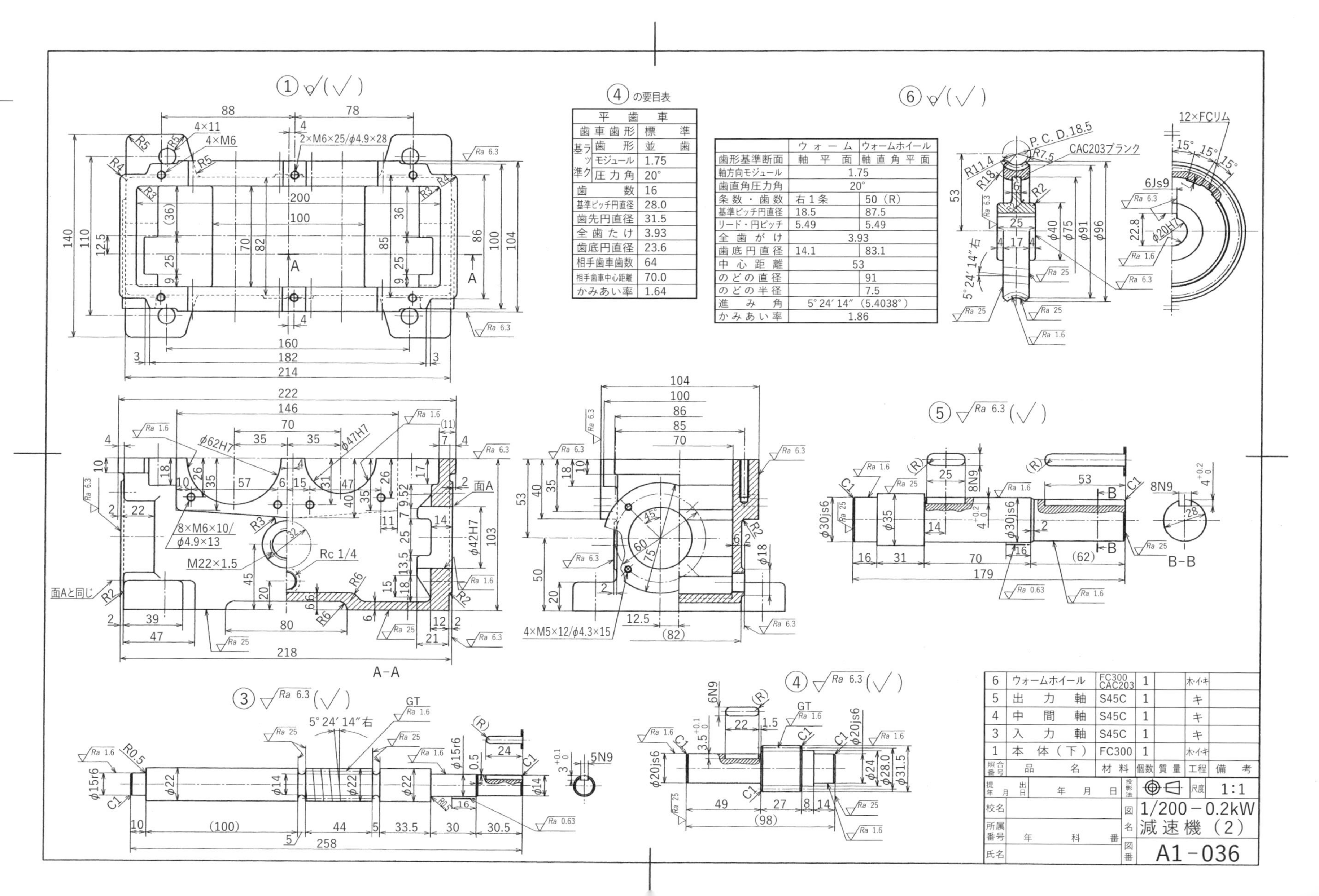

④の要目表

平歯車	
歯車歯形	標準
基準ラック 歯形	並歯
基準ラック モジュール	1.75
基準ラック 圧力角	20°
歯数	16
基準ピッチ円直径	28.0
歯先円直径	31.5
全歯たけ	3.93
歯底円直径	23.6
相手歯車歯数	64
相手歯車中心距離	70.0
かみあい率	1.64

	ウォーム	ウォームホイール
歯形基準断面	軸平面	軸直角平面
軸方向モジュール	1.75	
歯直角圧力角	20°	
条数・歯数	右1条	50 (R)
基準ピッチ円直径	18.5	87.5
リード・円ピッチ	5.49	5.49
全歯がけ	3.93	
歯底円直径	14.1	83.1
中心距離	53	
のどの直径		91
のどの半径		7.5
進み角	5°24′14″ (5.4038°)	
かみあい率	1.86	

照合番号	品名	材料	個数	質量	工程	備考
6	ウォームホイール	FC300 CAC203	1		木・イ・キ	
5	出力軸	S45C	1		キ	
4	中間軸	S45C	1		キ	
3	入力軸	S45C	1		キ	
1	本体（下）	FC300	1		木・イ・キ	

提出 年月日	年 月 日	投影法	尺度 1:1
校名		図名	1/200－0.2kW 減速機（2）
所属番号	年 科 番	図番	A1-036
氏名			

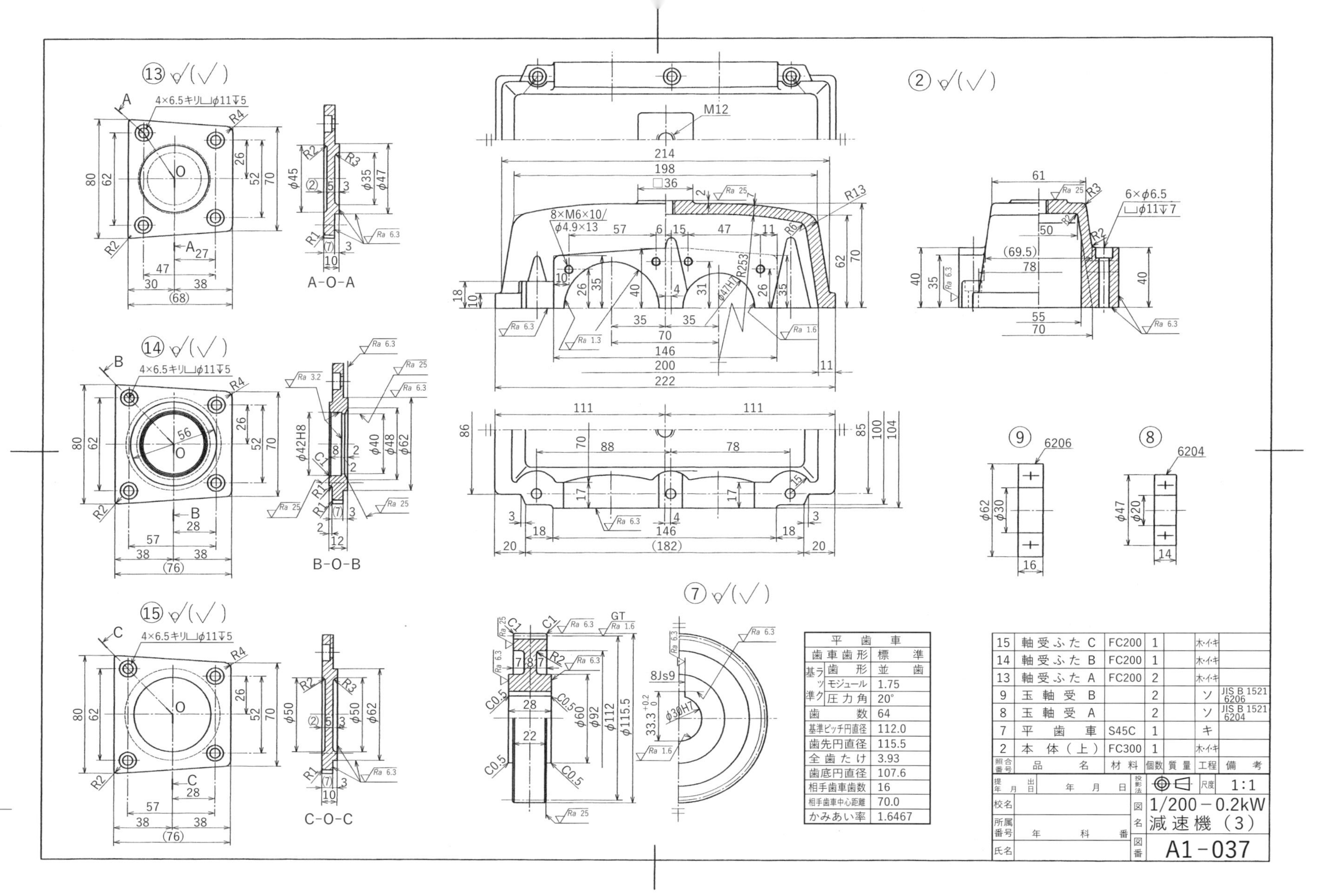

15 軸受ふた C FC200 1 木・イ・キ
14 軸受ふた B FC200 1 木・イ・キ
13 軸受ふた A FC200 2 木・イ・キ
9 玉軸受 B 2 ソ JIS B 1521 6206
8 玉軸受 A 2 ソ JIS B 1521 6204
7 平歯車 S45C 1 キ
2 本体（上） FC300 1 木・イ・キ
照合番号 品名 材料 個数 質量 工程 備考
尺度 1:1
図名 1/200−0.2kW 減速機（3）
図番 A1-037
平歯車
歯車歯形 標準
基準ラック 歯形 並歯
モジュール 1.75
圧力角 20°
歯数 64
基準ピッチ円直径 112.0
歯先円直径 115.5
全歯たけ 3.93
歯底円直径 107.6
相手歯車歯数 16
相手歯車中心距離 70.0
かみあい率 1.6467
A-O-A
B-O-B
C-O-C

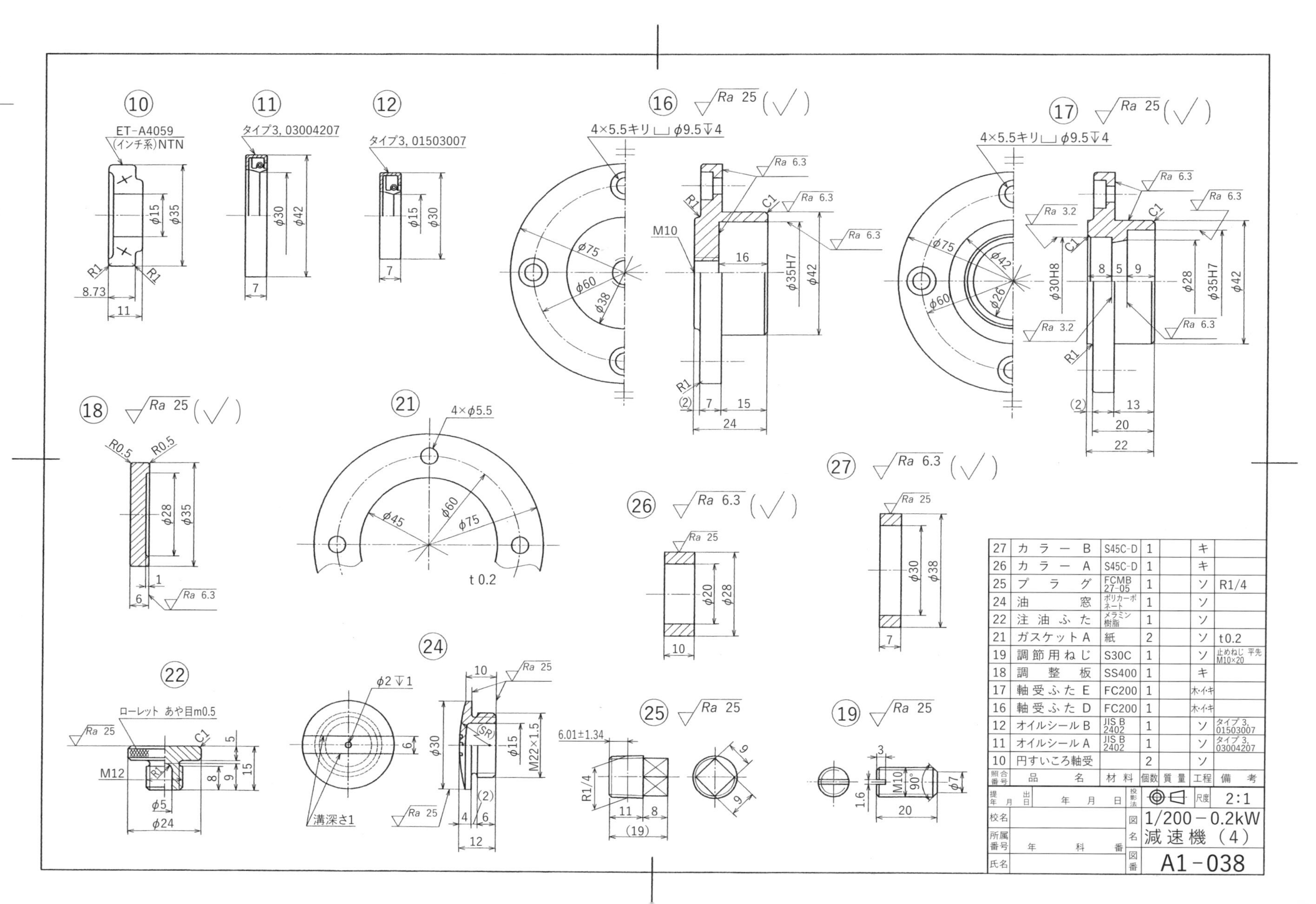

照合番号 品名 材料 個数 質量 工程 備考
27 カラーB S45C-D 1 キ
26 カラーA S45C-D 1 キ
25 プラグ FCMB 27-05 1 ソ R1/4
24 油窓 ポリカーボネート 1 ソ
22 注油ふた メラミン樹脂 1 ソ
21 ガスケットA 紙 2 ソ t0.2
19 調節用ねじ S30C 1 ソ 止めねじ 平先 M10×20
18 調整板 SS400 1 キ
17 軸受ふたE FC200 1 ホ・イ・キ
16 軸受ふたD FC200 1 ホ・イ・キ
12 オイルシールB JIS B 2402 1 ソ タイプ3, 01503007
11 オイルシールA JIS B 2402 1 ソ タイプ3, 03004207
10 円すいころ軸受 2 ソ
尺度 2:1
図名 1/200－0.2kW 減速機（4）
図番 A1－038

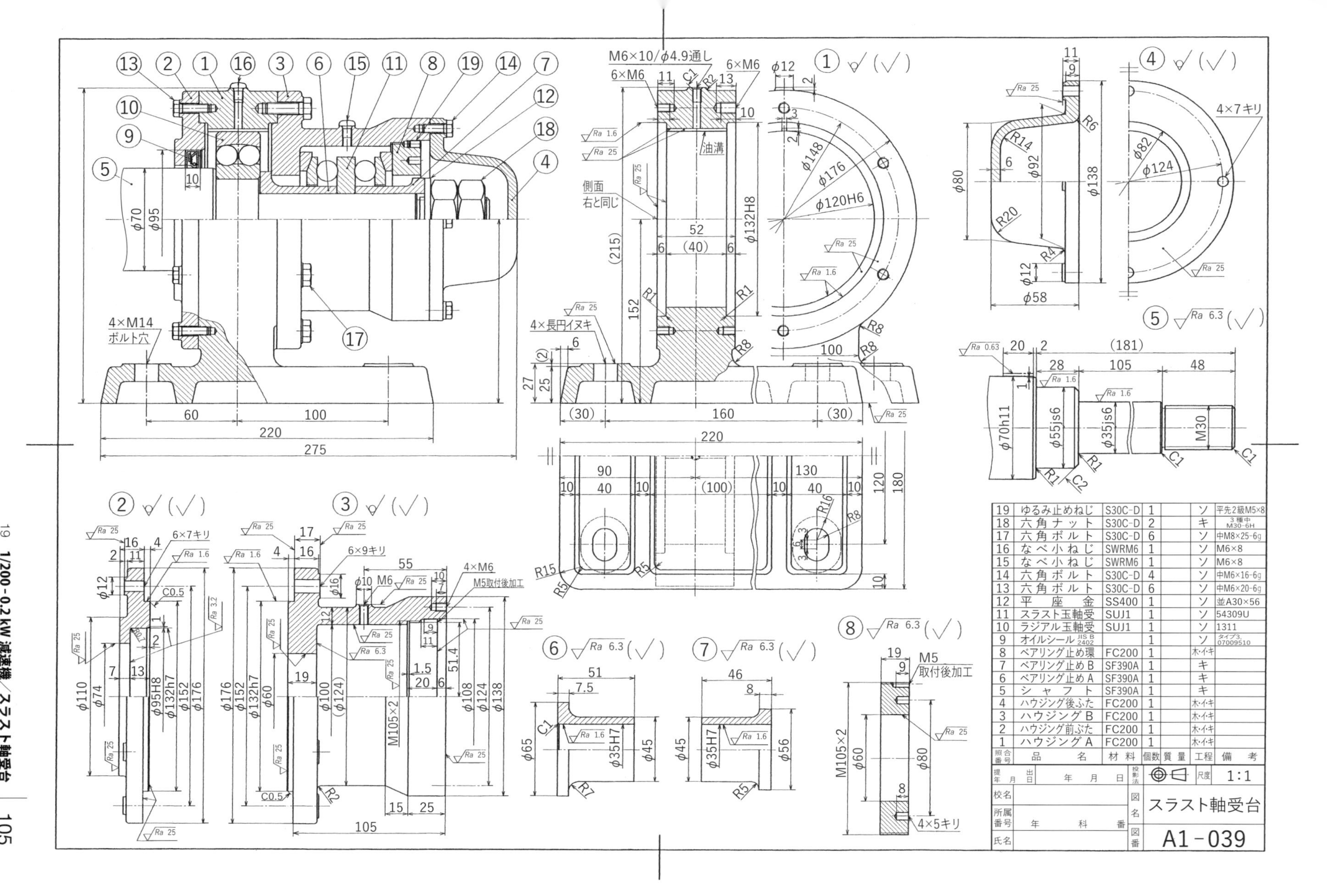

照合番号	品名	材料	個数	質量	工程	備考
19	ゆるみ止めねじ	S30C-D	1		ソ	平先2級M5×8
18	六角ナット	S30C-D	2		キ	3種中 M30-6H
17	六角ボルト	S30C-D	6		ソ	中M8×25-6g
16	なべ小ねじ	SWRM6	1		ソ	M6×8
15	なべ小ねじ	SWRM6	1		ソ	M6×8
14	六角ボルト	S30C-D	4		ソ	中M6×16-6g
13	六角ボルト	S30C-D	6		ソ	中M6×20-6g
12	平座金	SS400	1		ソ	並A30×56
11	スラスト玉軸受	SUJ1	1		ソ	54309U
10	ラジアル玉軸受	SUJ1	1		ソ	1311
9	オイルシール JIS B 2402		1		ソ	タイプ3, 07009510
8	ベアリング止め環	FC200	1		木・イキ	
7	ベアリング止めB	SF390A	1		キ	
6	ベアリング止めA	SF390A	1		キ	
5	シャフト	SF390A	1		キ	
4	ハウジング後ぶた	FC200	1		木・イキ	
3	ハウジングB	FC200	1		木・イキ	
2	ハウジング前ぶた	FC200	1		木・イキ	
1	ハウジングA	FC200	1		木・イキ	

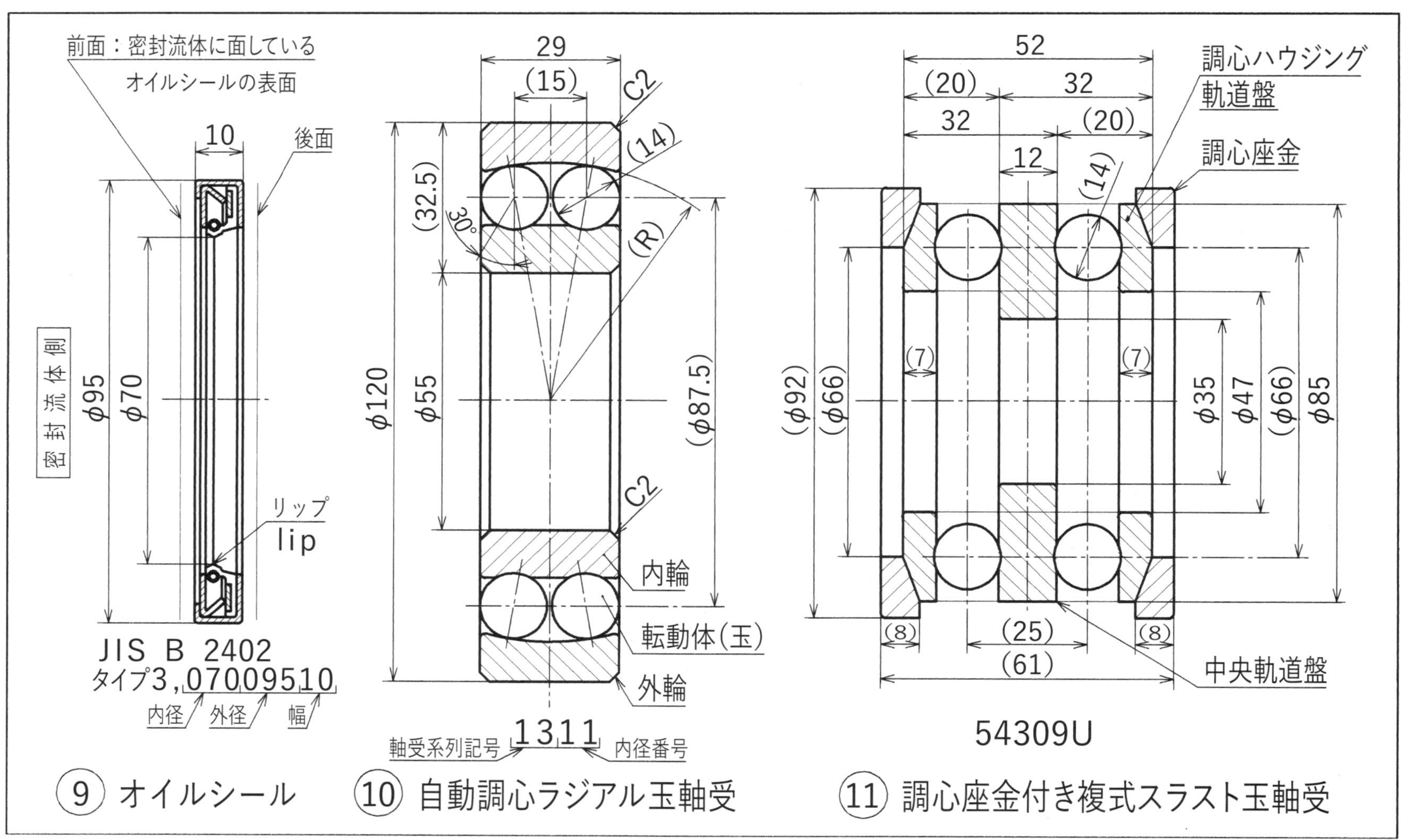

〔注〕 本図は，図番 A 1 − 039 における，照合番号 ⑨，⑩，⑪ の部品の略図法による一例を示したものである．これら部品の主要寸法は，JIS B 規格ならびに部品製作所カタログに公示されているのでこれを採用し，作図上必要であるが公示されていない寸法は，（　）を付けて記してある寸法数値によって製図した．

図 2　スラスト軸受台（図番 A 1 − 039）の部品略図法の例

20 蒸留プラント用リボイラ

Reboiler

使用法の概略

本図は石油精製装置の一つで，プロパンとイソブチレンの混合物 10 t/h を，さらに蒸留分離する一連の装置において，蒸留に必要な熱を蒸留塔底に補給するために用いられる付属装置である．**図3**に，この装置全体のフロー線図を示す．このリボイラの管側には圧力 1.9 MPa，温度 105° C のプロパンとイソブチレンの混合した高圧ガスが流れ，リボイラ胴側には，熱源として圧力 0.79 MPa，温度 174.5° C の飽和水蒸気が流れるため，圧力に耐え得る構造になっている．

製図上の注意事項

胴板 ① は SS 400 の鋼板をロール加工して曲げ，継ぎ目を突き合わせ両側溶接ののち応力除去を行う．胴板 ②，鏡板 ③ は溶接構造用圧延鋼（SM 400 C）を用い，③ を熱間成形加工後 ② と溶接し応力除去を施す．

各種管台（ノズルともいう），スカート アクセス ㊵ および管台ガイド ㊶ の周方向および高さ方向の取りつけ位置が種々あるので，まちがいのないようにする．管板 ⑧，⑨ に伝熱管 ⑦ の取りつけは，エキスパンダ（拡管工具）を用い，管の内側から押し広げて固着させ，そののちに管端を溶接する．各種溶接部は，とくに法律（高圧ガス保安法など）の適用を受けるような箇所については，その溶接実形を詳細図に示さなければならないが，スカート部のように，法律の規制を受けないような箇所については，ふつう溶接記号（**JIS Z 3021**）を用いて指示する．

部品表欄中の工程（**p.057 図 A3-005** 参照）は，その工程の略号で示してあり，そのほかに“セ”はせん断工場，“缶”は製缶工場における工程をそれぞれ示す．

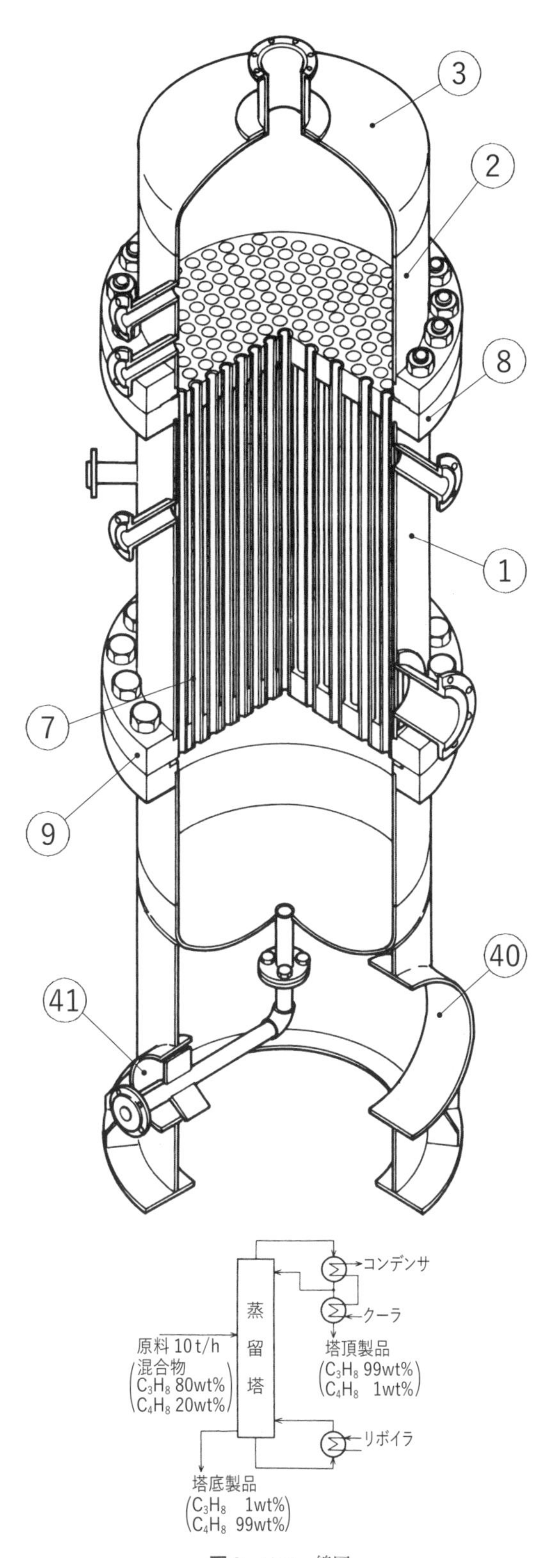

図3 フロー線図

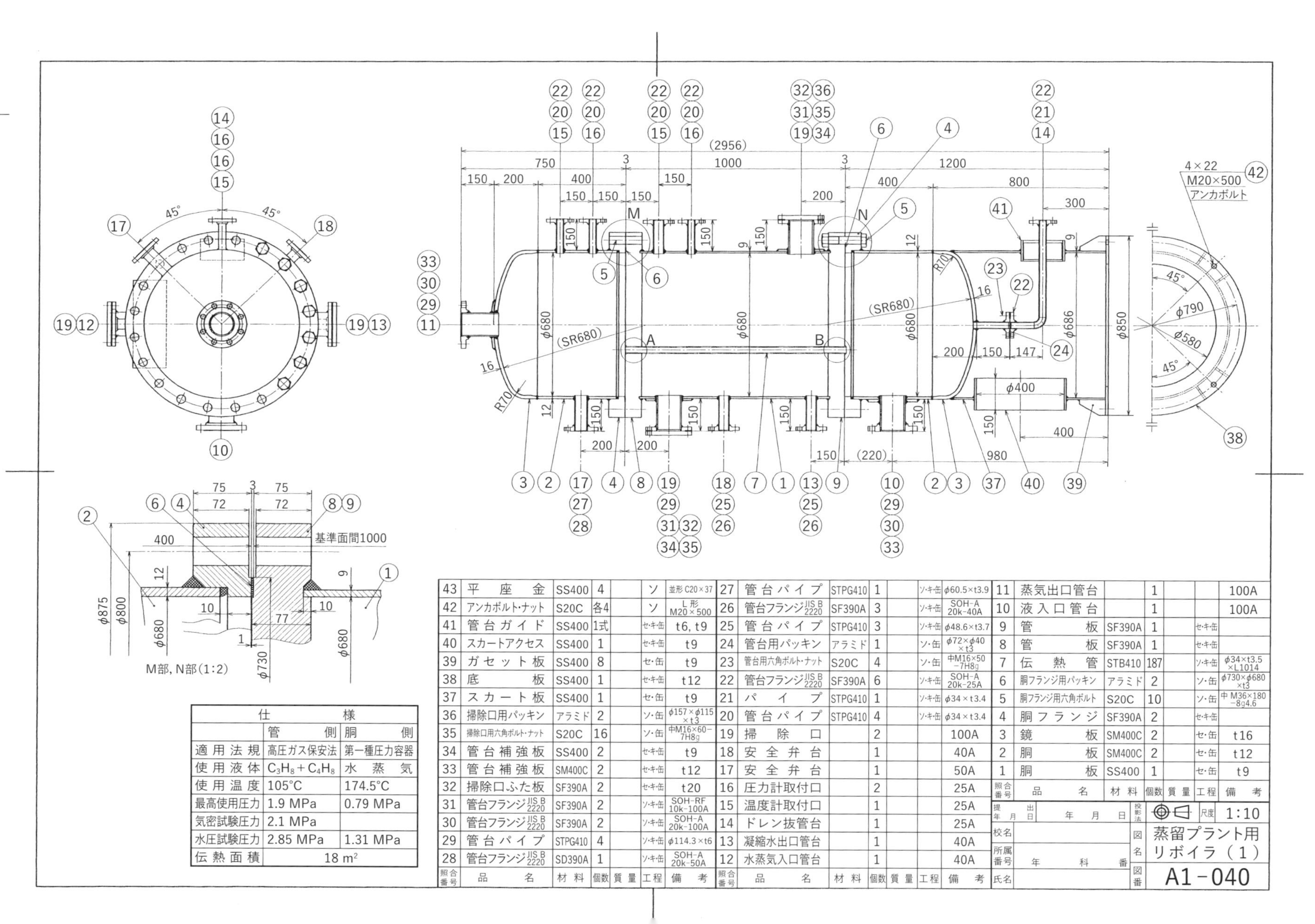

照合番号	品名	材料	個数	質量	工程	備考
43	平座金	SS400	4		ソ	並形 C20×37
42	アンカボルト・ナット	S20C	各4		ソ	L形 M20×500
41	管台ガイド	SS400	1式		セ・キ・缶	t6, t9
40	スカートアクセス	SS400	1		セ・キ・缶	t9
39	ガセット板	SS400	8		セ・缶	t9
38	底板	SS400	1		セ・キ・缶	t12
37	スカート板	SS400	1		セ・缶	t9
36	掃除口用パッキン	アラミド	2		ソ・缶	φ157×φ115×t3
35	掃除口用六角ボルト・ナット	S20C	16		ソ・缶	中M16×60−7H8g
34	管台補強板	SS400	2		セ・キ・缶	t9
33	管台補強板	SM400C	2		セ・キ・缶	t12
32	掃除口ふた板	SF390A	2		セ・キ・缶	t20
31	管台フランジ JIS B 2220	SF390A	2		ソ・キ・缶	SOH-RF 10k-100A
30	管台フランジ JIS B 2220	SF390A	2		ソ・キ・缶	SOH-A 20k-100A
29	管台パイプ	STPG410	4		ソ・キ・缶	φ114.3×t6
28	管台フランジ JIS B 2220	SD390A	1		ソ・キ・缶	SOH-A 20k-50A
27	管台パイプ	STPG410	1		ソ・キ・缶	φ60.5×t3.9
26	管台フランジ JIS B 2220	SF390A	3		ソ・キ・缶	SOH-A 20k-40A
25	管台パイプ	STPG410	3		ソ・キ・缶	φ48.6×t3.7
24	管台用パッキン	アラミド	1		ソ・缶	φ72×φ40×t3
23	管台用六角ボルト・ナット	S20C	4		ソ・缶	中M16×50−7H8g
22	管台フランジ JIS B 2220	SF390A	6		ソ・キ・缶	SOH-A 20k-25A
21	パイプ	STPG410	1		ソ・キ・缶	φ34×t3.4
20	管台パイプ	STPG410	4		ソ・キ・缶	φ34×t3.4
19	掃除口		2			100A
18	安全弁台		1			40A
17	安全弁台		1			50A
16	圧力計取付口		2			25A
15	温度計取付口		1			25A
14	ドレン抜管台		1			25A
13	凝縮水出口管台		1			40A
12	水蒸気入口管台		1			40A
11	蒸気出口管台		1			100A
10	液入口管台		1			100A
9	管板	SF390A	1		セ・キ・缶	
8	管板	SF390A	1		セ・キ・缶	
7	伝熱管	STB410	187		ソ・キ・缶	φ34×t3.5×L1014
6	胴フランジ用パッキン	アラミド	2		ソ・缶	φ730×φ680×t3
5	胴フランジ用六角ボルト	S20C	10		ソ・缶	中M36×180−8g4.6
4	胴フランジ	SF390A	2		セ・キ・缶	
3	鏡板	SM400C	2		セ・缶	t16
2	胴板	SM400C	2		セ・缶	t12
1	胴板	SS400	1		セ・缶	t9

仕様		
	管側	胴側
適用法規	高圧ガス保安法	第一種圧力容器
使用液体	$C_3H_8+C_4H_8$	水蒸気
使用温度	105°C	174.5°C
最高使用圧力	1.9 MPa	0.79 MPa
気密試験圧力	2.1 MPa	
水圧試験圧力	2.85 MPa	1.31 MPa
伝熱面積	18 m²	

提出日	年 月 日	投影法	尺度 1:10
校名		図名	蒸留プラント用リボイラ（1）
所属番号	年 科 番		
氏名		図番	A1-040

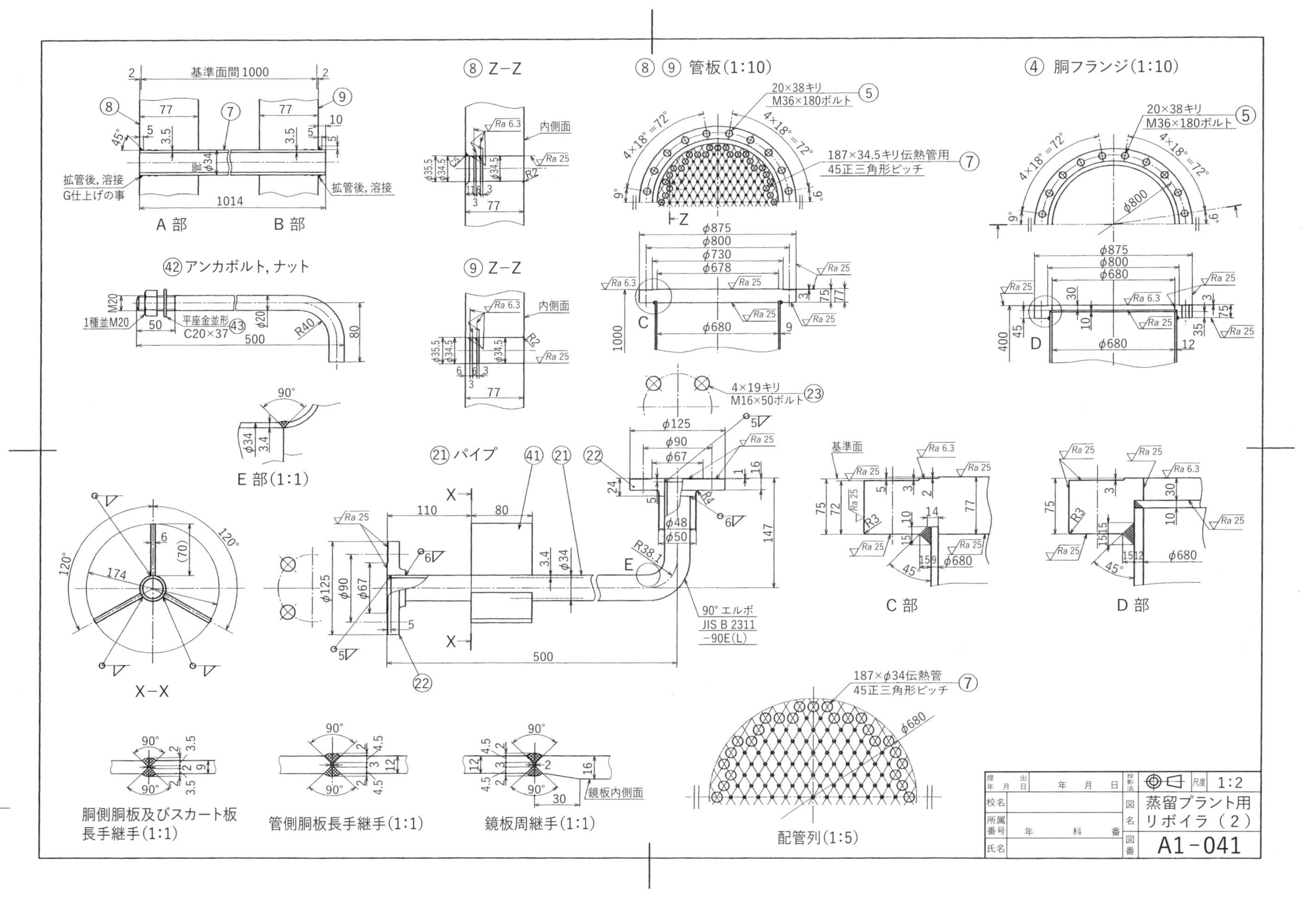

基準面間1000
拡管後,溶接
G仕上げの事
拡管後,溶接
A部
B部
⑧ Z−Z
⑨ Z−Z
内側面
⑧ ⑨ 管板(1:10)
20×38キリ
M36×180ボルト
187×34.5キリ伝熱管用
45正三角形ピッチ
④ 胴フランジ(1:10)
㊷ アンカボルト,ナット
1種並M20
平座金並形
C20×37
E部(1:1)
4×19キリ
M16×50ボルト
㉑ パイプ
90° エルボ
JIS B 2311
−90E(L)
X−X
基準面
C部
D部
187×φ34伝熱管
45正三角形ピッチ
胴側胴板及びスカート板
長手継手(1:1)
管側胴板長手継手(1:1)
鏡板周継手(1:1)
鏡板内側面
配管列(1:5)
尺度 1:2
蒸留プラント用
リボイラ(2)
A1-041

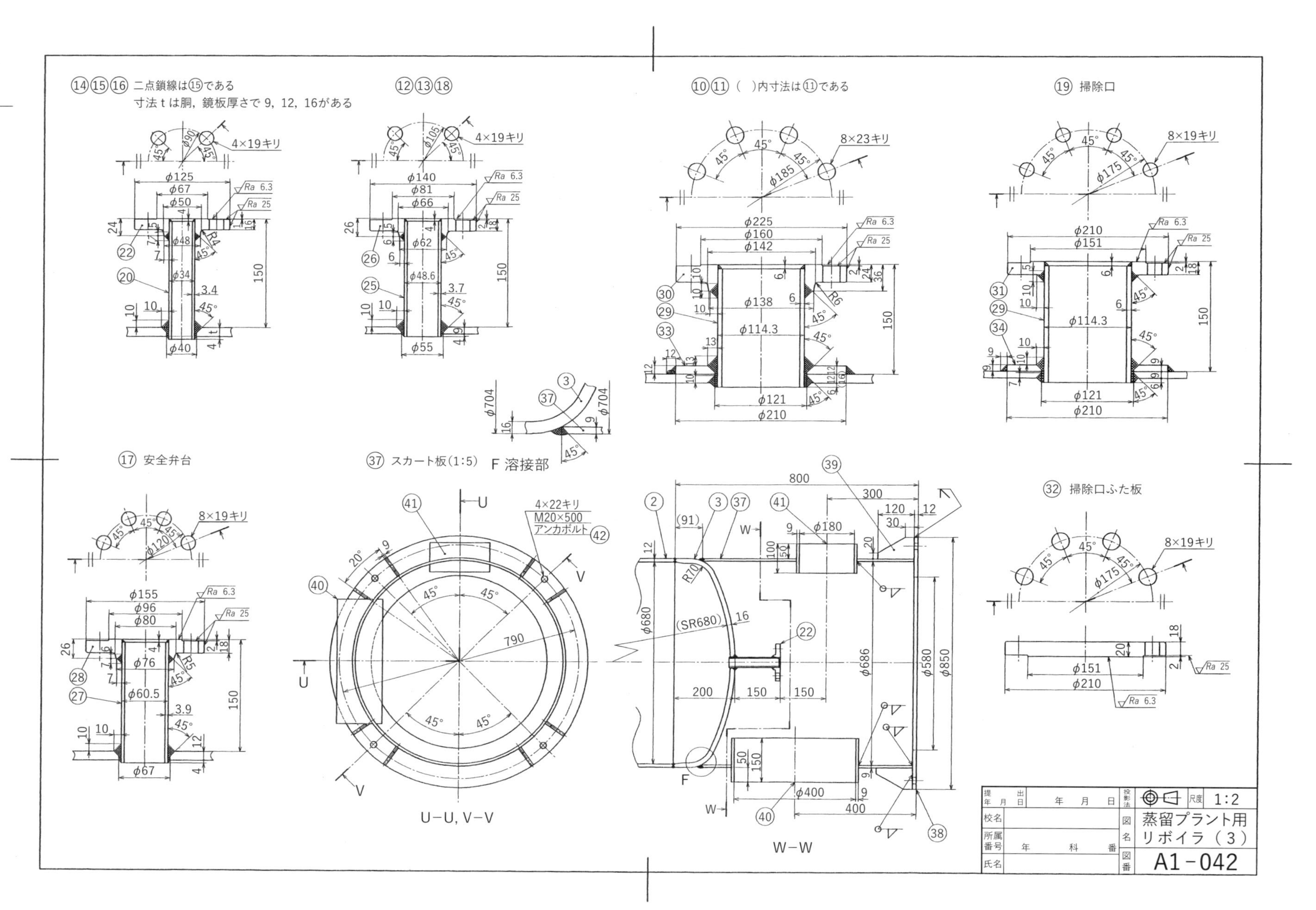

⑭⑮⑯ 二点鎖線は⑮である
寸法 t は胴，鏡板厚さで 9, 12, 16 がある
⑫⑬⑱
⑩⑪（ ）内寸法は⑪である
⑲ 掃除口
⑰ 安全弁台
㊲ スカート板(1:5)
F 溶接部
4×22キリ
M20×500
アンカボルト
U−U, V−V
W−W
㉜ 掃除口ふた板
尺度 1:2
蒸留プラント用
リボイラ（3）
A1−042

21 0.75 kW - 700 kPa 小形空気圧縮機

0.75 kW - 700 kPa Small-size air compressor

使用法の概略

本図のものはおもに塗装，空気充てん，その他一般に用いられるもので，立て形一段単動１シリンダ空冷往復式で，所要動力 0.75 kW，吐出し圧力 700 kPa，クランク軸回転数 1100 rpm である．

本機は，従来のものより，薄く大きな冷却フィンをもつシリンダ②が立て位置にあり，この中にピストン⑥があって，この上下運動による圧力差によって，吸込み弁㉝および吐出し弁㊱が自動的に開閉して，空気タンク（内容積 20 *l* 以上）へ圧縮空気を送り込む．ピストンの往復運動による空気の押除け量 Q_{th} は 140 *l*/min であるが，実際に吐き出した空気量（吸込み状態に換算した量）Q_S は 97 *l*/min である．よって，Q_S/Q_{th} の比を圧縮機の体積効率（volumetric efficiency）という．また，原動機は 50 Hz 4 極三相誘導電動機を用い，A 種 V ベルト 1 本伝動として，圧縮機軸に 224 mm，電動機軸に 180 mm の呼び径の V プーリを用いる．空気を圧縮中，ある程度の冷却を伴いながら圧縮する理論的な空気動力 L_P（kW）を，クランク軸に伝達した動力 L_S（kW）で除したものを，ポリトロープ効率（polytropic efficiency）という．冷却効果，軽量化のために有利な材料を選び，フィンを大きくして放熱しやすくすれば，圧縮動力の節約と体積効率の向上が図られる．また，本機は自動アンローダ方式で，空気タンクの静圧に対して作動し，所要圧力に達すれば無負荷運転に切り替り，常に所要圧力を保ちつつ連続使用するに適しているものである．

製図上の注意事項

JIS B 8342 にシリンダ内径，ピストン ピンなどのはめあい，ピストン リング溝幅など の公差，また各部品の材料のいろいろが指示されているので，設計の意図からシリンダおよびヘッド，連接棒，ピストンは，アルミニウム合金ダイカストを選んだ．吸込み弁，吐出し弁は軽く，高速回転に適するフラッパ（flapper）弁を採用している．クランク軸は，バランス ウエイトのない側のクランク部軸は細くして，この側から環状の連接棒大端部を挿入するなどして，工程数を減らしている．ピストン コンプレッション リングは，断面形状が長方形ストレート フェース，斜め合口のものを，油かきリングは，断面形状がコ形で上下角面取りのベベル オイル コントロール リング，斜め合口を用いている．クランク軸軸受は深溝玉軸受を用い，その取付けは，製作社の仕様から，公差は軸には k 5，ハウジングには H 7 とした．

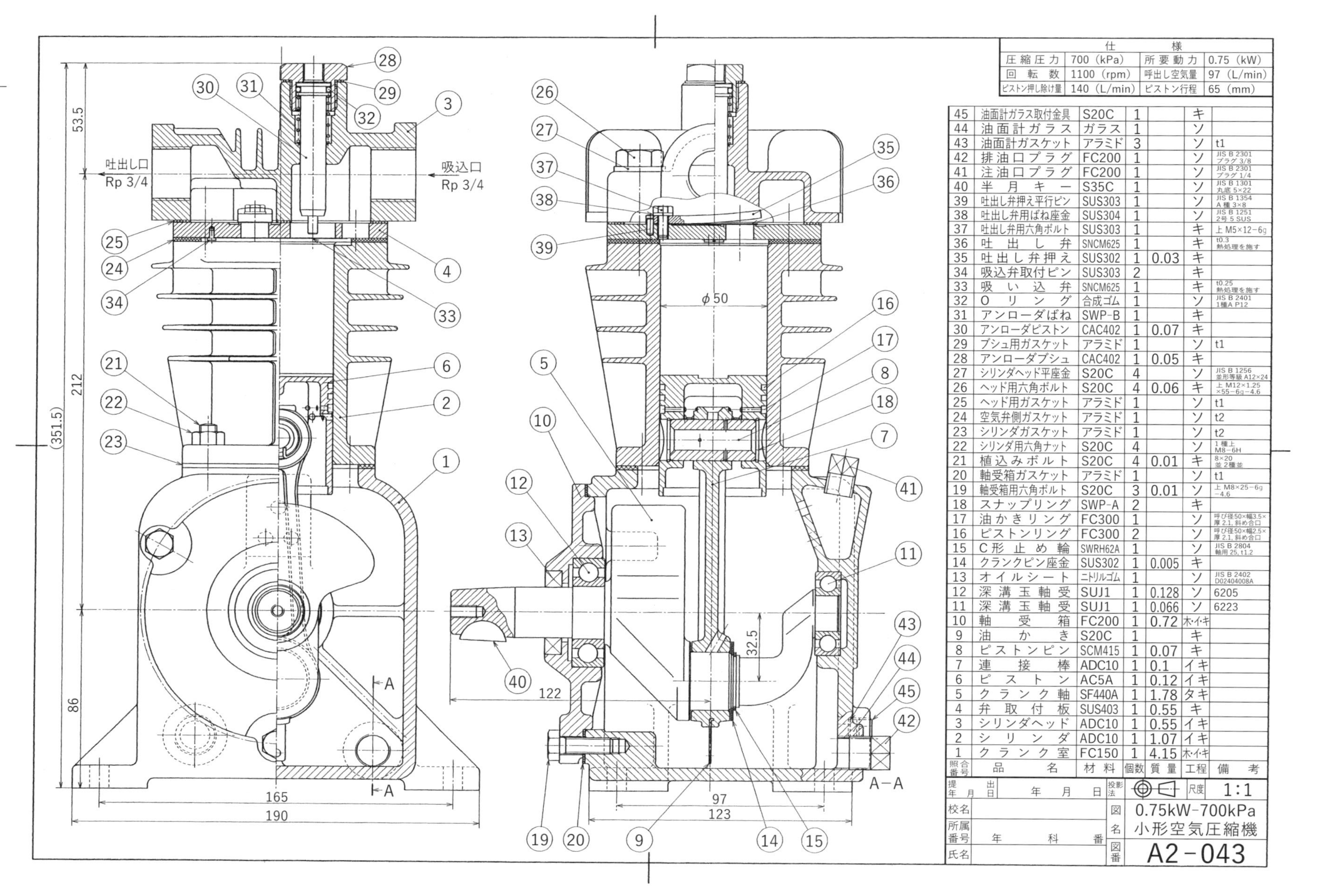

仕	様		
圧縮圧力	700 (kPa)	所要動力	0.75 (kW)
回転数	1100 (rpm)	呼出し空気量	97 (L/min)
ピストン押し除け量	140 (L/min)	ピストン行程	65 (mm)

照合番号	品名	材料	個数	質量	工程	備考
45	油面計ガラス取付金具	S20C	1		キ	
44	油面計ガラス	ガラス	1		ソ	
43	油面計ガスケット	アラミド	3		ソ	t1
42	排油口プラグ	FC200	1		ソ	JIS B 2301 プラグ 3/8
41	注油口プラグ	FC200	1		ソ	JIS B 2301 プラグ 1/4
40	半月キー	S35C	1		ソ	JIS B 1301 丸底 5×22
39	吐出し弁押え平行ピン	SUS303	1		ソ	JIS B 1354 A 種 3×8
38	吐出し弁用ばね座金	SUS304	1		ソ	JIS B 1251 2号 5 SUS
37	吐出し弁用六角ボルト	SUS303	1		キ	上 M5×12−6g
36	吐出し弁	SNCM625	1		キ	t0.3 熱処理を施す
35	吐出し弁押え	SUS302	1	0.03	キ	
34	吸込弁取付ピン	SUS303	2		キ	
33	吸い込弁	SNCM625	1		キ	t0.25 熱処理を施す
32	Oリング	合成ゴム	1		ソ	JIS B 2401 1種A P12
31	アンローダばね	SWP-B	1		キ	
30	アンローダピストン	CAC402	1	0.07	キ	
29	ブシュ用ガスケット	アラミド	1		ソ	t1
28	アンローダブシュ	CAC402	1	0.05	キ	
27	シリンダヘッド平座金	S20C	4		ソ	JIS B 1256 並形等級 A12×24
26	ヘッド用六角ボルト	S20C	4	0.06	キ	上 M12×1.25 ×55−6g−4.6
25	ヘッド用ガスケット	アラミド	1		ソ	t1
24	空気弁側ガスケット	アラミド	1		ソ	t2
23	シリンダガスケット	アラミド	1		ソ	t2
22	シリンダ用六角ナット	S20C	4		ソ	1 種上 M8−6H
21	植込みボルト	S20C	4	0.01	キ	8×20 並 2種並
20	軸受箱ガスケット	アラミド	1		ソ	t1
19	軸受箱用六角ボルト	S20C	3	0.01	ソ	上 M8×25−6g −4.6
18	スナップリング	SWP-A	2		キ	
17	油かきリング	FC300	1		ソ	呼び径50×幅3.5×厚2.1, 斜め合口
16	ピストンリング	FC300	2		ソ	呼び径50×幅2.5×厚2.1, 斜め合口
15	C形止め輪	SWRH62A	1		ソ	JIS B 2804 軸用 25, t1.2
14	クランクピン座金	SUS302	1	0.005	キ	
13	オイルシート	ニトリルゴム	1		ソ	JIS B 2402 D0240400 8A
12	深溝玉軸受	SUJ1	1	0.128	ソ	6205
11	深溝玉軸受	SUJ1	1	0.066	ソ	6223
10	軸受箱	FC200	1	0.72	木・イ・キ	
9	油かき	S20C	1		キ	
8	ピストンピン	SCM415	1	0.07	キ	
7	連接棒	ADC10	1	0.1	イキ	
6	ピストン	AC5A	1	0.12	イキ	
5	クランク軸	SF440A	1	1.78	タキ	
4	弁取付板	SUS403	1	0.55	キ	
3	シリンダヘッド	ADC10	1	0.55	イキ	
2	シリンダ	ADC10	1	1.07	イキ	
1	クランク室	FC150	1	4.15	木・イ・キ	

提出 年月日	年 月 日	投影法	⊕◁	尺度	1:1
校名		図名	0.75kW−700kPa 小形空気圧縮機		
所属番号	年 科 番				
氏名		図番	A2−043		

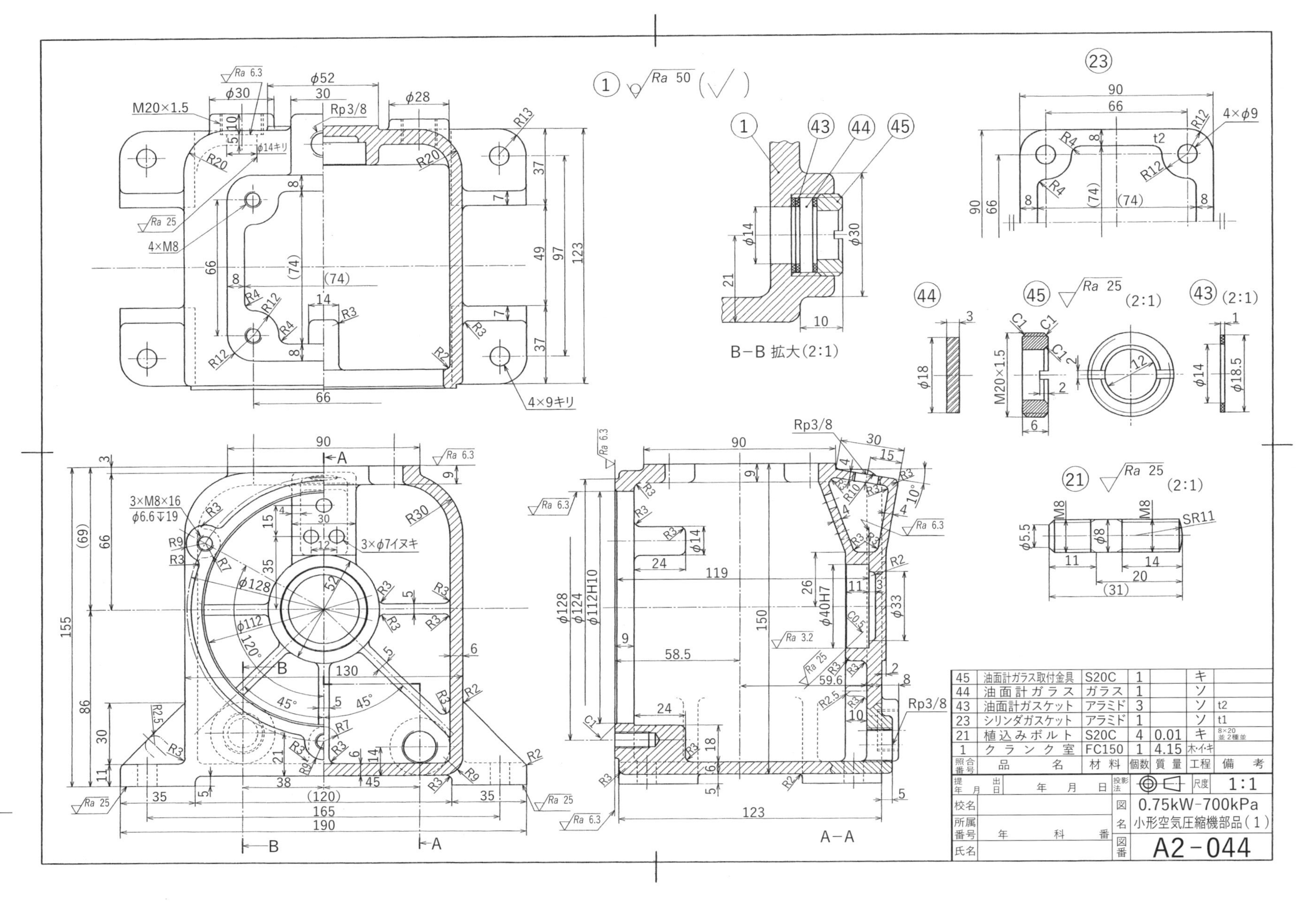

照合番号	品名	材料	個数	質量	工程	備考
45	油面計ガラス取付金具	S20C	1		キ	
44	油面計ガラス	ガラス	1		ソ	
43	油面計ガスケット	アラミド	3		ソ	t2
23	シリンダガスケット	アラミド	1		ソ	t1
21	植込みボルト	S20C	4	0.01	キ	8×20 並2種並
1	クランク室	FC150	1	4.15	木･イ･キ	

提年月	出日	年 月 日	投影法		尺度	1:1
校名			図名	0.75kW-700kPa 小形空気圧縮機部品（1）		
所属番号	年 科 番					
氏名			図番	A2-044		

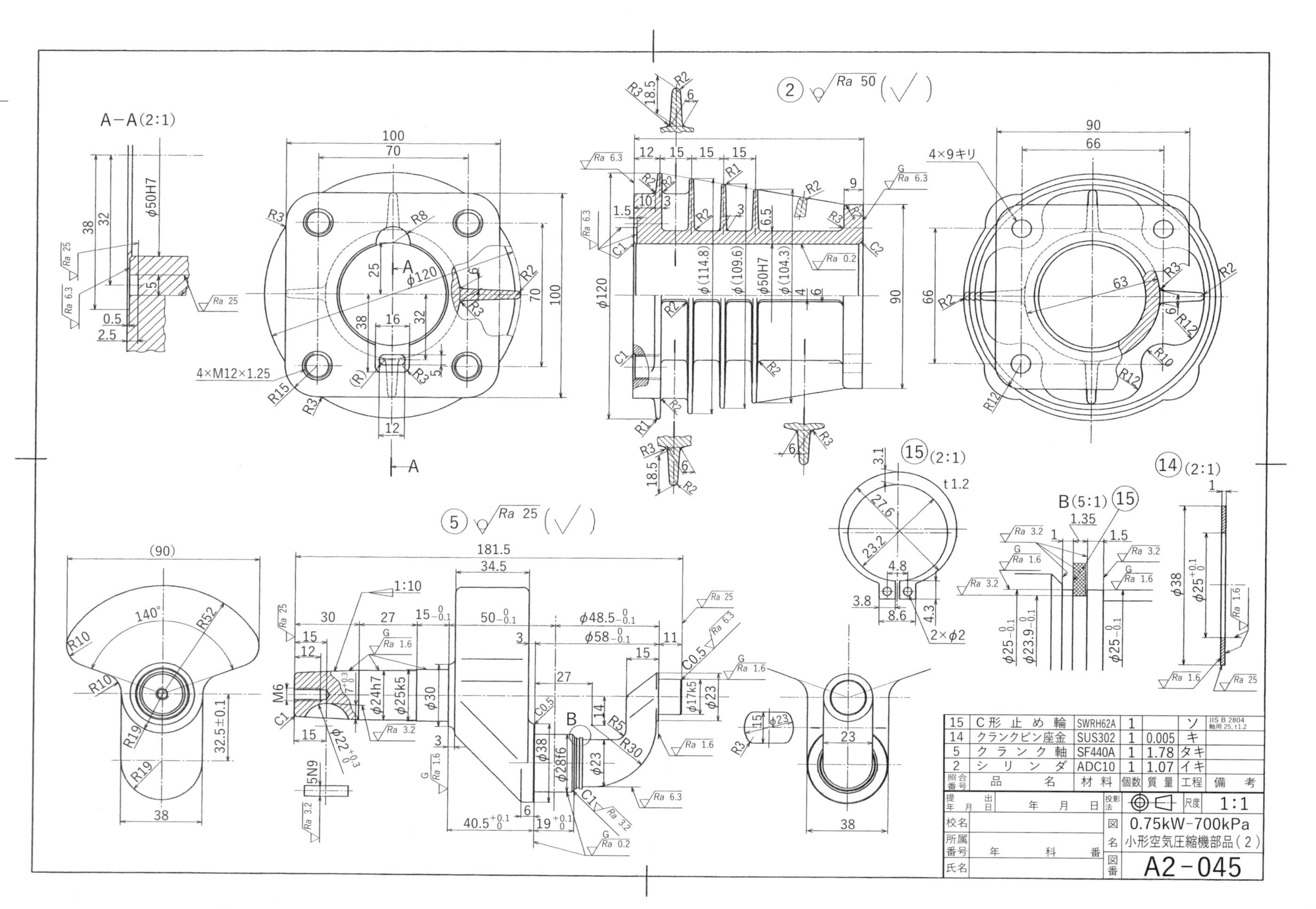
15 C形止め輪 SWRH62A 1 ソ JIS B 2804 軸用 25, t1.2
14 クランクピン座金 SUS302 1 0.005 キ
5 クランク軸 SF440A 1 1.78 タキ
2 シリンダ ADC10 1 1.07 イキ
照合番号 品名 材料 個数 質量 工程 備考
尺度 1:1
図名 0.75kW-700kPa 小形空気圧縮機部品(2)
図番 A2-045

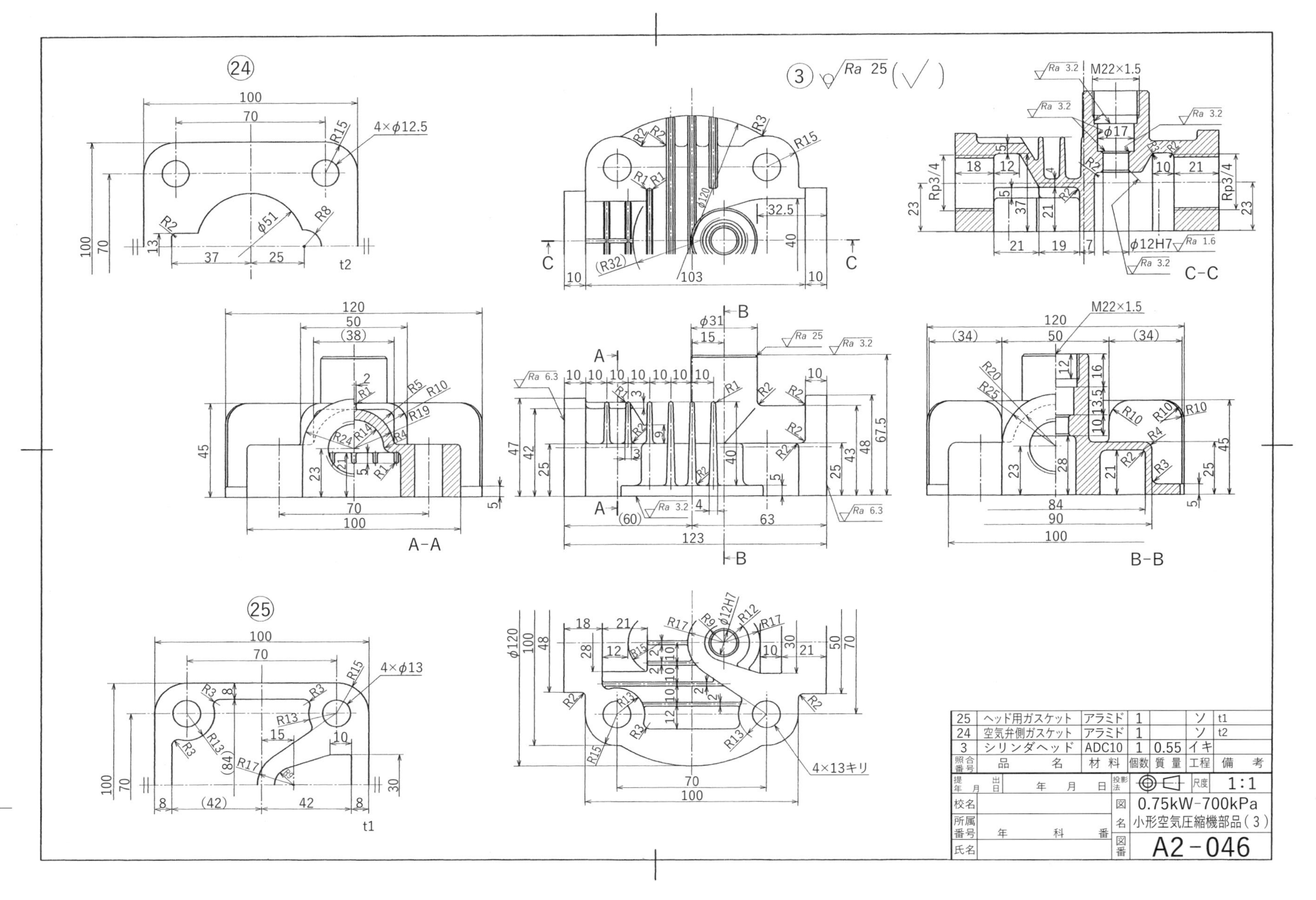
24
3 Ra 25 (√)
25
A-A
B-B
C-C
M22×1.5
4×φ12.5
4×φ13
4×13キリ
φ12H7
25	ヘッド用ガスケット	アラミド	1		ソ	t1
24	空気弁側ガスケット	アラミド	1		ソ	t2
3	シリンダヘッド	ADC10	1	0.55	イキ	
照合番号	品名	材料	個数	質量	工程	備考
尺度 1:1
0.75kW-700kPa
小形空気圧縮機部品(3)
A2-046

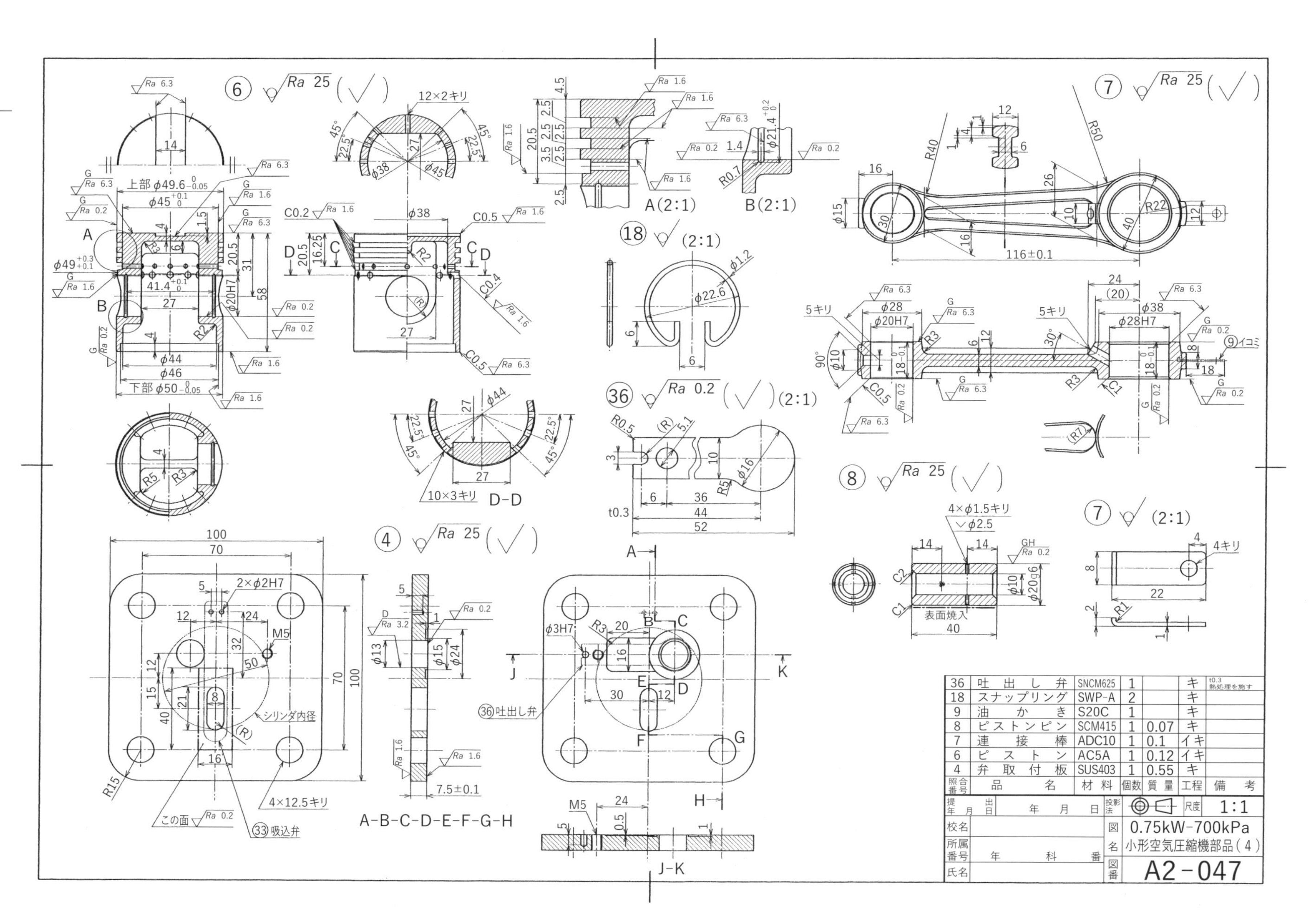
⑥ Ra 25 (√)
⑦ Ra 25 (√)
A(2:1)
B(2:1)
⑱ (2:1)
D-D
㊱ Ra 0.2 (√)(2:1)
⑧ Ra 25 (√)
⑦ (2:1)
④ Ra 25 (√)
A-B-C-D-E-F-G-H
J-K
シリンダ内径
この面
㉝吸込弁
㊱吐出し弁
表面焼入
36 吐出し弁 SNCM625 1 キ t0.3 熱処理を施す
18 スナップリング SWP-A 2 キ
9 油かき S20C 1 キ
8 ピストンピン SCM415 1 0.07 キ
7 連接棒 ADC10 1 0.1 イキ
6 ピストン AC5A 1 0.12 イキ
4 弁取付板 SUS403 1 0.55 キ
照合番号 品名 材料 個数 質量 工程 備考
尺度 1:1
0.75kW-700kPa
小形空気圧縮機部品(4)
図番 A2-047

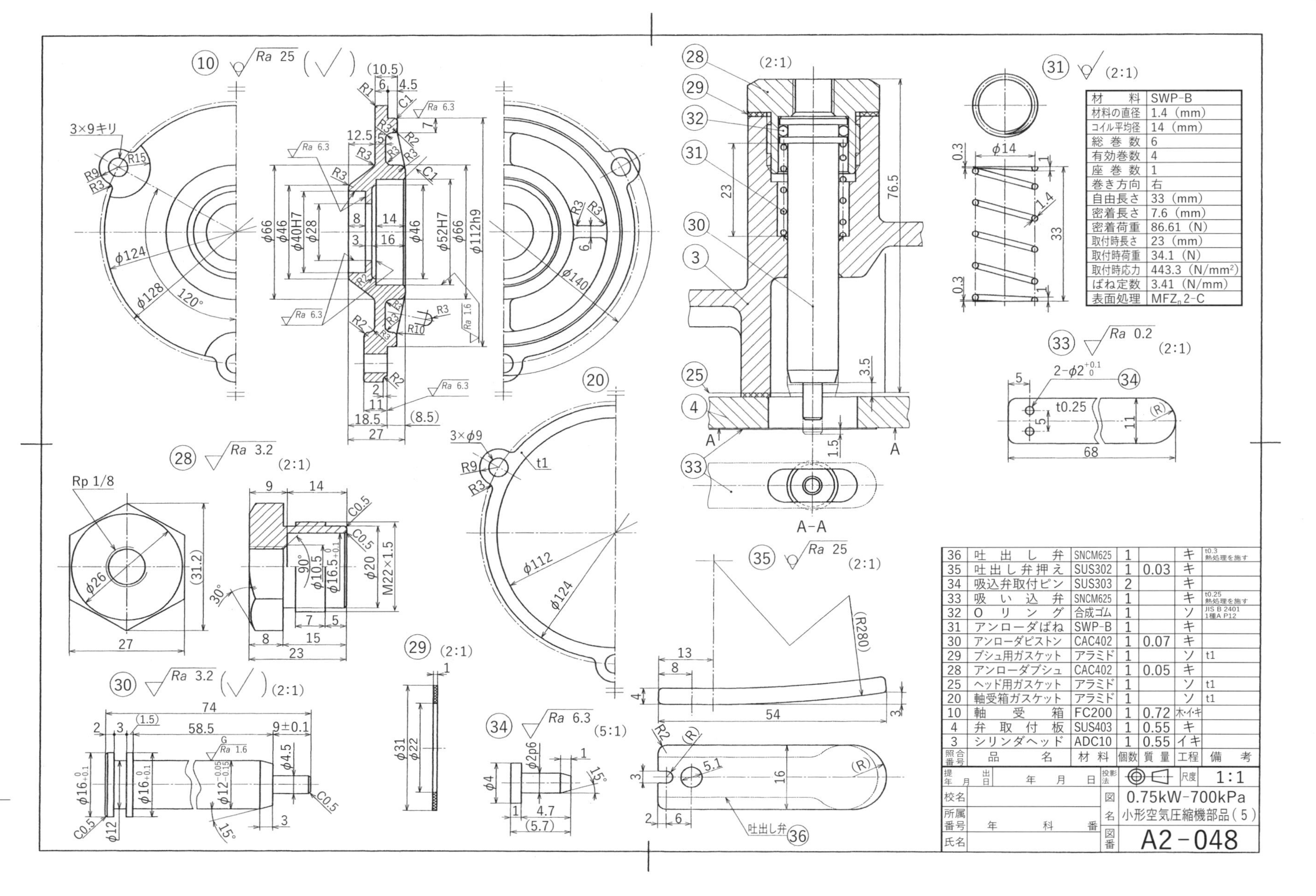

材　　料	SWP-B
材料の直径	1.4（mm）
コイル平均径	14（mm）
総 巻 数	6
有効巻数	4
座 巻 数	1
巻き方向	右
自由長さ	33（mm）
密着長さ	7.6（mm）
密着荷重	86.61（N）
取付時長さ	23（mm）
取付時荷重	34.1（N）
取付時応力	443.3（N/mm²）
ばね定数	3.41（N/mm）
表面処理	MFZn2-C

照合番号	品　名	材 料	個数	質 量	工程	備　考
36	吐 出 し 弁	SNCM625	1		キ	t0.3 熱処理を施す
35	吐出し弁押え	SUS302	1	0.03	キ	
34	吸込弁取付ピン	SUS303	2		キ	
33	吸 い 込 弁	SNCM625	1		キ	t0.25 熱処理を施す
32	O リ ン グ	合成ゴム	1		ソ	JIS B 2401 1種A P12
31	アンローダばね	SWP-B	1		キ	
30	アンローダピストン	CAC402	1	0.07	キ	
29	ブシュ用ガスケット	アラミド	1		ソ	t1
28	アンローダブシュ	CAC402	1	0.05	キ	
25	ヘッド用ガスケット	アラミド	1		ソ	t1
20	軸受箱ガスケット	アラミド	1		ソ	t1
10	軸 受 箱	FC200	1	0.72	木・イキ	
4	弁 取 付 板	SUS403	1	0.55	キ	
3	シリンダヘッド	ADC10	1	0.55	イキ	

提出年月日	年　月　日	投影法		尺度	1:1
校名		図名	0.75kW-700kPa 小形空気圧縮機部品（5）		
所属番号	年　科　番				
氏名		図番	A2-048		

22 ファン機能付きVプーリ

V-pulley with fan function

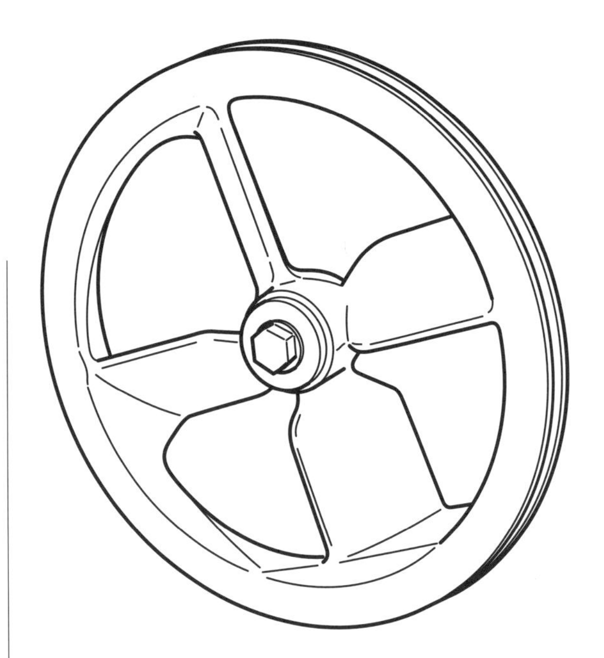

使用法の概略

Vプーリのアームの断面は，ふつうは，だ円形をしているが，本図のものはこれを薄くひろげ45°ねじって，ファンの機能をももたせたものであり，回転にともない風を起こし，機器の稼動中の冷却をねらったものである．ことに空気圧縮機に使用した場合，圧縮中のシリンダを冷却すればするほど（等温圧縮に近づけるほど）圧縮仕事は少なくてすみ，圧縮動力の節約となり，また体積効率も向上する．機械の回転方向とVプーリの効果的な回転方向とが一致しなければならない．このプーリに適用するVベルトは，**JIS K 6323**（一般用Vベルト）のA種である．本図Vプーリは，前節**21**（小形空気圧縮機）に使用するものとして設計されたものである．

製図上の注意事項

材料は**JIS B 1854**（一般用Vプーリ）に示すねずみ鋳鉄品FC 200（F：ferrum，C：casting）を採用し，ベルトの接触する溝部の開き角度は，ピッチ円直径が125をこえるので38°とする．また，溝部両側面の表面性状は算術平均粗さ *Ra* 3.2とし，溝部底面と外径面は *Ra* 6.3とする．軸穴はテーパ1：10〔**JIS B 0904**（1/10円すい軸端）〕として，軸端面より平座金⑤，ばね座金④をはめて，六角ボルトM 6 × 16③を端面から軸線に沿ってねじ込み，固着する方式である．平座金は外径30で規格品外となる．

アームの根元の断面のだ円形を描くには，だ円の長半径 a，短半径 b を知り，次式によって半径 r，R を求め描く方法を示す（**図4**参照）．

$$C=\sqrt{a^2+b^2} \quad \therefore \quad r=C\cdot[C-(a-b)]/(2a)$$

$$R=C\cdot[C+(a-b)]/(2b)$$

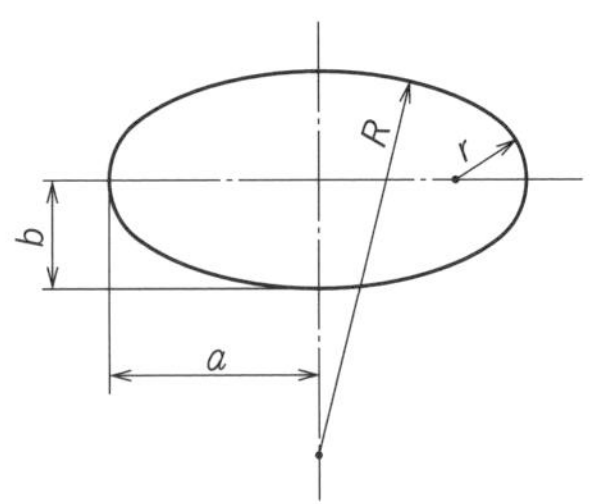

図4　だ円の半径

表6　一般用Vベルト（**JIS K 6323：2008**）

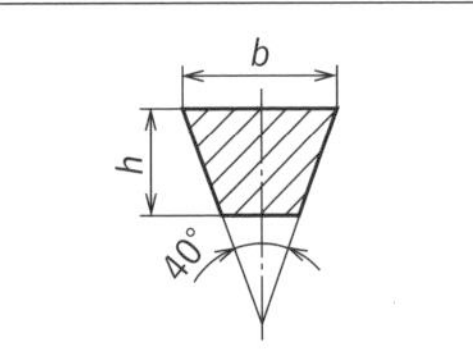

断面形状

ベルト種類	*b* (mm)	*h* (mm)	引張り強さ (kN/1本)	伸び (%)
M	10.0	5.5	1.2以上	7以下
A	12.5	9.0	2.4以上	7以下
B	16.5	11.0	3.5以上	7以下
C	22.0	14.0	5.9以上	8以下
D	31.5	19.0	10.8以上	8以下
E	38.0	24.0	14.7以上	8以下

呼び方：名称，種類，呼び番号またはベルト長さ
〔**例**〕　一般用Vベルト　A 40またはA 1016

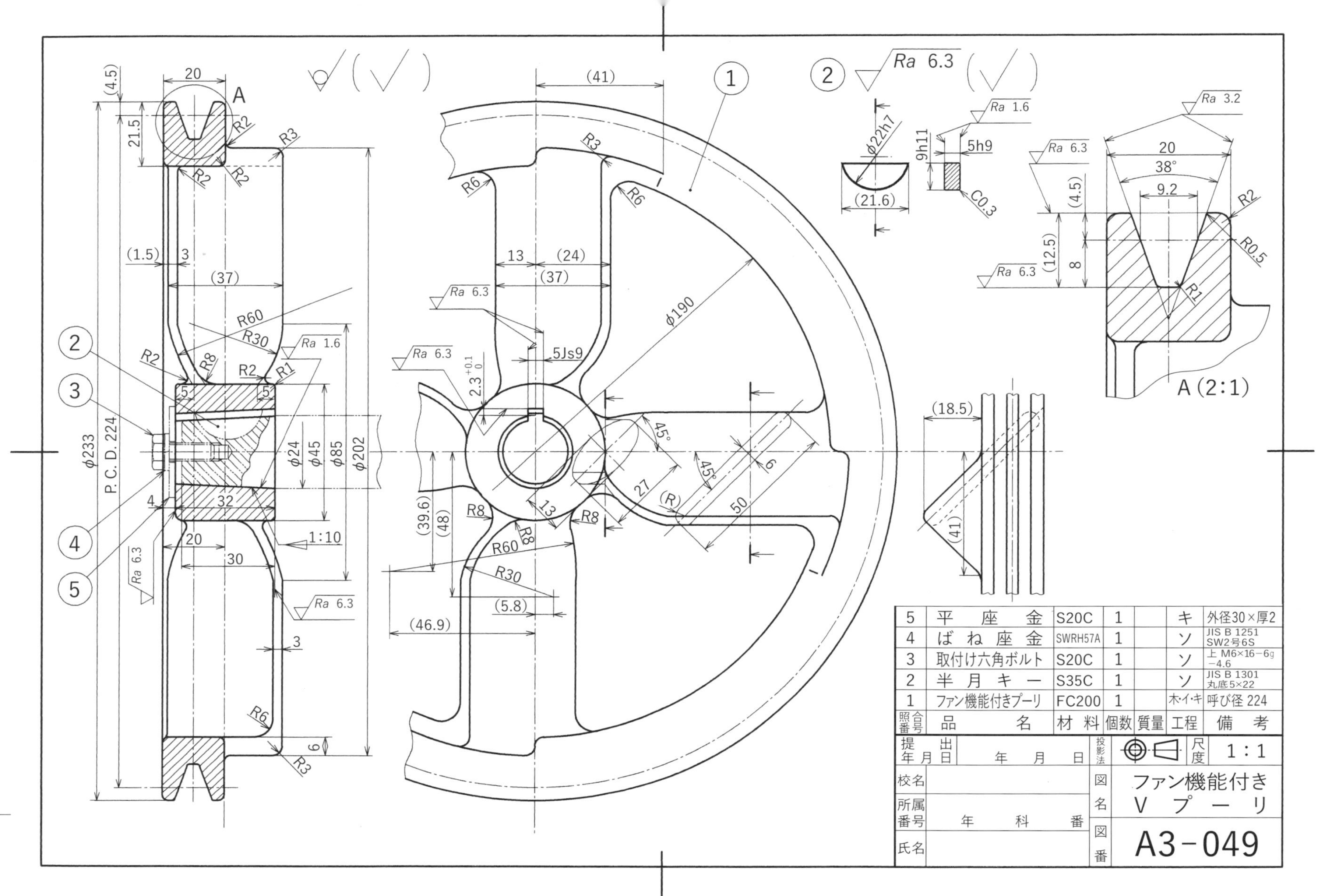

A (2:1)
5 平座金 S20C 1 キ 外径30×厚2
4 ばね座金 SWRH57A 1 ソ JIS B 1251 SW2号6S
3 取付け六角ボルト S20C 1 ソ 上 M6×16−6g −4.6
2 半月キー S35C 1 ソ JIS B 1301 丸底5×22
1 ファン機能付きプーリ FC200 1 ホ・イ・キ 呼び径 224
照合番号 品名 材料 個数 質量 工程 備考
尺度 1:1
図名 ファン機能付き Vプーリ
図番 A3-049
P.C.D. 224
φ233

付　表

付表 1　一般用メートルねじ　(JIS B 0205-1 〜 4：2001)

(a)　一般用メートルねじ“並目”　(単位 mm)

右表は一般用メートルねじ“並目”の基準寸法を示したものである.

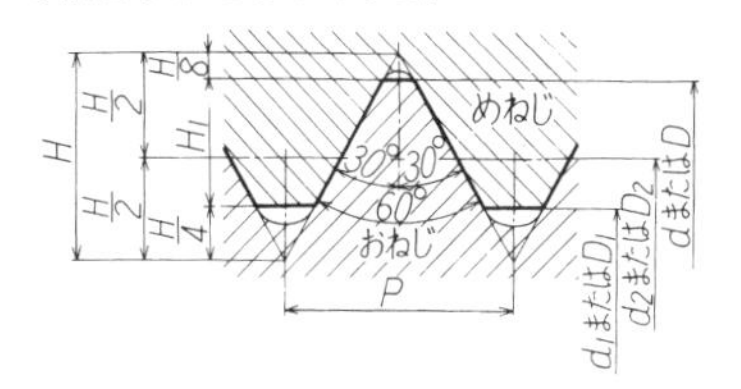

太い実線は基準山形を示す.

$H = 0.866025\,P = (\sqrt{3}/2)P$

$H_1 = 0.541266\,P = (5/8)H$

$d_2 = d - 0.649519\,P$

$d_1 = d - 1.082532\,P$

$D = d,\ D_2 = d_2,\ D_1 = d_1$

〔注〕 * 順位は 1 を優先的に，必要に応じて 2，3 の順に選ぶ.

ねじの呼び	順　位*	ピッチ P	ひっかかりの高さ H_1	めねじ 谷の径 D	めねじ 有効径 D_2	めねじ 内径 D_1
				おねじ 外　径 d	おねじ 有効径 d_2	おねじ 谷の径 d_1
M 1	1	0.25	0.135	1.000	0.838	0.729
M 1.1	2	0.25	0.135	1.100	0.938	0.829
M 1.2	1	0.25	0.135	1.200	1.038	0.929
M 1.4	2	0.3	0.162	1.400	1.205	1.075
M 1.6	1	0.35	0.189	1.600	1.373	1.221
M 1.8	2	0.35	0.189	1.800	1.573	1.421
M 2	1	0.4	0.217	2.000	1.740	1.567
M 2.2	2	0.45	0.244	2.200	1.908	1.713
M 2.5	1	0.45	0.244	2.500	2.208	2.013
M 3	1	0.5	0.271	3.000	2.675	2.459
M 3.5	2	0.6	0.325	3.500	3.110	2.850
M 4	1	0.7	0.379	4.000	3.545	3.242
M 4.5	2	0.75	0.406	4.500	4.013	3.688
M 5	1	0.8	0.433	5.000	4.480	4.134
M 6	1	1	0.541	6.000	5.350	4.917
M 7	2	1	0.541	7.000	6.350	5.917
M 8	1	1.25	0.677	8.000	7.188	6.647
M 9	3	1.25	0.677	9.000	8.188	7.647
M 10	1	1.5	0.812	10.000	9.026	8.376
M 11	3	1.5	0.812	11.000	10.026	9.376
M 12	1	1.75	0.947	12.000	10.863	10.106
M 14	2	2	1.083	14.000	12.701	11.835
M 16	1	2	1.083	16.000	14.701	13.835
M 18	2	2.5	1.353	18.000	16.376	15.294
M 20	1	2.5	1.353	20.000	18.376	17.294
M 22	2	2.5	1.353	22.000	20.376	19.294
M 24	1	3	1.624	24.000	22.051	20.752
M 27	2	3	1.624	27.000	25.051	23.752
M 30	1	3.5	1.894	30.000	27.727	26.211
M 33	2	3.5	1.894	33.000	30.727	29.211
M 36	1	4	2.165	36.000	33.402	31.670
M 39	2	4	2.165	39.000	36.402	34.670
M 42	1	4.5	2.436	42.000	39.077	37.129
M 45	2	4.5	2.436	45.000	42.077	40.129
M 48	1	5	2.706	48.000	44.752	42.587
M 52	2	5	2.706	52.000	48.752	46.587
M 56	1	5.5	2.977	56.000	52.428	50.046
M 60	2	5.5	2.977	60.000	56.428	54.046
M 64	1	6	3.248	64.000	60.103	57.505
M 68	2	6	3.248	68.000	64.103	61.505

(b)　一般用メートルねじ“細目”の直径とピッチとの組合わせ　(単位 mm)

呼び径	順　位	ピッチ	呼び径	順　位	ピッチ		
1	1	0.2	6	1	0.75		
1.1	2	0.2	7	2	0.75		
1.2	1	0.2	8	1	1	0.75	
1.4	2	0.2	9	3	1	0.75	
1.6	1	0.2	10	1	1.25	1	0.75
1.8	2	0.2	11	3	1	0.75	
2	1	0.25	12	1	1.5	1.25	1
2.2	2	0.25	14	2	1.5	1.25	1
2.5	1	0.35	15	3	1.5	1	
3	1	0.35	16	1	1.5	1	
3.5	2	0.35	17	3	1.5	1	
4	1	0.5	18	2	2	1.5	1
4.5	2	0.5	20	1	2	1.5	1
5	1	0.5	22	2	2	1.5	1
5.5	3	0.5	24	1	2	1.5	1

(次ページに続く)

呼び径	順 位	ピ ッ チ				
25	3		2	1.5	1	
26	3		1.5			
27	2		2	1.5	1	
28	3		2	1.5	1	
30	1	(3)	2	1.5	1	
32	3		2	1.5		
33	2	(3)	2	1.5		
35	3			1.5		
36	1	3	2	1.5		
38	3			1.5		
39	2	3	2	1.5		
40	3	3	2	1.5		
42	1	4	3	2	1.5	
45	2	4	3	2	1.5	
48	1	4	3	2	1.5	
50	3		3	2	1.5	
52	2	4	3	2	1.5	
55	3	4	3	2	1.5	
56	1	4	3	2	1.5	
58	3	4	3	2	1.5	
60	2	4	3	2	1.5	
62	3	4	3	2	1.5	
64	1	4	3	2	1.5	
65	3	4	3	2	1.5	
68	2	4	3	2	1.5	
70	3	6	4	3	2	1.5
72	1	6	4	3	2	1.5
75	3		4	3	2	1.5
76	2	6	4	3	2	1.5
78	3				2	
80	1	6	4	3	2	1.5
82	3				2	
85	2	6	4	3	2	
90	1	6	4	3	2	
95	2	6	4	3	2	
100	1	6	4	3	2	
105	2	6	4	3	2	
110	1	6	4	3	2	
115	2	6	4	3	2	
120	2	6	4	3	2	

呼び径	順位	ピ ッ チ			
125	1	6	4	3	2
130	2	6	4	3	2
135	3	6	4	3	2
140	1	6	4	3	2
145	3	6	4	3	2
150	2	6	4	3	2
155	3	6	4	3	
160	1	6	4	3	
165	3	6	4	3	
170	2	6	4	3	
175	3	6	4	3	
180	1	6	4	3	
185	3	6	4	3	
190	2	6	4	3	
195	3	6	4	3	
200	1	6	4	3	
205	3	6	4	3	
210	2	6	4	3	
215	3	6	4	3	
220	1	6	4	3	
225	3	6	4	3	
230	3	6	4	3	
235	3	6	4	3	
240	2	6	4	3	
245	3	6	4	3	
250	1	6	4	3	
255	3	6	4		
260	2	6	4		
265	3	6	4		
270	3	6	4		
275	3	6	4		
280	1	6	4		
285	3	6	4		
290	3	6	4		
295	3	6	4		
300	2	6	4		

〔備考〕
1. 順位は1を優先的に，必要に応じて2を，さらに3を選ぶ．
2. 呼び径14 mm，ピッチ1.25 mmのねじは，内燃機関用点火プラグのねじにかぎり用いる．
3. 呼び径35 mmのねじは，ころがり軸受を固定するねじにかぎり用いる．
4. かっこを付けたピッチは，なるべく用いない．
5. 上表に示されたねじよりピッチの細かいねじが必要な場合は，次のピッチのなかから選ぶ．
   3　2　1.5　1　0.75　0.5　0.35　0.25　0.2

付表2 ミニチュアねじ（**JIS B 0201：2017**）　（単位 mm）

右表はミニチュアねじの基準寸法を示したものである．

$H = 0.866025\,P$，$H_1 = 0.48\,P$

$d_2 = d - 0.649519\,P$

$d_1 = d - 0.96\,P$

$D = d$，$D_2 = d_2$，$D_1 = d_1$

ねじの呼び	順 位*	ピッチ P	ひっかかりの高さ H_1	めねじ 谷の径 D	めねじ 有効径 D_2	めねじ 内径 D_1
				おねじ 外径 d	おねじ 有効径 d_2	おねじ 谷の径 d_1
S 0.3	1	0.08	0.0384	0.300	0.248	0.223
S 0.35	2	0.09	0.0432	0.350	0.292	0.264
S 0.4	1	0.1	0.0480	0.400	0.335	0.304
S 0.45	2	0.1	0.0480	0.450	0.385	0.354
S 0.5	1	0.125	0.0600	0.500	0.419	0.380
S 0.55	2	0.125	0.0600	0.550	0.469	0.430
S 0.6	1	0.15	0.0720	0.600	0.503	0.456
S 0.7	2	0.175	0.0840	0.700	0.586	0.532
S 0.8	1	0.2	0.0960	0.800	0.670	0.608
S 0.9	2	0.225	0.1080	0.900	0.754	0.684
S 1	1	0.25	0.1200	1.000	0.838	0.760
S 1.1	2	0.25	0.1200	1.100	0.938	0.860
S 1.2	1	0.25	0.1200	1.200	1.038	0.960
S 1.4	2	0.3	0.1440	1.400	1.205	1.112

付表3　ユニファイ並目ねじ（JIS B 0206：1973）およびユニファイ細目ねじ（JIS B 0208：1973）

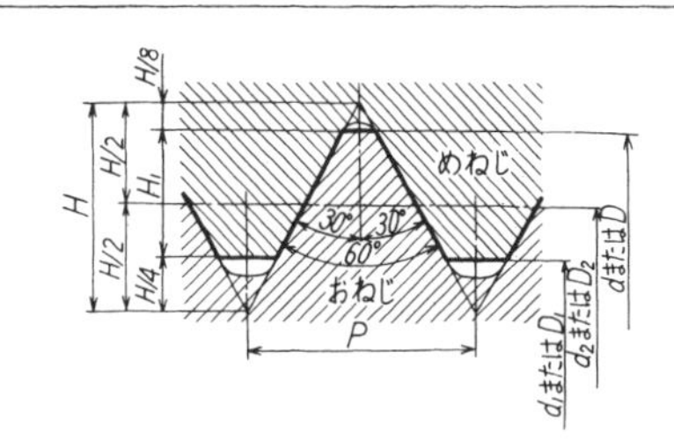

太い実線は基準山形を示す.

$$P=\frac{25.4}{n} \qquad d=(d)\times 25.4 \qquad D=d$$

$$H=\frac{0.866025}{n}\times 25.4 \qquad d_2=\left(d-\frac{0.649519}{n}\right)\times 25.4 \qquad D_2=d_2$$

$$H_1=\frac{0.541266}{n}\times 25.4 \qquad d_1=\left(d-\frac{1.082532}{n}\right)\times 25.4 \qquad D_1=d_1$$

ここに，n；25.4 mm についてのねじ山数.

（　）の中の数値は，0.0001インチの位に丸めたインチの単位とする.

（単位　mm）

ねじの種類	ねじの呼び 1（優先して選ぶ）	ねじの呼び 2（必要に応じて選ぶ）	ねじ山数（25.4 mmにつき） n	ピッチ P（参考）	ひっかかりの高さ H_1	めねじ 谷の径 D / おねじ 外径 d	めねじ 有効径 D_2 / おねじ 有効径 d_2	めねじ 内径 D_1 / おねじ 谷の径 d_1
並目ねじ		No. 1-64 UNC	64	0.3969	0.215	1.854	1.598	1.425
	No. 2-56 UNC		56	0.4536	0.246	2.184	1.890	1.694
		No. 3-48 UNC	48	0.5292	0.286	2.515	2.172	1.941
	No. 4-40 UNC		40	0.6350	0.344	2.845	2.433	2.156
	No. 5-40 UNC		40	0.6350	0.344	3.175	2.764	2.487
	No. 6-32 UNC		32	0.7938	0.430	3.505	2.990	2.647
	No. 8-32 UNC		32	0.7938	0.430	4.166	3.650	3.307
	No. 10-24 UNC		24	1.0583	0.573	4.826	4.138	3.680
		No. 12-24 UNC	24	1.0583	0.573	5.486	4.798	4.341
	¼-20 UNC		20	1.2700	0.687	6.350	5.524	4.976
	5/16-18 UNC		18	1.4111	0.764	7.938	7.021	6.411
	⅜-16 UNC		16	1.5875	0.859	9.525	8.494	7.805
	7/16-14 UNC		14	1.8143	0.982	11.112	9.934	9.149
	½-13 UNC		13	1.9538	1.058	12.700	11.430	10.584
	9/16-12 UNC		12	2.1167	1.146	14.288	12.913	11.996
	⅝-11 UNC		11	2.3091	1.250	15.875	14.376	13.376
	¾-10 UNC		10	2.5400	1.375	19.050	17.399	16.299
	⅞- 9 UNC		9	2.8222	1.528	22.225	20.391	19.169
	1- 8 UNC		8	3.1750	1.719	25.400	23.338	21.963
	1⅛- 7 UNC		7	3.6286	1.964	28.575	26.218	24.648
	1¼- 7 UNC		7	3.6286	1.964	31.750	29.393	27.823
	1⅜- 6 UNC		6	4.2333	2.291	34.925	32.174	30.343
	1½- 6 UNC		6	4.2333	2.291	38.100	35.349	33.518
	1¾- 5 UNC		5	5.0800	2.750	44.450	41.151	38.951
	2-4½ UNC		4½	5.6444	3.055	50.800	47.135	44.689
	2¼-4½ UNC		4½	5.6444	3.055	57.150	53.485	51.039
	2½-4 UNC		4	6.3500	3.437	63.500	59.375	56.627
	2¾- 4 UNC		4	6.3500	3.437	69.850	65.725	62.977
	3- 4 UNC		4	6.3500	3.437	76.200	72.075	69.327
	3¼- 4 UNC		4	6.3500	3.437	82.550	78.425	75.677
	3½- 4 UNC		4	6.3500	3.437	88.900	84.775	82.027
	3¾- 4 UNC		4	6.3500	3.437	95.250	91.125	88.377
	4- 4 UNC		4	6.3500	3.437	101.600	97.475	94.727
細目ねじ	No. 0-80 UNF		80	0.3175	0.172	1.524	1.318	1.181
		No. 1-72 UNF	72	0.3528	0.191	1.854	1.626	1.473
	No. 2-64 UNF		64	0.3969	0.215	2.184	1.928	1.755
		No. 3-56 UNF	56	0.4536	0.246	2.515	2.220	2.024
	No. 4-48 UNF		48	0.5292	0.286	2.845	2.502	2.271
	No. 5-44 UNF		44	0.5773	0.312	3.175	2.799	2.550
	No. 6-40 UNF		40	0.6350	0.344	3.505	3.094	2.817
	No. 8-36 UNF		36	0.7056	0.382	4.166	3.708	3.401
	No. 10-32 UNF		32	0.7938	0.430	4.826	4.310	3.967
		No. 12-28 UNF	28	0.9071	0.491	5.486	4.897	4.503
	¼-28 UNF		28	0.9071	0.491	6.350	5.761	5.367
	5/16-24 UNF		24	1.0583	0.573	7.938	7.249	6.792
	⅜-24 UNF		24	1.0583	0.573	9.525	8.837	8.379
	7/16-20 UNF		20	1.2700	0.687	11.112	10.287	9.738
	½-20 UNF		20	1.2700	0.687	12.700	11.874	11.326
	9/16-18 UNF		18	1.4111	0.764	14.288	13.371	12.761
	⅝-18 UNF		18	1.4111	0.764	15.875	14.958	14.348
	¾-16 UNF		16	1.5875	0.859	19.050	18.019	17.330
	⅞-14 UNF		14	1.8143	0.982	22.225	21.046	20.262
	1-12 UNF		12	2.1167	1.146	25.400	24.026	23.109
	1⅛-12 UNF		12	2.1167	1.146	28.575	27.201	26.284
	1¼-12 UNF		12	2.1167	1.146	31.750	30.376	29.459
	1⅜-12 UNF		12	2.1167	1.146	34.925	33.551	32.634
	1½-12 UNF		12	2.1167	1.146	38.100	36.726	35.809

付表 4　メートル台形ねじ（JIS B 0216-3：2013 抜粋）

（単位 mm）

設計山形

$H_1=0.5P$

$H_4=H_1+a_c=0.5P+a_c$

$h_3=H_1+a_c=0.5P+a_c$

$z=0.25P=H_1/2$

R_1 最大 $=0.5a_c$

$D_1=d-2H_1=d-P$

$D_4=d+2a_c$

$d_3=d-2h_3$

$d_2=D_2=d-2z=d-0.5P$

R_2 最大 $=a_c$

ピッチ P	谷底の隙間 a_c	ねじ山高さ $H_4=h_3$	ひっかかりの高さ H_1	R_1 最大	R_2 最大
1.5	0.15	0.9	0.75	0.08	0.15
2	0.25	1.25	1	0.13	0.25
3	0.25	1.75	1.5	0.13	0.25
4	0.25	2.25	2	0.13	0.25
5	0.25	2.75	2.5	0.13	0.25
6	0.5	3.5	3	0.25	0.5
7	0.5	4	3.5	0.25	0.5
8	0.5	4.5	4	0.25	0.5
9	0.5	5	4.5	0.25	0.5
10	0.5	5.5	5	0.25	0.5
12	0.5	6.5	6	0.25	0.5
14	1	8	7	0.5	1
16	1	9	8	0.5	1

呼び径(1) $D,\ d$	ピッチ(2) P	有効径 $d_2=D_2$	めねじの谷の径 D_4	おねじの谷の径 d_3	めねじの内径 D_1
8	**1.5**	7.250	8.300	6.200	6.500
9	1.5	8.250	9.300	7.200	7.500
	2	8.000	9.500	6.500	7.000
10	1.5	9.250	10.300	8.200	8.500
	2	9.000	10.500	7.500	8.000
11	**2**	10.000	11.500	8.500	9.000
	3	9.500	11.500	7.500	8.000
12	2	11.000	12.500	9.500	10.000
	3	10.500	12.500	8.500	9.000
14	2	13.000	14.500	11.500	12.000
	3	12.500	14.500	10.500	11.000
16	2	15.000	16.500	13.500	14.000
	4	14.000	16.500	11.500	12.000
18	2	17.000	18.500	15.500	16.000
	4	16.000	18.500	13.500	14.000
20	2	19.000	20.500	17.500	18.000
	4	18.000	20.500	15.500	16.000
22	3	20.500	22.500	18.500	19.000
	5	19.500	22.500	16.500	17.000
	8	18.000	23.000	13.000	14.000
24	3	22.500	24.500	20.500	21.000
	5	21.500	24.500	18.500	19.000
	8	20.000	25.000	15.000	16.000
26	3	24.500	26.500	22.500	23.000
	5	23.500	26.500	20.500	21.000
	8	22.000	27.000	17.000	18.000
28	3	26.500	28.500	24.500	25.000
	5	25.500	28.500	22.500	23.000
	8	24.000	29.000	19.000	20.000
30	3	28.500	30.500	26.500	27.000
	6	27.000	31.000	23.000	24.000
	10	25.000	31.000	19.000	20.000
32	3	30.500	32.500	28.500	29.000
	6	29.000	33.000	25.000	26.000
	10	27.000	33.000	21.000	22.000
34	3	32.500	34.500	30.500	31.000
	6	31.000	35.000	27.000	28.000
	10	29.000	35.000	23.000	24.000
36	3	34.500	36.500	32.500	33.000
	6	33.000	37.000	29.000	30.000
	10	31.000	37.000	25.000	26.000
38	3	36.500	38.500	34.500	35.000
	7	34.500	39.000	30.000	31.000
	10	33.000	39.000	27.000	28.000
40	3	38.500	40.500	36.500	37.000
	7	36.500	41.000	32.000	33.000
	10	35.000	41.000	29.000	30.000
42	3	40.500	42.500	38.500	39.000
	7	38.500	43.000	34.000	35.000
	10	37.000	43.000	31.000	32.000
44	3	42.500	44.500	40.500	41.000
	7	40.500	45.000	36.000	37.000
	12	38.000	45.000	31.000	32.000
46	3	44.500	46.500	42.500	43.000
	8	42.000	47.000	37.000	38.000
	12	40.000	47.000	33.000	34.000
48	3	46.500	48.500	44.500	45.000
	8	44.000	49.000	39.000	40.000
	12	42.000	49.000	35.000	36.000
50	3	48.500	50.500	46.500	47.000
	8	46.000	51.000	41.000	42.000
	12	44.000	51.000	37.000	38.000
52	3	50.500	52.500	48.500	49.000
	8	48.000	53.000	43.000	44.000
	12	46.000	53.000	39.000	40.000
55	3	53.500	55.500	51.500	52.000
	9	50.500	56.000	45.000	46.000
	14	48.000	57.000	39.000	41.000
60	3	58.500	60.500	56.500	57.000
	9	55.500	61.000	50.000	51.000
	14	53.000	62.000	44.000	46.000
65	4	63.000	65.500	60.500	61.000
	10	60.000	66.000	54.000	55.000
	16	57.000	67.000	47.000	49.000
70	4	68.000	70.500	65.500	66.000
	10	65.000	71.000	59.000	60.000
	16	62.000	72.000	52.000	54.000

〔注〕(1) 表中太字で示す呼び径のものを優先的に選び，必要に応じて他のものを選ぶ．

(2) 太字で示したピッチのものを優先する．

付表 5　六角ボルト（**JIS B 1180：2014** 抜粋）

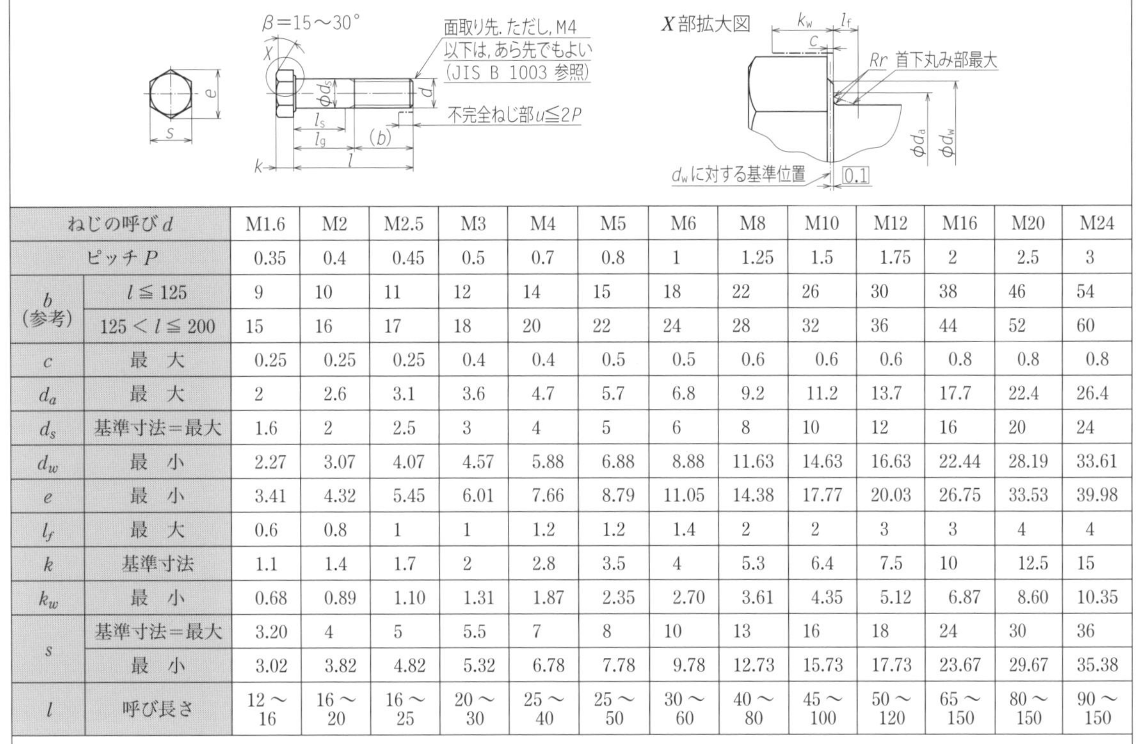

ねじの呼び d		M1.6	M2	M2.5	M3	M4	M5	M6	M8	M10	M12	M16	M20	M24
ピッチ P		0.35	0.4	0.45	0.5	0.7	0.8	1	1.25	1.5	1.75	2	2.5	3
b（参考）	$l \leqq 125$	9	10	11	12	14	15	18	22	26	30	38	46	54
	$125 < l \leqq 200$	15	16	17	18	20	22	24	28	32	36	44	52	60
c	最　大	0.25	0.25	0.25	0.4	0.4	0.5	0.5	0.6	0.6	0.6	0.8	0.8	0.8
d_a	最　大	2	2.6	3.1	3.6	4.7	5.7	6.8	9.2	11.2	13.7	17.7	22.4	26.4
d_s	基準寸法＝最大	1.6	2	2.5	3	4	5	6	8	10	12	16	20	24
d_w	最　小	2.27	3.07	4.07	4.57	5.88	6.88	8.88	11.63	14.63	16.63	22.44	28.19	33.61
e	最　小	3.41	4.32	5.45	6.01	7.66	8.79	11.05	14.38	17.77	20.03	26.75	33.53	39.98
l_f	最　大	0.6	0.8	1	1	1.2	1.2	1.4	2	2	3	3	4	4
k	基準寸法	1.1	1.4	1.7	2	2.8	3.5	4	5.3	6.4	7.5	10	12.5	15
k_w	最　小	0.68	0.89	1.10	1.31	1.87	2.35	2.70	3.61	4.35	5.12	6.87	8.60	10.35
s	基準寸法＝最大	3.20	4	5	5.5	7	8	10	13	16	18	24	30	36
	最　小	3.02	3.82	4.82	5.32	6.78	7.78	9.78	12.73	15.73	17.73	23.67	29.67	35.38
l	呼び長さ	12 〜 16	16 〜 20	16 〜 25	20 〜 30	25 〜 40	25 〜 50	30 〜 60	40 〜 80	45 〜 100	50 〜 120	65 〜 150	80 〜 150	90 〜 150

〔**備考**〕
1. 上表は呼び径六角ボルトの並目ねじ（部品等級 A，第 1 選択）を掲げた．
2. ねじの呼びに対して推奨する呼び長さ（l）は，上表の範囲で次の数値から選んで用いる．
   12, 16, 20, 25, 30, 35, 40, 45, 50, 55, 60, 65, 70, 80, 90, 100, 110, 120, 130, 140, 150
3. $k_{w,\text{最小}} = 0.7k_{\text{最小}}$，$l_{g,\text{最大}} = l_{\text{呼び}} - b$，$l_{s,\text{最小}} = l_{g,\text{最大}} - 5P$，$l_g$：最小の締めつけ長さ
4. 寸法の呼びおよび記号は，JIS B 0143 による．

付表 6　六角ナット（**JIS B 1181：2014** 抜粋）

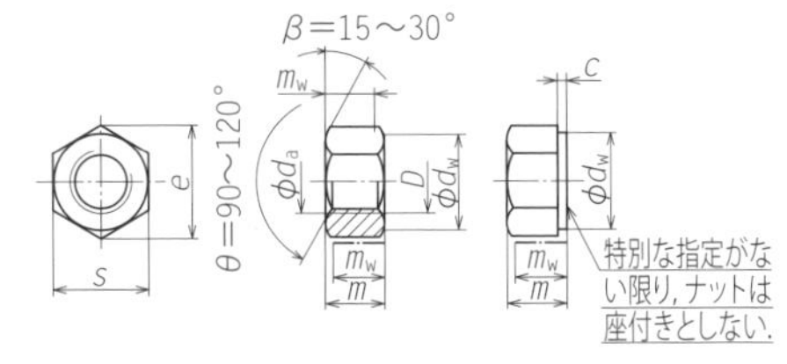

〔**備考**〕
1. 下表は六角ナット－スタイル 1 と 2，並目ねじ（部品等級 A，第 1 選択）を掲げた．
2. ねじの呼び M14 は，なるべく用いない．
3. スタイル 1 および 2 は，ナットの高さ（m）の違いを示すもので，スタイル 2 の高さはスタイル 1 より約 10% 高い．
4. 寸法の呼びおよび記号は，**JIS B 0143** による．

ねじの呼び d			M1.6	M2	M2.5	M3	M4	M5	M6	M8	M10	M12	(M14)	M16
ピッチ P			0.35	0.4	0.45	0.5	0.7	0.8	1	1.25	1.5	1.75	2	2
c		最　大	0.2	0.2	0.3	0.4	0.4	0.5	0.5	0.6	0.6	0.6	0.6	0.8
d_a		最　小	1.6	2.0	2.5	3	4	5	6	8	10	12	14	16
d_w		最　小	2.4	3.1	4.1	4.6	5.9	6.9	8.9	11.6	14.6	16.6	19.6	22.5
e		最　小	3.41	4.32	5.45	6.01	7.66	8.79	11.05	14.38	17.77	20.03	23.36	26.75
スタイル 1	m	最　大	1.3	1.6	2	2.4	3.2	4.7	5.2	6.8	8.4	10.8	—	14.8
		最　小	1.05	1.35	1.75	2.15	2.9	4.4	4.9	6.44	8.04	10.37	—	14.1
	m_w	最　小	0.8	1.1	1.4	1.7	2.3	3.5	3.9	5.2	6.4	8.3	—	11.3
スタイル 2	m	最　大	—	—	—	—	—	5.1	5.7	7.5	9.3	12	14.1	16.4
		最　小	—	—	—	—	—	4.8	5.4	7.14	8.94	11.57	13.4	15.7
	m_w	最　小	—	—	—	—	—	3.84	4.32	5.71	7.15	9.26	10.7	12.6
s		基準寸法＝最大	3.2	4	5	5.5	7	8	10	13	16	18	21	24
		最　小	3.02	3.82	4.82	5.32	6.78	7.78	9.78	12.73	15.73	17.73	20.67	23.67

付表 7　六角ボルトの l と s（**JIS B 1180：2014** 附属書抜粋）

（単位 mm）

<table>
<tr><th>ねじの呼び d</th><th>M 3</th><th>(M3.5)</th><th>M 4</th><th>M 5</th><th>M 6</th><th>(M 7)</th><th>M 8</th><th>M 10</th><th>M 12</th><th>(M 14)</th><th>M 16</th><th>(M 18)</th><th>M 20</th><th>(M 22)</th><th>M 24</th><th>(M 27)</th><th>M 30</th><th>(M 33)</th><th>M 36</th><th>(M 39)</th><th>M 42</th><th>(M 45)</th><th>M 48</th><th>(M 52)</th><th>M 56</th><th>(M 60)</th><th>M 64</th><th>ねじの呼び d</th></tr>
<tr><th>長さ l</th><th colspan="27">有効ねじ部の長さ s</th><th>長さ l</th></tr>
<tr><td>5</td><td rowspan="17">12</td><td rowspan="17">14</td><td></td><td></td><td></td><td></td><td></td><td></td><td></td><td></td><td></td><td></td><td></td><td></td><td></td><td></td><td></td><td></td><td></td><td></td><td></td><td></td><td></td><td></td><td></td><td></td><td></td><td>5</td></tr>
<tr><td>6</td><td rowspan="19">14</td><td></td><td></td><td></td><td></td><td></td><td></td><td></td><td></td><td></td><td></td><td></td><td></td><td></td><td></td><td></td><td></td><td></td><td></td><td></td><td></td><td></td><td></td><td></td><td></td><td>6</td></tr>
<tr><td>(7)</td><td rowspan="20">16</td><td rowspan="24">18</td><td></td><td></td><td></td><td></td><td></td><td></td><td></td><td></td><td></td><td></td><td></td><td></td><td></td><td></td><td></td><td></td><td></td><td></td><td></td><td></td><td></td><td></td><td>(7)</td></tr>
<tr><td>8</td><td></td><td></td><td></td><td></td><td></td><td></td><td></td><td></td><td></td><td></td><td></td><td></td><td></td><td></td><td></td><td></td><td></td><td></td><td></td><td></td><td></td><td></td><td>8</td></tr>
<tr><td>(9)</td><td></td><td></td><td></td><td></td><td></td><td></td><td></td><td></td><td></td><td></td><td></td><td></td><td></td><td></td><td></td><td></td><td></td><td></td><td></td><td></td><td></td><td></td><td>(9)</td></tr>
<tr><td>10</td><td></td><td></td><td></td><td></td><td></td><td></td><td></td><td></td><td></td><td></td><td></td><td></td><td></td><td></td><td></td><td></td><td></td><td></td><td></td><td></td><td></td><td></td><td>10</td></tr>
<tr><td>(11)</td><td rowspan="26">20</td><td rowspan="26">22</td><td></td><td></td><td></td><td></td><td></td><td></td><td></td><td></td><td></td><td></td><td></td><td></td><td></td><td></td><td></td><td></td><td></td><td></td><td></td><td></td><td>(11)</td></tr>
<tr><td>12</td><td rowspan="25">26</td><td></td><td></td><td></td><td></td><td></td><td></td><td></td><td></td><td></td><td></td><td></td><td></td><td></td><td></td><td></td><td></td><td></td><td></td><td></td><td>12</td></tr>
<tr><td>14</td><td></td><td></td><td></td><td></td><td></td><td></td><td></td><td></td><td></td><td></td><td></td><td></td><td></td><td></td><td></td><td></td><td></td><td></td><td></td><td>14</td></tr>
<tr><td>16</td><td></td><td></td><td></td><td></td><td></td><td></td><td></td><td></td><td></td><td></td><td></td><td></td><td></td><td></td><td></td><td></td><td></td><td></td><td></td><td>16</td></tr>
<tr><td>(18)</td><td rowspan="27">30</td><td></td><td></td><td></td><td></td><td></td><td></td><td></td><td></td><td></td><td></td><td></td><td></td><td></td><td></td><td></td><td></td><td></td><td></td><td>(18)</td></tr>
<tr><td>20</td><td rowspan="26">34</td><td></td><td></td><td></td><td></td><td></td><td></td><td></td><td></td><td></td><td></td><td></td><td></td><td></td><td></td><td></td><td></td><td></td><td>20</td></tr>
<tr><td>(22)</td><td rowspan="25">38</td><td></td><td></td><td></td><td></td><td></td><td></td><td></td><td></td><td></td><td></td><td></td><td></td><td></td><td></td><td></td><td></td><td>(22)</td></tr>
<tr><td>25</td><td rowspan="24">42</td><td></td><td></td><td></td><td></td><td></td><td></td><td></td><td></td><td></td><td></td><td></td><td></td><td></td><td></td><td></td><td>25</td></tr>
<tr><td>(28)</td><td rowspan="23">46</td><td rowspan="23">50</td><td></td><td></td><td></td><td></td><td></td><td></td><td></td><td></td><td></td><td></td><td></td><td></td><td></td><td>(28)</td></tr>
<tr><td>30</td><td rowspan="22">54</td><td></td><td></td><td></td><td></td><td></td><td></td><td></td><td></td><td></td><td></td><td></td><td></td><td>30</td></tr>
<tr><td>(32)</td><td></td><td></td><td></td><td></td><td></td><td></td><td></td><td></td><td></td><td></td><td></td><td></td><td>(32)</td></tr>
<tr><td>35</td><td></td><td></td><td rowspan="20">60</td><td></td><td></td><td></td><td></td><td></td><td></td><td></td><td></td><td></td><td></td><td></td><td>35</td></tr>
<tr><td>(38)</td><td></td><td></td><td></td><td></td><td></td><td></td><td></td><td></td><td></td><td></td><td></td><td></td><td></td><td>(38)</td></tr>
<tr><td>40</td><td></td><td></td><td rowspan="18">66</td><td></td><td></td><td></td><td></td><td></td><td></td><td></td><td></td><td></td><td></td><td>40</td></tr>
<tr><td>45</td><td></td><td></td><td></td><td rowspan="17">72</td><td></td><td></td><td></td><td></td><td></td><td></td><td></td><td></td><td></td><td>45</td></tr>
<tr><td>50</td><td></td><td></td><td></td><td rowspan="16">78</td><td rowspan="16">84</td><td></td><td></td><td></td><td></td><td></td><td></td><td></td><td>50</td></tr>
<tr><td>55</td><td></td><td></td><td></td><td></td><td rowspan="15">90</td><td rowspan="15">96</td><td></td><td></td><td></td><td></td><td></td><td>55</td></tr>
<tr><td>60</td><td></td><td></td><td></td><td></td><td rowspan="14">102</td><td></td><td></td><td></td><td></td><td>60</td></tr>
<tr><td>65</td><td></td><td></td><td></td><td></td><td></td><td></td><td></td><td></td><td>65</td></tr>
<tr><td>70</td><td></td><td></td><td></td><td></td><td></td><td></td><td></td><td></td><td>70</td></tr>
<tr><td>75</td><td></td><td></td><td></td><td></td><td></td><td></td><td></td><td></td><td></td><td>75</td></tr>
<tr><td>80</td><td></td><td></td><td></td><td></td><td></td><td></td><td></td><td></td><td></td><td>80</td></tr>
<tr><td>85</td><td></td><td></td><td></td><td></td><td></td><td></td><td></td><td></td><td></td><td>85</td></tr>
<tr><td>90</td><td></td><td></td><td></td><td></td><td></td><td></td><td></td><td></td><td></td><td>90</td></tr>
<tr><td>(95)</td><td></td><td></td><td></td><td></td><td></td><td></td><td></td><td></td><td></td><td>(95)</td></tr>
<tr><td>100</td><td></td><td></td><td></td><td></td><td></td><td></td><td></td><td></td><td></td><td>100</td></tr>
<tr><td>(105)</td><td></td><td></td><td></td><td></td><td></td><td></td><td></td><td></td><td></td><td></td><td></td><td></td><td>(105)</td></tr>
<tr><td>110</td><td></td><td></td><td></td><td></td><td></td><td></td><td></td><td></td><td></td><td></td><td></td><td></td><td>110</td></tr>
<tr><td>(115)</td><td></td><td></td><td></td><td></td><td></td><td></td><td></td><td></td><td></td><td></td><td></td><td></td><td>(115)</td></tr>
<tr><td>120</td><td></td><td></td><td></td><td></td><td></td><td></td><td></td><td></td><td></td><td></td><td></td><td></td><td>120</td></tr>
<tr><td>(125)</td><td></td><td></td><td></td><td></td><td></td><td></td><td></td><td></td><td></td><td></td><td></td><td></td><td>(125)</td></tr>
<tr><td>130</td><td></td><td></td><td></td><td></td><td></td><td></td><td></td><td></td><td rowspan="2">36</td><td rowspan="2">40</td><td rowspan="2">44</td><td rowspan="8">48</td><td rowspan="8">52</td><td rowspan="8">56</td><td rowspan="8">60</td><td rowspan="8">66</td><td rowspan="8">72</td><td rowspan="8">78</td><td rowspan="8">84</td><td rowspan="8">90</td><td rowspan="8">96</td><td rowspan="8">102</td><td rowspan="8">108</td><td rowspan="8">116</td><td rowspan="8">124</td><td rowspan="8">132</td><td rowspan="8">140</td><td>130</td></tr>
<tr><td>140</td><td></td><td></td><td></td><td></td><td></td><td></td><td></td><td></td><td>140</td></tr>
<tr><td>150</td><td></td><td></td><td></td><td></td><td></td><td></td><td></td><td></td><td></td><td></td><td></td><td>150</td></tr>
<tr><td>160</td><td></td><td></td><td></td><td></td><td></td><td></td><td></td><td></td><td></td><td></td><td></td><td>160</td></tr>
<tr><td>170</td><td></td><td></td><td></td><td></td><td></td><td></td><td></td><td></td><td></td><td></td><td></td><td>170</td></tr>
<tr><td>180</td><td></td><td></td><td></td><td></td><td></td><td></td><td></td><td></td><td></td><td></td><td></td><td>180</td></tr>
<tr><td>190</td><td></td><td></td><td></td><td></td><td></td><td></td><td></td><td></td><td></td><td></td><td></td><td>190</td></tr>
<tr><td>200</td><td></td><td></td><td></td><td></td><td></td><td></td><td></td><td></td><td></td><td></td><td></td><td>200</td></tr>
<tr><td>220</td><td></td><td></td><td></td><td></td><td></td><td></td><td></td><td></td><td></td><td></td><td></td><td></td><td></td><td></td><td></td><td rowspan="2">79</td><td rowspan="2">85</td><td rowspan="2">91</td><td rowspan="2">97</td><td rowspan="2">103</td><td rowspan="6">109</td><td rowspan="6">115</td><td rowspan="6">121</td><td rowspan="9">129</td><td rowspan="9">137</td><td rowspan="9">145</td><td rowspan="9">153</td><td>220</td></tr>
<tr><td>240</td><td></td><td></td><td></td><td></td><td></td><td></td><td></td><td></td><td></td><td></td><td></td><td></td><td></td><td></td><td></td><td>240</td></tr>
<tr><td>260</td><td></td><td></td><td></td><td></td><td></td><td></td><td></td><td></td><td></td><td></td><td></td><td></td><td></td><td></td><td></td><td></td><td></td><td></td><td></td><td></td><td>260</td></tr>
<tr><td>280</td><td></td><td></td><td></td><td></td><td></td><td></td><td></td><td></td><td></td><td></td><td></td><td></td><td></td><td></td><td></td><td></td><td></td><td></td><td></td><td></td><td>280</td></tr>
<tr><td>300</td><td></td><td></td><td></td><td></td><td></td><td></td><td></td><td></td><td></td><td></td><td></td><td></td><td></td><td></td><td></td><td></td><td></td><td></td><td></td><td></td><td>300</td></tr>
<tr><td>325</td><td></td><td></td><td></td><td></td><td></td><td></td><td></td><td></td><td></td><td></td><td></td><td></td><td></td><td></td><td></td><td></td><td></td><td></td><td></td><td></td><td>325</td></tr>
<tr><td>350</td><td></td><td></td><td></td><td></td><td></td><td></td><td></td><td></td><td></td><td></td><td></td><td></td><td></td><td></td><td></td><td></td><td></td><td></td><td></td><td></td><td></td><td></td><td></td><td>350</td></tr>
<tr><td>375</td><td></td><td></td><td></td><td></td><td></td><td></td><td></td><td></td><td></td><td></td><td></td><td></td><td></td><td></td><td></td><td></td><td></td><td></td><td></td><td></td><td></td><td></td><td></td><td>375</td></tr>
<tr><td>400</td><td></td><td></td><td></td><td></td><td></td><td></td><td></td><td></td><td></td><td></td><td></td><td></td><td></td><td></td><td></td><td></td><td></td><td></td><td></td><td></td><td></td><td></td><td></td><td>400</td></tr>
</table>

〔**注**〕 本表は**付表 5** 六角ボルトの図を参照のこと．不完全ねじ部の長さ x は約 2 山とする．

〔**備考**〕 l 寸法にかっこをつけたものはなるべく用いない．

付表 8　平座金（JIS B 1256：2008）

（a）小型−部品等級 A（第 1 選択）の形状・寸法

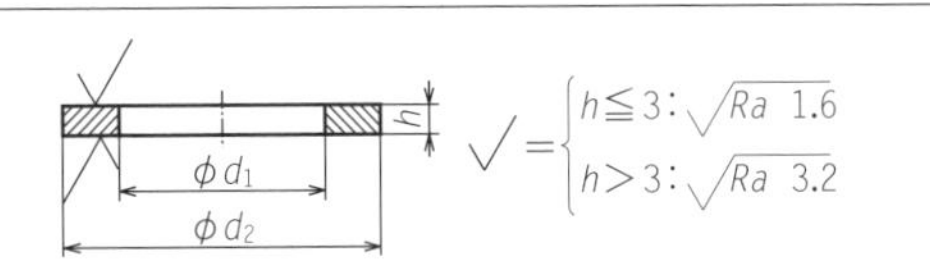

（寸法単位 mm，表面粗さ単位 μm）

呼び径*	内径 d_1 基準寸法（最小）	内径 d_1 最大	外径 d_2 基準寸法（最大）	外径 d_2 最小	厚さ h 基準寸法	厚さ h 最大	厚さ h 最小
1.6	1.7	1.84	3.5	3.2	0.3	0.35	0.25
2	2.2	2.34	4.5	4.2	0.3	0.35	0.25
2.5	2.7	2.84	5	4.7	0.5	0.55	0.45
3	3.2	3.38	6	5.7	0.5	0.55	0.45
3.5	3.7	3.88	7	6.64	0.5	0.55	0.45
4	4.3	4.48	8	7.64	0.5	0.55	0.45
5	5.3	5.48	9	8.64	1	1.1	0.9
6	6.4	6.62	11	10.57	1.6	1.8	1.4
8	8.4	8.62	15	14.57	1.6	1.8	1.4
10	10.5	10.77	18	17.57	1.6	1.8	1.4
12	13	13.27	20	19.48	2	2.2	1.8
14	15	15.27	24	23.48	2.5	2.7	2.3
16	17	17.27	28	27.48	2.5	2.7	2.3
20	21	21.33	34	33.38	3	3.3	2.7
24	25	25.33	39	38.38	4	4.3	3.7
30	31	31.39	50	49.38	4	4.3	3.7
36	37	37.62	60	58.8	5	5.6	4.4

〔注〕 *呼び径は，組み合わすねじの呼び径と同じである．

（b）並型−部品等級 A（第 1 選択抜粋）の形状・寸法

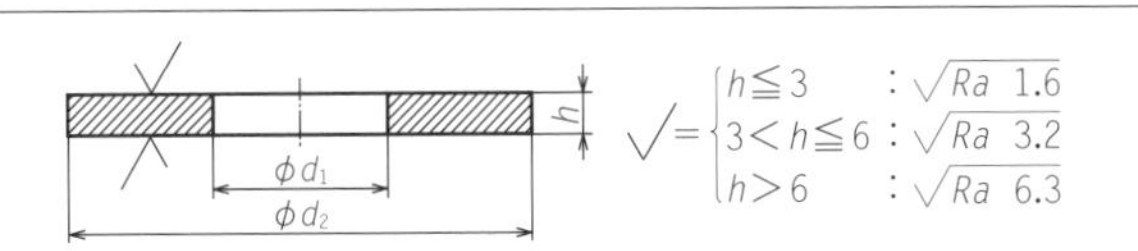

（寸法単位 mm，表面粗さ単位 μm）

呼び径*	内径 d_1 基準寸法（最小）	内径 d_1 最大	外径 d_2 基準寸法（最大）	外径 d_2 最小	厚さ h 基準寸法	厚さ h 最大	厚さ h 最小
1.6	1.7	1.84	4	3.7	0.3	0.35	0.25
2	2.2	2.34	5	4.7	0.3	0.35	0.25
2.5	2.7	2.84	6	5.7	0.5	0.55	0.45
3	3.2	3.38	7	6.64	0.5	0.55	0.45
3.5	3.7	3.88	8	7.64	0.5	0.55	0.45
4	4.3	4.48	9	8.64	0.8	0.9	0.7
5	5.3	5.48	10	9.64	1	1.1	0.9
6	6.4	6.62	12	11.57	1.6	1.8	1.4
8	8.4	8.62	16	15.57	1.6	1.8	1.4
10	10.5	10.77	20	19.48	2	2.2	1.8
12	13	13.27	24	23.48	2.5	2.7	2.3
14	15	15.27	28	27.48	2.5	2.7	2.3
16	17	17.27	30	29.48	3	3.3	2.7
20	21	21.33	37	36.38	3	3.3	2.7
24	25	25.33	44	43.38	4	4.3	3.7
30	31	31.39	56	55.26	4	4.3	3.7
36	37	37.62	66	64.8	5	5.6	4.4

〔注〕 *呼び径は，組み合わすねじの呼び径と同じである．

付表 9　ばね座金（JIS B 1251：2018）

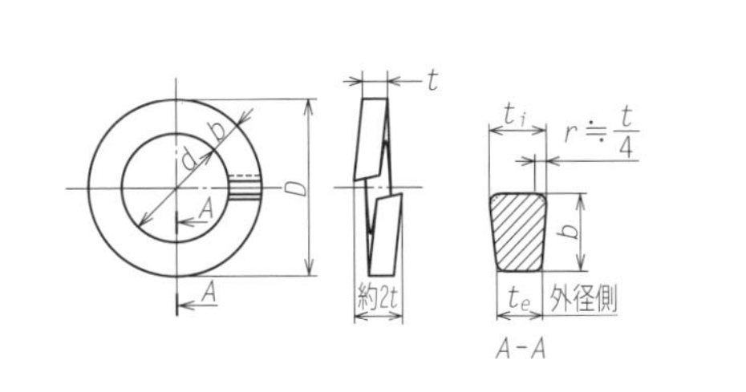

〔注〕 約 $2t$：自由高さ
r：面取りまたは丸み

（単位 mm）

呼び	内径 d	断面寸法（最小） 一般用 幅 b×厚さ t*	断面寸法（最小） 重荷重用 幅 b×厚さ t*	外径 D（最大） 一般用	外径 D（最大） 重荷重用
2	2.1	0.9×0.5	—	4.4	—
2.5	2.6	1.0×0.6		5.2	
3	3.1	1.1×0.7		5.9	
(3.5)	3.6	1.2×0.8		6.6	
4	4.1	1.4×1.0		7.6	
(4.5)	4.6	1.5×1.2		8.3	
5	5.1	1.7×1.3		9.2	
6	6.1	2.7×1.5	2.7×1.9	12.2	12.2
(7)	7.1	2.8×1.6	2.8×2.0	13.4	13.4
8	8.2	3.2×2.0	3.3×2.5	15.4	15.6
10	10.2	3.7×2.5	3.9×3.0	18.4	18.8
12	12.2	4.2×3.0	4.4×3.6	21.5	21.9
(14)	14.2	4.2×3.5	4.8×4.2	24.5	24.7
16	16.2	5.2×4.0	5.3×4.8	28.0	28.2
(18)	18.2	5.7×4.6	5.9×5.4	31.0	31.4
20	20.2	6.1×5.1	6.4×6.0	33.8	34.4
(22)	22.5	6.8×5.6	7.1×6.8	37.7	38.3
24	24.5	7.1×5.9	7.6×7.2	40.3	41.3
(27)	27.5	7.9×6.8	8.6×8.3	45.3	46.7
30	30.5	8.7×7.5	—	49.9	—
(33)	33.5	9.5×8.2		54.7	
36	36.5	10.2×9.0		59.1	
(39)	39.5	10.7×9.5		63.1	

〔注〕 * $t=\frac{t_e+t_i}{2}$，この場合，
t_i-t_e は，0.064 b 以内でなければならない．
b はこの表で規定する最小値とする．
〔備考〕 呼びにかっこをつけたものは，なるべく用いない．

付表 10 ボルト穴径およびざぐり径（**JIS B 1001：1985**）

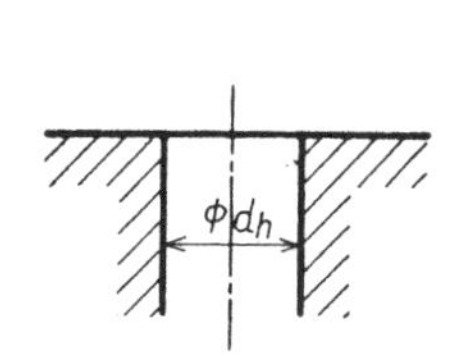

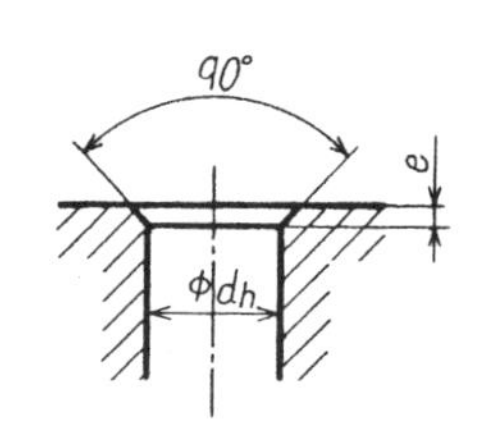

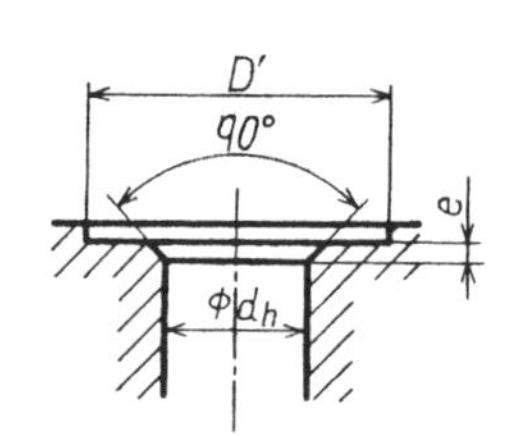

（単位 mm）

ねじの呼び径	ボルト穴径 d_h				面取り e	ざぐり径 D'
	1 級	2 級	3 級	4 級 [(1)]		
1	1.1	1.2	1.3	—	0.2	3
1.2	1.3	1.4	1.5	—	0.2	4
1.4	1.5	1.6	1.8	—	0.2	4
1.6	1.7	1.8	2	—	0.2	5
※ 1.7	1.8	2	2.1	—	0.2	5
1.8	2.0	2.1	2.2	—	0.2	5
2	2.2	2.4	2.6	—	0.3	7
2.2	2.4	2.6	2.8	—	0.3	8
※ 2.3	2.5	2.7	2.9	—	0.3	8
2.5	2.7	2.9	3.1	—	0.3	8
※ 2.6	2.8	3	3.2	—	0.3	8
3	3.2	3.4	3.6	—	0.3	9
3.5	3.7	3.9	4.2	—	0.3	10
4	4.3	4.5	4.8	5.5	0.4	11
4.5	4.8	5	5.3	6	0.4	13
5	5.3	5.5	5.8	6.5	0.4	13
6	6.4	6.6	7	7.8	0.4	15
7	7.4	7.6	8	—	0.4	18
8	8.4	9	10	10	0.6	20
10	10.5	11	12	13	0.6	24
12	13	13.5	14.5	15	1.1	28
14	15	15.5	16.5	17	1.1	32
16	17	17.5	18.5	20	1.1	35
18	19	20	21	22	1.1	39
20	21	22	24	25	1.2	43
22	23	24	26	27	1.2	46
24	25	26	28	29	1.2	50
27	28	30	32	33	1.7	55
30	31	33	35	36	1.7	62
33	34	36	38	40	1.7	66
36	37	39	42	43	1.7	72
39	40	42	45	46	1.7	76
42	43	45	48	—	1.8	82
45	46	48	52	—	1.8	87
48	50	52	56	—	2.3	93
52	54	56	62	—	2.3	100
56	58	62	66	—	3.5	110
60	62	66	70	—	3.5	115
64	66	70	74	—	3.5	122
68	70	74	78	—	3.5	127
72	74	78	82	—	3.5	133
76	78	82	86	—	3.5	143
80	82	86	91	—	3.5	148
85	87	91	96	—	—	—
90	93	96	101	—	—	—
95	98	101	107	—	—	—
100	104	107	112	—	—	—
105	109	112	117	—	—	—
110	114	117	122	—	—	—
115	119	122	127	—	—	—
120	124	127	132	—	—	—
125	129	132	137	—	—	—
130	134	137	144	—	—	—
140	144	147	155	—	—	—
150	155	158	165	—	—	—
（参考）d_h の許容差 [(2)]	H 12	H 13	H 14	—	—	—

〔**注**〕 (1) 4 級は，主として鋳抜き穴に適用する．
(2) 寸法許容差の記号に対する数値は，JIS B 0401（寸法公差およびはめあい）による．

〔**備考**〕
1. この表で数値にあみかけ（▇）をした部分は，ISO 273 に規定されていないものである．
2. このねじの呼び径に※印をつけたものは，ISO 261 に規定されていないものである．
3. 穴の面取りは，必要に応じて行い，その角度は原則として 90 度とする．
4. あるねじの呼び径に対して，この表のざぐり径よりも小さいものまたは大きいものを必要とする場合は，なるべくこの表のざぐり径系列から数値を選ぶのがよい．
5. ざぐり面は，穴の中心線に対し直角となるようにし，ざぐりの深さは，一般に黒皮がとれる程度とする．

付表 11　植込みボルト（JIS B 1173：2010）

（単位 mm）

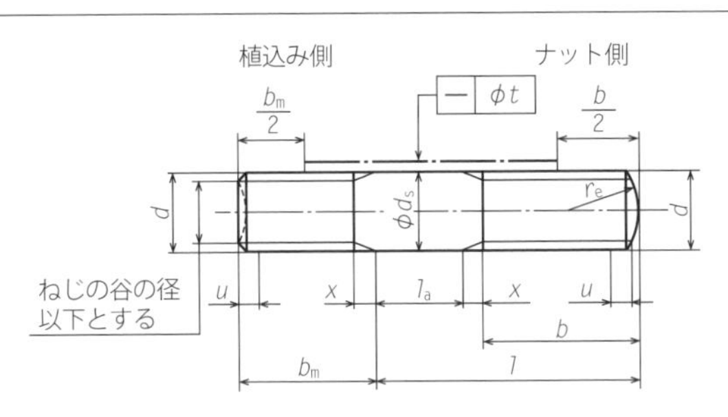

〔注〕 x および u（不完全ねじ部の長さ）≦ $2P$

ねじの呼び径 d			4	5	6	8	10	12	(14)	16	(18)	20
ピッチ P		並目ねじ	0.7	0.8	1	1.25	1.5	1.75	2	2	2.5	2.5
		細目ねじ	—	—	—	—	1.25	1.25	1.5	1.5	1.5	1.5
d_s		最大（基準寸法）	4	5	6	8	10	12	14	16	18	20
b	$l \leqq 125$	最小（基準寸法）	14	16	18	22	26	30	34	38	42	46
	$l > 125$		—	—	—	—	—	—	—	—	48	52
b_m	1 種	最小（基準寸法）	—	—	—	—	12	15	18	20	22	25
	2 種		6	7	8	11	15	18	21	24	27	30
	3 種		8	10	12	16	20	24	28	32	36	40
r_e		（約）	5.6	7	8.4	11	14	17	20	22	25	28
l		呼び長さ	12～(16)～40	12～(18)～45	12～(20)～50	16～(25)～55	20～(30)～100	22～(35)～100	25～(40)～100	32～(45)～100	32～(50)～160	35～(50)～160

〔備考〕 1.　ねじの呼び径にかっこをつけたものは，なるべく用いない．

2.　真直度（t）は下表による．

ねじの呼び径 d		4	5	6	8	10	12	14	16	18	20
l の区分		真直度 t									
超え	以下										
—	18	0.02	0.03	0.03	0.04	0.05	—	—	—	—	—
18	30	0.03	0.03	0.04	0.05	0.05	0.06	0.07	0.08	0.08	0.08
30	50	0.06	0.06	0.06	0.07	0.07	0.08	0.08	0.09	0.10	0.10
50	80	—	—	—	0.15	0.15	0.15	0.16	0.16	0.16	0.17
80	120	—	—	—	—	0.32	0.33	0.33	0.33	0.33	0.33
120	160	—	—	—	—	—	—	—	—	0.63	0.63

3.　ねじの呼び径に対して推奨する呼び長さ（l）は，上表の範囲で次の値の中から選んで用いる．

12，14，16，18，20，22，25，28，30，32，35，38，40，45，50，55，60，65，70，80，90，100，110，120，140，160

ただし，かっこ内の値以下のものは，呼び長さ（l）が短いため規定のねじ部長さを確保することができないので，ナット側ねじ部長さを，上表の b の最小値より小さくしてもよいが，下表に示す $d + 2P$（d はねじの呼び径，P はピッチで，並目の値を用いる）の値より小さくなってはならない．また，これらの円筒部長さは，下表の l_a 以上を原則とする．

ねじの呼び径 d	4	5	6	8	10	12	14	16	18	20
$d + 2P$（$=b$）	5.4	6.6	8	10.5	13	14	18	20	23	25
l_a	1		2		2.5		3		4	

4.　植込み側のねじ部長さ（b_m）は，1 種，2 種，3 種のうち，注文者がいずれかを指定する．なお，1 種は 1.25 d，2 種は 1.5 d，3 種は 2 d に等しいかこれに近く，1 種および 2 種は鋼（鋳造品および鍛造品を含む）または鋳鉄に，3 種は軽合金に植え込むものを対象としている．

5.　植込み側のねじ先は面取り先，ナット側のねじ先は丸先とする．

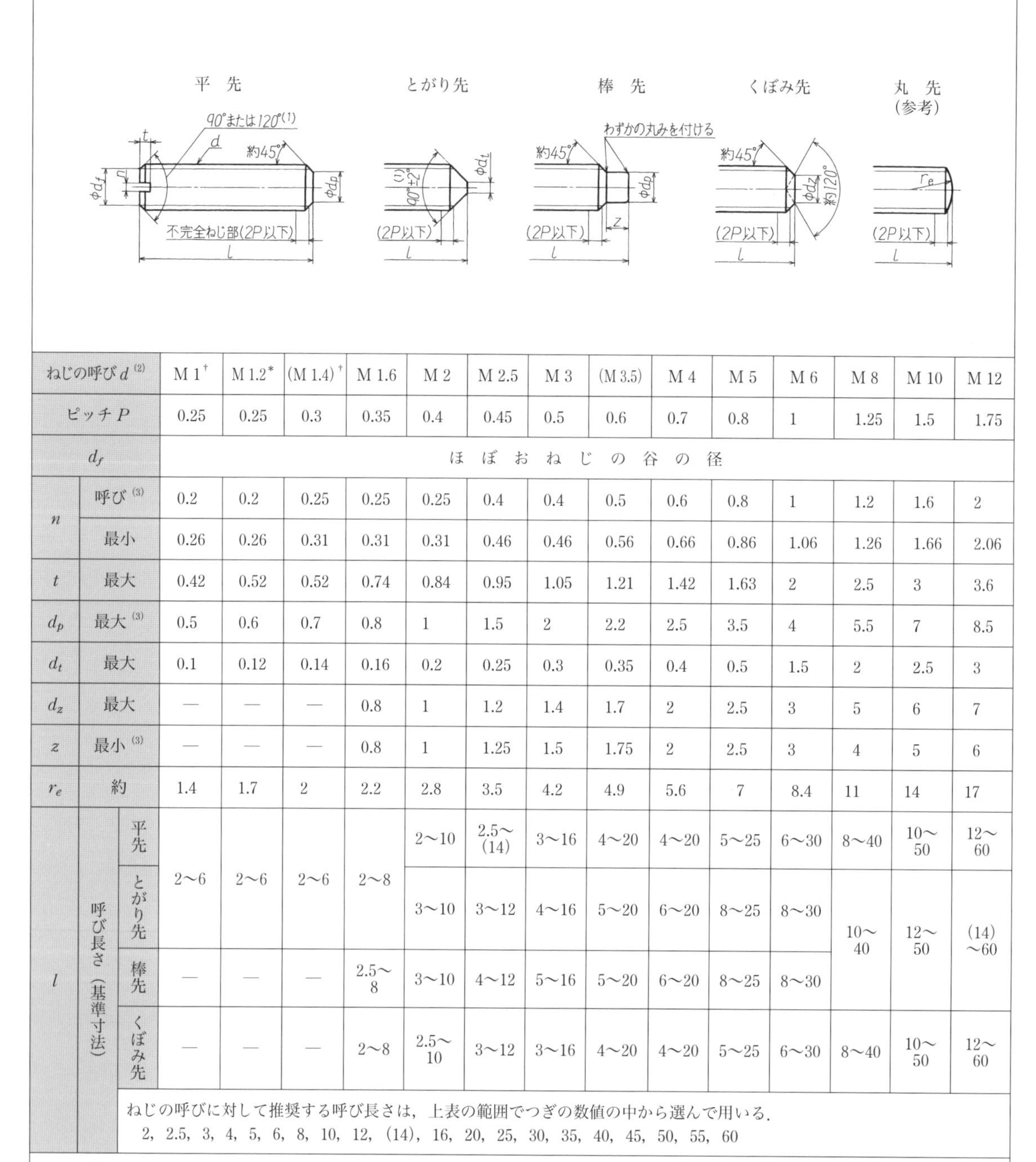

ねじの呼び d (2)		M 1†	M 1.2*	(M 1.4)†	M 1.6	M 2	M 2.5	M 3	(M 3.5)	M 4	M 5	M 6	M 8	M 10	M 12
ピッチ P		0.25	0.25	0.3	0.35	0.4	0.45	0.5	0.6	0.7	0.8	1	1.25	1.5	1.75
d_f		ほぼおねじの谷の径													
n	呼び (3)	0.2	0.2	0.25	0.25	0.25	0.4	0.4	0.5	0.6	0.8	1	1.2	1.6	2
	最小	0.26	0.26	0.31	0.31	0.31	0.46	0.46	0.56	0.66	0.86	1.06	1.26	1.66	2.06
t	最大	0.42	0.52	0.52	0.74	0.84	0.95	1.05	1.21	1.42	1.63	2	2.5	3	3.6
d_p	最大 (3)	0.5	0.6	0.7	0.8	1	1.5	2	2.2	2.5	3.5	4	5.5	7	8.5
d_t	最大	0.1	0.12	0.14	0.16	0.2	0.25	0.3	0.35	0.4	0.5	1.5	2	2.5	3
d_z	最大	—	—	—	0.8	1	1.2	1.4	1.7	2	2.5	3	5	6	7
z	最小 (3)	—	—	—	0.8	1	1.25	1.5	1.75	2	2.5	3	4	5	6
r_e	約	1.4	1.7	2	2.2	2.8	3.5	4.2	4.9	5.6	7	8.4	11	14	17
l 呼び長さ（基準寸法）	平先	2〜6	2〜6	2〜6	2〜8	2〜10	2.5〜(14)	3〜16	4〜20	4〜20	5〜25	6〜30	8〜40	10〜50	12〜60
	とがり先					3〜10	3〜12	4〜16	5〜20	6〜20	8〜25	8〜30	10〜40	12〜50	(14)〜60
	棒先	—	—	—	2.5〜8	3〜10	4〜12	5〜16	5〜20	6〜20	8〜25	8〜30			
	くぼみ先	—	—	—	2〜8	2.5〜10	3〜12	3〜16	4〜20	4〜20	5〜25	6〜30	8〜40	10〜50	12〜60
	ねじの呼びに対して推奨する呼び長さは，上表の範囲でつぎの数値の中から選んで用いる．2，2.5，3，4，5，6，8，10，12，(14)，16，20，25，30，35，40，45，50，55，60														

〔注〕 (1) lが基準寸法より短いものは，120°の面取りをする．
(2) *印のものは，平先・とがり先にのみ適用する．†印のものは参考．
(3) 基準寸法として用いる．

〔備考〕 かっこを付けたものは，なるべく用いない．

〔製品の呼び方〕 止めねじの呼び方は，規格名称，種類，規格番号，ねじの呼び(d)×呼び長さ(l)，機械的性質の強度区分（ステンレス止めねじの場合は性状区分），材料および指定事項による．なおねじの等級を示す必要がある場合は，lのあとにそれを示す．

〔例〕 すりわり付き止めねじ－とがり先－**JIS B 1117-ISO 7434**－M　6×12－　22 H　－
すりわり付き止めねじ－　棒先　－**JIS B 1117-ISO 7435**－M　8×20－　A1-50　－
すりわり付き止めねじ－　平先　－**JIS B 1117-ISO 4766**－M 10×25－　　　　－S 12 C(浸炭)

規格名称　種類　規格番号　$d \times l$　強度区分　材料

付表 13　管用テーパねじ（JIS B 0203：1999 抜粋）

テーパおねじおよびテーパめねじに対して適用する基準山形

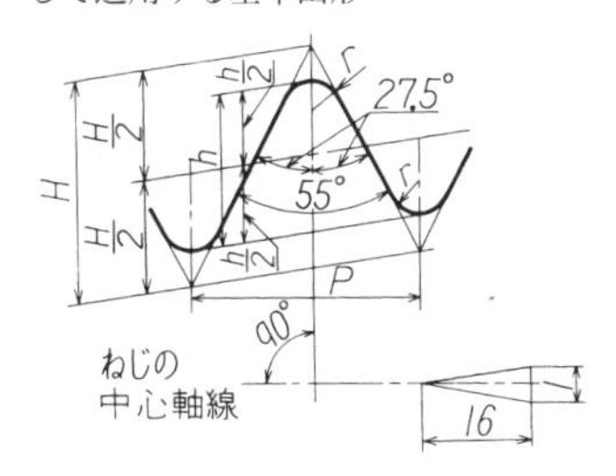

$P = \frac{25.4}{n}$

$H = 0.960237\,P$

$h = 0.640327\,P$

$r = 0.137278\,P$

平行めねじに対して適用する基準山形

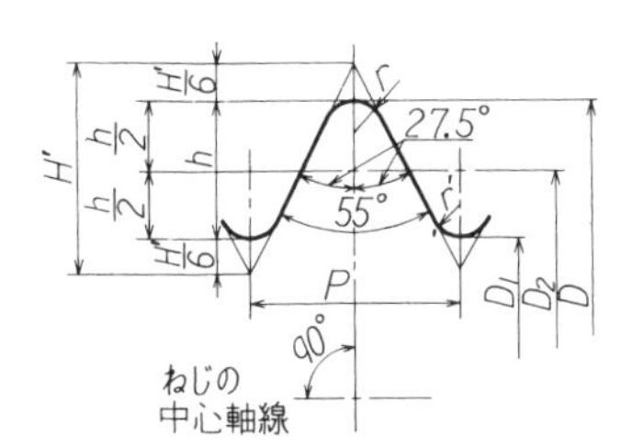

$P = \frac{25.4}{n}$

$H' = 0.960491\,P$

$h = 0.640327\,P$

$r' = 0.137329\,P$

（単位 mm）

ねじの呼び	ねじ山 ねじ山数（25.4 mm につき）n	ピッチ P	山の高さ h	丸み r または r'	基準径 おねじ d / めねじ D	おねじ d_2 / めねじ D_2	おねじ d_1 / めねじ D_1	基準径の位置（おねじ）管端から基準の長さ a	有効ねじ部の長さ（最小）（おねじ）基準径の位置から大径側に向かって f
R 1/16	28	0.9071	0.581	0.12	7.723	7.142	6.561	3.97	2.5
R 1/8	28	0.9071	0.581	0.12	9.728	9.147	8.566	3.97	2.5
R 1/4	19	1.3368	0.856	0.18	13.157	12.301	11.445	6.01	3.7
R 3/8	19	1.3368	0.856	0.18	16.662	15.806	14.950	6.35	3.7
R 1/2	14	1.8143	1.162	0.25	20.955	19.793	18.631	8.16	5.0
R 3/4	14	1.8143	1.162	0.25	26.441	25.279	24.117	9.53	5.0
R 1	11	2.3091	1.479	0.32	33.249	31.770	30.291	10.39	6.4
R 1 1/4	11	2.3091	1.479	0.32	41.910	40.431	38.952	12.70	6.4
R 1 1/2	11	2.3091	1.479	0.32	47.803	46.324	44.845	12.70	6.4
R 2	11	2.3091	1.479	0.32	59.614	58.135	56.656	15.88	7.5
R 2 1/2	11	2.3091	1.479	0.32	75.184	73.705	72.226	17.46	9.2
R 3	11	2.3091	1.479	0.32	87.884	86.405	84.926	20.64	9.2
PT 3 1/2	11	2.3091	1.479	0.32	100.330	98.851	97.372	22.23	9.2
R 4	11	2.3091	1.479	0.32	113.030	111.551	110.072	25.40	10.4
R 5	11	2.3091	1.479	0.32	138.430	136.951	135.472	28.58	11.5
R 6	11	2.3091	1.479	0.32	163.830	162.351	160.872	28.58	11.5
PT 7	11	2.3091	1.479	0.32	189.230	187.751	186.272	34.93	14.0
PT 8	11	2.3091	1.479	0.32	214.630	213.151	211.672	38.10	14.0
PT 9	11	2.3091	1.479	0.32	240.030	238.551	237.072	38.10	14.0
PT 10	11	2.3091	1.479	0.32	265.430	263.951	262.472	41.28	14.0
PT 12	11	2.3091	1.479	0.32	316.230	314.751	313.272	41.28	17.5

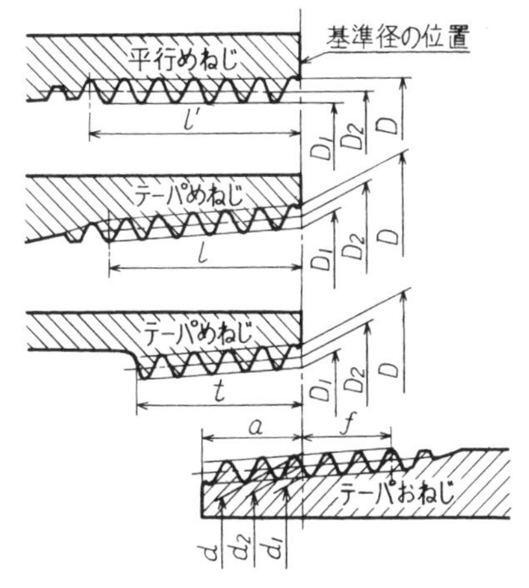

テーパおねじとテーパめねじまたは平行めねじとのはめあい

〔備考〕

1. ねじの呼び R は，テーパおねじに対するもので，テーパめねじおよび平行めねじの場合は，R の記号をそれぞれ R_c，R_p とする．
2. ねじの呼び PT は，テーパおねじおよびテーパめねじに対するもので，テーパおねじとはまりあう平行めねじの場合は，PT の記号を PS とする．
3. 管用テーパねじを表す記号（PT，PS）は，必要に応じて省略してもよい．
4. ねじ山は，中心軸線に直角とし，ピッチは，中心軸線にそって測る．
5. 有効ねじ部の長さとは，完全なねじ山の切られたねじ部の長さで，最後の数山だけは，その頂に管または管継手の面が残っていてもよい．また，管または管継手の末端に面取りがしてあっても，この部分を有効ねじ部の長さに含める．
6. a，f または t がこの表の数値によりがたい場合は，別に定める部品の規格による．
7. PT 3 1/2，PT 7～PT 12 のねじは，将来廃止される予定である．

付表 14　割りピン（JIS B 1351：1987）

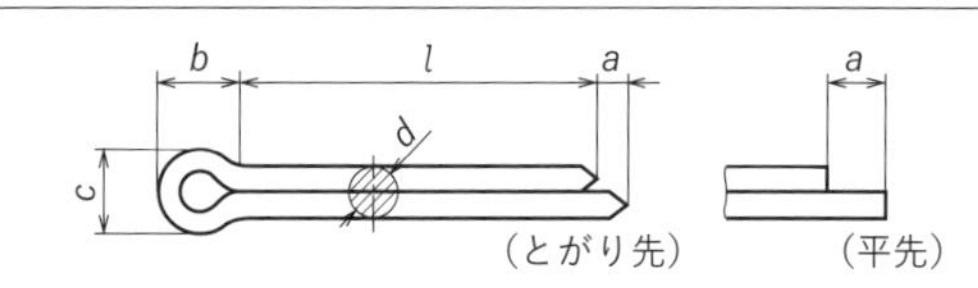

〔**備考**〕 1. 呼び径は，割りピン穴の径による．
2. d は，先端から $l/2$ の間における値とする．

〔**呼び方**〕 割りピン　2×20　SWRM 10　とがり先

（単位 mm）

呼び径	d	c	b（約）	a（約）	ピン穴径（参考）	l [1]
0.6	0.5	1	2	1.6	0.6	4 ～ 12
0.8	0.7	1.4	2.4	1.6	0.8	5 ～ 16
1	0.9	1.8	3	1.6	1	6 ～ 20
1.2	1.0	2	3	2.5	1.2	8 ～ 25
1.6	1.4	2.8	3.2	2.5	1.6	8 ～ 32
2	1.8	3.6	4	2.5	2	10 ～ 40
2.5	2.3	4.6	5	2.5	2.5	12 ～ 50
3.2	2.9	5.8	6.4	3.2	3.2	14 ～ 63
4	3.7	7.4	8	4	4	18 ～ 80
5	4.6	9.2	10	4	5	22 ～ 100
6.3	5.9	11.8	12.6	4	6.3	32 ～ 125
8	7.5	15	16	4	8	40 ～ 160
10	9.5	19	20	6.3	10	45 ～ 200
13	12.4	24.8	26	6.3	13	71 ～ 250
16	15.4	30.8	32	6.3	16	112 ～ 280
20	19.3	38.6	40	6.3	20	160 ～ 280

〔**注**〕[1] l（長さの基本寸法）；4，5，6，8，10，12，14，16，18，20，22，25，28，32，36，40，45，50，56，63，71，80，90，100，112，125，140，160，180，200，224，250，280

付表 15　角形スプライン（JIS B 1601：1996）

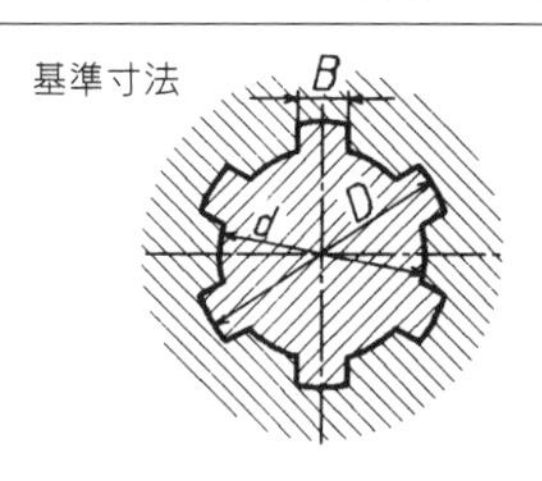

〔**呼び方**〕 スプラインの溝数 N，小径 d，大径 D を，この順で表し，これら三つの数字を記号“×”で分ける．

〔**例**〕 角形スプライン穴（または軸）　6×23×26

（単位 mm）

小径 d	軽荷重用				中荷重用			
	呼び方	溝数 N	大径 D	溝幅 B	呼び方	溝数 N	大径 D	溝幅 B
11	—	—	—	—	6×11×14	6	14	3
13	—	—	—	—	6×13×16	6	16	3.5
16	—	—	—	—	6×16×20	6	20	4
18	—	—	—	—	6×18×22	6	22	5
21	—	—	—	—	6×21×25	6	25	5
23	6×23×26	6	26	6	6×23×28	6	28	6
26	6×26×30	6	30	6	6×26×32	6	32	6
28	6×28×32	6	32	7	6×28×34	6	34	7
32	8×32×36	8	36	6	8×32×38	8	38	6
36	8×36×40	8	40	7	8×36×42	8	42	7
42	8×42×46	8	46	8	8×42×48	8	48	8
46	8×46×50	8	50	9	8×46×54	8	54	9
52	8×52×58	8	58	10	8×53×60	8	60	10
56	8×56×62	8	62	10	8×56×62	8	65	10
62	8×62×68	8	68	12	8×62×78	8	72	12
72	10×72×78	10	78	12	10×72×82	10	82	12
82	10×82×88	10	88	12	10×82×92	10	92	12
92	10×92×98	10	98	14	10×92×102	10	102	14
102	10×102×108	10	108	16	10×102×112	10	112	16
112	10×112×120	10	120	18	10×112×125	10	125	18

付表 16　キーおよびキー溝（JIS B 1301：1996）

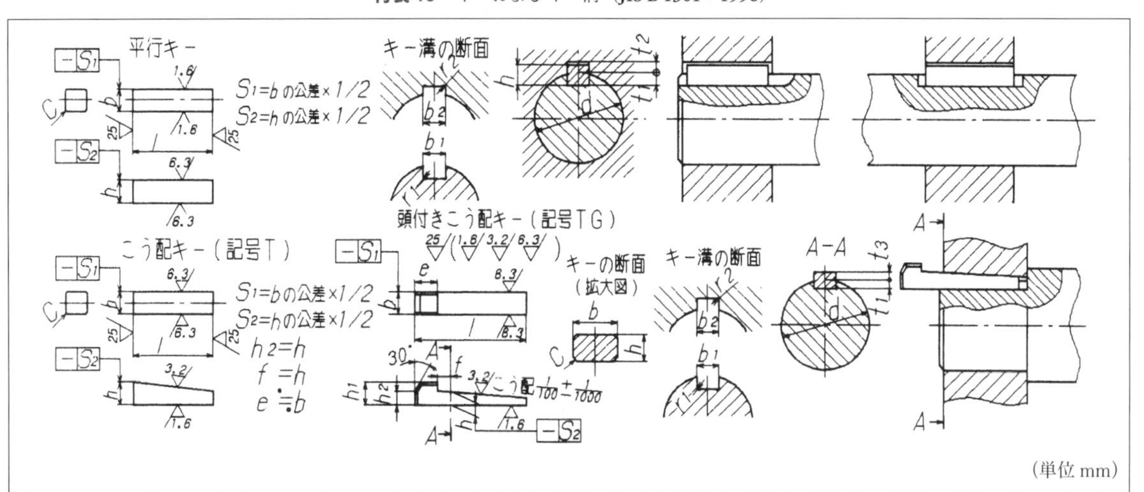

（単位 mm）

キーの呼び寸法 $b \times h$	（参考）適応する軸径 d	平行キーの寸法				こう配キーの寸法					キー溝の寸法				
		b	h	C	l	b	h	h_1	C	l	b_1 b_2	r_1 r_2	t_1	t_2	t_3
2×2	6～8	2	2	0.16～0.25	6～20	2	2	—	0.16～0.25	6～20	2	0.08～0.16	1.0	1.0	0.5
3×3	8～10	3	3		6～36	3	3	—		6～36	3		1.8	1.4	0.9
4×4	10～12	4	4		8～45	4	4	7		8～45	4		2.5	1.8	1.2
5×5	12～17	5	5	0.25～0.40	10～56	5	5	8	0.25～0.40	10～56	5	0.16～0.25	3.0	2.3	1.7
6×6	17～22	6	6		14～70	6	6	10		14～70	6		3.5	2.8	2.2
(7×7)	20～25	7	7		16～80	7	7.2	10		16～80	7		4.0	3.0	3.0
8×7	22～30	8	7		18～90	8	7	11		18～90	8		4.0	3.3	2.4
10×8	30～38	10	8	0.40～0.60	22～110	10	8	12	0.40～0.60	22～110	10	0.25～0.40	5.0	3.3	2.4
12×8	38～44	12	8		28～140	12	8	12		28～140	12		5.0	3.3	2.4
14×9	44～50	14	9		36～160	14	9	14		36～160	14		5.5	3.8	2.9
(15×10)	50～55	15	10		40～180	15	10.2	15		40～180	15		5.0	5.0	5.0
16×10	50～58	16	10		45～180	16	10	16		45～180	16		6.0	4.3	3.4
18×11	58～65	18	11		50～200	18	11	18		50～200	18		7.0	4.4	3.4
20×12	65～75	20	12	0.60～0.80	56～220	20	12	20	0.60～0.80	56～220	20	0.40～0.60	7.5	4.9	3.9
22×14	75～85	22	14		63～250	22	14	22		63～250	22		9.0	5.4	4.4
(24×16)	80～90	24	16		70～280	24	16.2	24		70～280	24		8.0	8.0	8.0
25×14	85～95	25	14		70～280	25	14	22		70～280	25		9.0	5.4	4.4
28×16	95～110	28	16		80～320	28	16	25		80～320	28		10.0	6.4	5.4
32×18	110～130	32	18		90～360	32	18	28		90～360	32		11.0	7.4	6.4
(35×22)	125～140	35	22	1.00～1.20	100～400	35	22.3	32	1.00～1.20	100～400	35	0.70～1.00	11.0	11.0	11.0
36×20	130～150	36	20		—	36	20	32		—	36		12.0	8.4	7.1
(38×24)	140～160	38	24		—	38	24.3	36		—	38		12.0	12.0	12.0
40×22	150～170	40	22		—	40	22	36		—	40		13.0	9.4	8.1
(42×26)	160～180	42	26		—	42	26.3	40		—	42		13.0	13.0	13.0
45×25	170～200	45	25		—	45	25	40		—	45		15.0	10.4	9.1
50×28	200～230	50	28		—	50	28	45		—	50		17.0	11.4	10.1
56×32	230～260	56	32	1.60～2.00	—	56	32	50	1.60～2.00	—	56	1.20～1.60	20.0	12.4	11.1
63×32	260～290	63	32		—	63	32	50		—	63		20.0	12.4	11.1
70×36	290～330	70	36		—	70	36	56		—	70		22.0	14.4	13.1
80×40	330～380	80	40	2.50～3.00	—	80	40	63	2.50～3.00	—	80	2.00～2.50	25.0	15.4	14.1
90×45	380～440	90	45		—	90	45	70		—	90		28.0	17.4	16.1
100×50	440～500	100	50		—	100	50	80		—	100		31.0	19.5	18.1

〔**注**〕 lは，表の範囲内で，つぎの中から選ぶ．
6, 8, 10, 12, 14, 16, 18, 20, 22, 25, 28, 32, 36, 40, 45, 50, 56, 63, 70, 80, 90, 100, 110, 125, 140, 160, 180, 200, 220, 250, 280, 320, 360, 400

〔**備考**〕
1. かっこをつけた呼び寸法のものは，なるべく使用しない．
2. こう配キーを用いる場合には，ハブの溝には，一般に1/100のこう配をつける．

付表 17　フランジ形たわみ軸継手（JIS B 1452：1991）

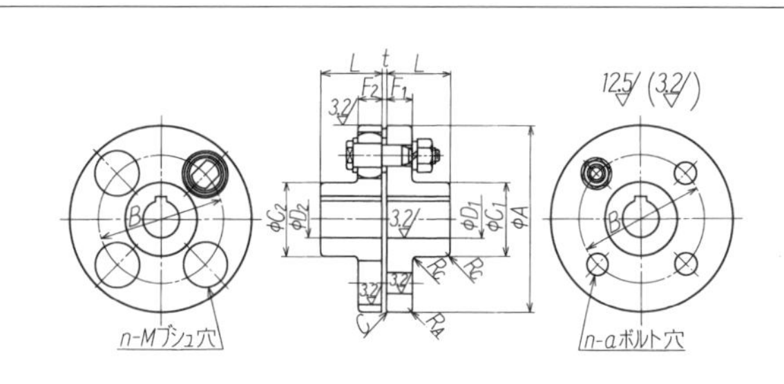

〔注〕 (1) nは，ブシュ穴またはボルト穴の数をいう．
(2) tは，組み立てたときの継手本体のすきまであって，継手ボルトの座金の厚さに相当する．

〔備考〕 1. ボルト抜きしろは，軸端からの寸法を示す．
2. 継手を軸から抜きやすくするためのねじ穴は，適宜設けてさしつかえない．
3. ボルト穴の配置は，キー溝に対しておおむね振分けとする．

（単位 mm）

継手外径 A	D 最大軸穴直径 D_1	D_2	最小軸穴直径	L	C C_1	C_2	B	F_1	F_2	n (1)（個）	a	M	t (2)	参考 R_C（約）	R_A（約）	C（約）	ボルト抜きしろ
90	20		—	28	35.5		60	14	14	4	8	19	3	2	1	1	50
100	25		—	35.5	42.5		67	16	16	4	10	23	3	2	1	1	56
112	28		16	40	50		75	16	16	4	10	23	3	2	1	1	56
125	32	28	18	45	56	50	85	18	18	4	14	32	3	2	1	1	64
140	38	35	20	50	71	63	100	18	18	6	14	32	3	2	1	1	64
160	45		25	56	80		115	18	18	8	14	32	3	3	1	1	64
180	50		28	63	90		132	18	18	8	14	32	3	3	1	1	64
200	56		32	71	100		145	22.4	22.4	8	20	41	4	3	2	1	85
224	63		35	80	112		170	22.4	22.4	8	20	41	4	3	2	1	85
250	71		40	90	125		180	28	28	8	25	51	4	4	2	1	100
280	80		50	100	140		200	28	40	8	28	57	4	4	2	1	116
315	90		63	112	160		236	28	40	10	28	57	4	4	2	1	116
355	100		71	125	180		260	35.5	56	8	35.5	72	5	5	2	1	150
400	110		80	125	200		300	35.5	56	10	35.5	72	5	5	2	1	150
450	125		90	140	224		355	35.5	56	12	35.5	72	5	5	2	1	150
560	140		100	160	250		450	35.5	56	14	35.5	72	5	6	2	1	150
630	160		110	180	280		530	35.5	56	18	35.5	72	5	6	2	1	150

付表 18　フランジ形たわみ軸継手用継手ボルト（JIS B 1452：1991）

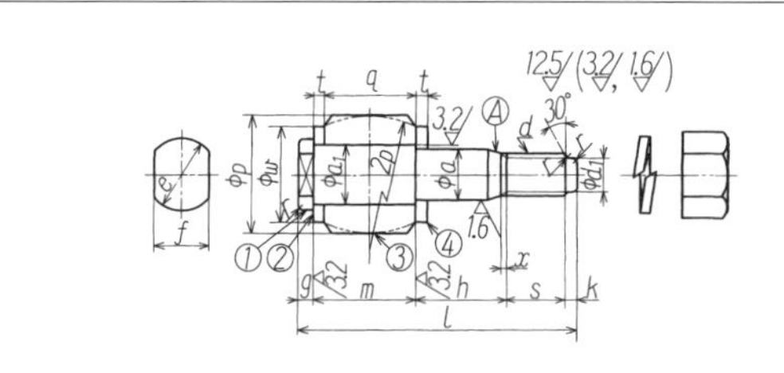

〔備考〕 1. Ⓐ部はテーパまたは段付きでもよい．
2. ブシュは円筒形でも球形でもよい．円筒形の場合には外周の両端部に面取りをほどこす．
3. ばね座金は JIS B 1251 の SW 2 号 S による．

（単位 mm）

呼び $a \times l$	① ボルト ねじの呼び d	a_1	a	d_1	e	f	g	h	s	k	m	l	r 約	②座金 t	w	③ブシュ p	q	④座金 a	t	w
8 × 50	M 8	9	8	5.5	12	10	4	15	12	2	17	50	0.4	3	14	18	14	8	3	14
10 × 56	M 10	12	10	7	16	13	4	17	14	2	19	56	0.5	3	18	22	16	10	3	18
14 × 64	M 12	16	14	9	19	17	5	19	16	3	21	64	0.6	3	25	31	18	14	3	25
20 × 85	M 20	22.4	20	15	28	24	5	24.6	25	4	26.4	85	1	4	32	40	22.4	20	4	32
25 × 100	M 24	28	25	18	34	30	6	30	27	5	32	100	1	4	40	50	28	25	4	40
28 × 116	M 24	31.5	28	18	38	32	6	30	31	5	44	116	1	4	45	56	40	28	4	45
35.5 × 150	M 30	40	35.5	23	48	41	8	38.5	36.5	6	61	150	1.2	5	56	71	56	35.5	5	56

付表 19　フランジ形固定軸継手用継手ボルトと寸法公差（JIS B 1451：1991）

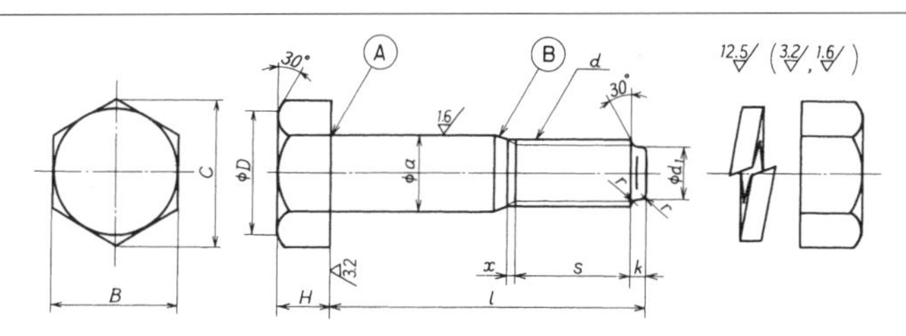

（単位 mm）

呼び $a \times l$	ねじの呼び d	a	d_1	s	k	l	r (約)	H	B	C	D (約)
10 × 46	M 10	10	7	14	2	46	0.5	7	17	19.6	16.5
14 × 53	M 12	14	9	16	3	53	0.6	8	19	21.9	18
16 × 67	M 16	16	12	20	4	67	0.8	10	24	27.7	23
20 × 82	M 20	20	15	25	4	82	1	13	30	34.6	29
25 × 102	M 24	25	18	27	5	102	1	15	36	41.6	34

〔**備考**〕
1. 六角ナットは，JIS B 1181 のスタイル 1（部品等級 A）のもので，強度区分は 6，ねじ精度は 6 H とする．
2. ばね座金は，JIS B 1251 の SW 2 号 S による．
3. ねじ部の精度は，JIS B 0209 の 6 g による．
4. Ⓐ 部には研削用逃げを施してもよい．Ⓑ はテーパでも段付きでもよい．
5. x は，不完全ねじ部でもねじ切り用逃げでもよい．ただし，不完全ねじ部のときは，その長さを約 2 山とする．

継手各部の寸法公差

継手軸穴 D	H 7	—	はめ込み部 E	(H 7)	(g 7)
継手外径 A	—	g 7	ボルト穴とボルト a	H 7	h 7

〔**備考**〕 表中のかっこをつけたものは，はめ込み部がある場合に適用する．

付表 20　まれに用いられるはめあいの寸法許容差

（単位 μm）

穴に対する寸法許容差					寸法の区分（mm）		軸に対する寸法許容差				
H 13	H 12	JS 9	N 9	P 9	を超え	以下	g 7	h 12	j 6	k 12	m 7
+ 140 0	+ 100 0	± 12.5	− 4 − 29	− 6 − 31	—	3	− 2 − 12	0 − 100	+ 4 − 2	+ 100 0	+ 12 + 2
+ 180 0	+ 120 0	± 15	0 − 30	− 12 − 42	3	6	− 4 − 16	0 − 120	+ 6 − 2	+ 120 0	+ 16 + 4
+ 220 0	+ 150 0	± 18	0 − 36	− 15 − 51	6	10	− 5 − 20	0 − 150	+ 7 − 2	+ 150 0	+ 21 + 6
+ 270 0	+ 180 0	± 21.5	0 − 43	− 18 − 61	10	18	− 6 − 24	0 − 180	+ 8 − 3	+ 180 0	+ 25 + 7
+ 330 0	+ 210 0	± 26	0 − 52	− 22 − 74	18	30	− 7 − 28	0 − 210	+ 9 − 4	+ 210 0	+ 29 + 8
+ 390 0	+ 250 0	± 31	0 − 62	− 26 − 88	30	50	− 9 − 34	0 − 250	+ 11 − 5	+ 250 0	+ 34 + 9
+ 460 0	+ 300 0	± 37	0 − 74	− 32 − 106	50	80	− 10 − 40	0 − 300	+ 12 − 7	+ 300 0	+ 41 + 11
+ 540 0	+ 350 0	± 43.5	0 − 87	− 37 − 124	80	120	− 12 − 47	0 − 350	+ 13 − 9	+ 350 0	+ 48 + 13
+ 630 0	+ 400 0	± 50	0 − 100	− 43 − 143	120	180	− 14 − 54	0 − 400	+ 14 − 11	+ 400 0	+ 55 + 15
+ 720 0	+ 460 0	± 57.5	0 − 115	− 50 − 165	180	250	− 15 − 61	0 − 460	+ 16 − 13	+ 460 0	+ 63 + 17
+ 810 0	+ 520 0	± 65	0 − 130	− 56 − 186	250	315	− 17 − 69	0 − 520	+ 16 − 16	+ 520 0	+ 72 + 20
+ 890 0	+ 570 0	± 70	0 − 140	− 62 − 202	315	400	− 18 − 75	0 − 570	+ 18 − 18	+ 570 0	+ 78 + 21
+ 970 0	+ 630 0	± 77.5	0 − 155	− 68 − 223	400	500	− 20 − 83	0 − 630	+ 20 − 20	+ 630 0	+ 86 + 23

〔**注**〕 本書に使われているもののみである．

付表 21　多く用いられるはめあいの穴で用いる寸法許容差（JIS B 0401-2：1998 抜粋）　（単位 μm）

基準寸法 (mm)		穴の公差域クラス																			
		B10	C9	C10	D8	D9	D10	E7	E8	E9	F6	F7	F8	G6	G7	H5	H6	H7	H8	H9	H10
をこえ	以下	＋	＋	＋	＋	＋	＋	＋	＋	＋	＋	＋	＋	＋	＋	＋	＋	＋	＋	＋	＋
—	3	180 140	85 60	100	34	45 20	60	24	28 14	39	12	16 6	20	8 2	12	4	6	10 0	14	25	40
3	6	188 140	100 70	118	48	60 30	78	32	38 20	50	18	22 10	28	12 4	16	5	8	12 0	18	30	48
6	10	208 150	116 80	138	62	76 40	98	40	47 25	61	22	28 13	35	14 5	20	6	9	15 0	22	36	58
10	14	220 150	138 95	165	77	93 50	120	50	59 32	75	27	34 16	43	17 6	24	8	11	18 0	27	43	70
14	18																				
18	24	244 160	162 110	194	98	117 65	149	61	73 40	92	33	41 20	53	20 7	28	9	13	21 0	33	52	84
24	30																				
30	40	270 170	182 120	220	119	142 80	180	75	89 50	112	41	50 25	64	25 9	34	11	16	25 0	39	62	100
40	50	280 180	192 130	230																	
50	65	310 190	214 140	260	146	174 100	220	90	106 60	134	49	60 30	76	29 10	40	13	19	30 0	46	74	120
65	80	320 200	224 150	270																	
80	100	360 220	257 170	310	174	207 120	260	107	126 72	159	58	71 36	90	34 12	47	15	22	35 0	54	87	140
100	120	380 240	267 180	320																	
120	140	420 260	300 200	360	208	245 145	305	125	148 85	185	68	83 43	106	39 14	54	18	25	40 0	63	100	160
140	160	440 280	310 210	370																	
160	180	470 310	330 230	390																	
180	200	525 340	355 240	425	242	285 170	355	146	172 100	215	79	96 50	122	44 15	61	20	29	46 0	72	115	185
200	225	565 380	375 260	445																	
225	250	605 420	395 280	465																	
250	280	690 480	430 300	510	271	320 190	400	162	191 110	240	88	108 56	137	49 17	69	23	32	52 0	81	130	210
280	315	750 540	460 330	540																	
315	355	830 600	500 360	590	299	350 210	440	182	214 125	265	98	119 62	151	54 18	75	25	36	57 0	89	140	230
355	400	910 680	540 400	630																	
400	450	1010 760	595 440	690	327	385 230	480	198	232 135	290	108	131 68	165	60 20	83	27	40	63 0	97	155	250
450	500	1090 840	635 480	730																	

〔**備考**〕 1. 公差域クラス D ～ U において，基準寸法が 500 mm をこえるものは省略してある．
2. 基準寸法の“中間区分”のものは，**JIS B 0401-1** による．
3. 表中の各段で，上側の数値は，上の寸法許容差，下側の数値は，下の寸法許容差を示す．

（次ページに続く）

基準寸法 (mm)		穴の公差域クラス																	
		JS5	JS6	JS7	K5	K6	K7	M5	M6	M7	N6	N7	P6	P7	R7	S7	T7	U7	X7
をこえ	以下	±	±	±	+ −	+ −	+ −	−	−	−	−	−	−	−	−	−	−	−	−
—	3	2	3	5	0 4	0 6	0 10	2 6	2 8	2 12	4 10	4 14	6 12	6 16	10 20	14 24	—	18 28	20 30
3	6	2.5	4	6	0 5	2 6	3 9	3 8	1 9	0 12	5 13	4 16	9 17	8 20	11 23	15 27	—	19 31	24 36
6	10	3	4.5	7.5	1 5	2 7	5 10	4 10	3 12	0 15	7 16	4 19	12 21	9 24	13 28	17 32	—	22 37	28 43
10	14	4	5.5	9	2 6	2 9	6 12	4 12	4 15	0 18	9 20	5 23	15 26	11 29	16 34	21 39	—	26 44	33 51
14	18																		38 56
18	24	4.5	6.5	10.5	1 8	2 11	6 15	5 14	4 17	0 21	11 24	7 28	18 31	14 35	20 41	27 48	—	33 54	46 67
24	30																33 54	40 61	56 77
30	40	5.5	8	12.5	2 9	3 13	7 18	5 16	4 20	0 25	12 28	8 33	21 37	17 42	25 50	34 59	39 64	51 76	71 96
40	50																45 70	61 86	88 113
50	65	6.5	9.5	15	3 10	4 15	9 21	6 19	5 24	0 30	14 33	9 39	26 45	21 51	30 60	42 72	55 85	76 106	111 141
65	80														32 62	48 78	64 94	91 121	135 165
80	100	7.5	11	17.5	2 13	4 18	10 25	8 23	6 28	0 35	16 38	10 45	30 52	24 59	38 73	58 93	78 113	111 146	165 200
100	120														41 76	66 101	91 126	131 166	197 232
120	140	9	12.5	20	3 15	4 21	12 28	9 27	8 33	0 40	20 45	12 52	36 61	28 68	48 88	77 117	107 147	155 195	233 273
140	160														50 90	85 125	119 159	175 215	265 305
160	180														53 93	93 133	131 171	195 235	295 335
180	200	10	14.5	23	2 18	5 24	13 33	11 31	8 37	0 46	22 51	14 60	41 70	33 79	60 106	105 151	149 195	219 265	333 379
200	225														63 109	113 159	163 209	241 287	368 414
225	250														67 113	123 169	179 225	267 313	408 454
250	280	11.5	16	26	3 20	5 27	16 36	13 36	9 41	0 52	25 57	14 66	47 79	36 88	74 126	138 190	198 250	295 347	455 507
280	315														78 130	150 202	220 272	330 382	505 557
315	355	12.5	18	28.5	3 22	7 29	17 40	14 39	10 46	0 57	26 62	16 73	51 87	41 98	87 144	169 226	247 304	369 426	569 626
355	400														93 150	187 244	273 330	414 471	639 696
400	450	13.5	20	31.5	2 25	8 32	18 45	16 43	10 50	0 63	27 67	17 80	55 95	45 108	103 166	209 272	307 370	467 530	717 780
450	500														109 172	229 292	337 400	517 580	797 860

〔**備考**〕 1. 公差域クラスD～Uにおいて，基準寸法が500 mmをこえるものは省略してある．
2. 基準寸法の“中間区分”のものは，**JIS B 0401-1**による．
3. 表中の各段で，上側の数値は，上の寸法許容差，下側の数値は，下の寸法許容差を示す．

付表 22　多く用いられるはめあいの軸で用いる寸法許容差（JIS B 0401-2：1998 抜粋）　（単位 μm）

基準寸法 (mm)		軸の公差域クラス																		
		b9	c9	d8	d9	e7	e8	e9	f6	f7	f8	g4	g5	g6	h4	h5	h6	h7	h8	h9
をこえ	以下	−	−	−	−	−	−	−	−	−	−	−	−	−	−	−	−	−	−	−
—	3	140	60	20			14			6			2				0			
		165	85	34	45	24	28	39	12	16	20	5	6	8	3	4	6	10	14	25
3	6	140	70	30			20			10			4				0			
		170	100	48	60	32	38	50	18	22	28	8	9	12	4	5	8	12	18	30
6	10	150	80	40			25			13			5				0			
		186	116	62	76	40	47	61	22	28	35	9	11	14	4	6	9	15	22	36
10	14	150	95	50			32			16			6				0			
14	18	193	138	77	93	50	59	75	27	34	43	11	14	17	5	8	11	18	27	43
18	24	160	110	65			40			20			7				0			
24	30	212	162	98	117	61	73	92	33	41	53	13	16	20	6	9	13	21	33	52
30	40	170	120																	
		232	182	80			50			25			9				0			
40	50	180	130	119	142	75	89	112	41	50	64	16	20	25	7	11	16	25	39	62
		242	192																	
50	65	190	140																	
		264	214	100			60			30			10				0			
65	80	200	150	146	174	90	106	134	49	60	76	18	23	29	8	13	19	30	46	74
		274	224																	
80	100	220	170																	
		307	257	120			72			36			12				0			
100	120	240	180	174	207	107	126	159	58	71	90	22	27	34	10	15	22	35	54	87
		327	267																	
120	140	260	200																	
		360	300																	
140	160	280	210	145			85			43			14				0			
		380	310	208	245	125	148	185	68	83	106	26	32	39	12	18	25	40	63	100
160	180	310	230																	
		410	330																	
180	200	340	240																	
		455	355																	
200	225	380	260	170			100			50			15				0			
		495	375	242	285	146	172	215	79	96	122	29	35	44	14	20	29	46	72	115
225	250	420	280																	
		535	395																	
250	280	480	300																	
		610	430	190			110			56			17				0			
280	315	540	330	271	320	162	191	240	88	108	137	33	40	49	16	23	32	52	81	130
		670	460																	
315	355	600	360																	
		740	500	210			125			62			18				0			
355	400	680	400	299	350	182	214	265	98	119	151	36	43	54	18	25	36	57	89	140
		820	540																	
400	450	760	440																	
		915	595	230			135			68			20				0			
450	500	840	480	327	385	198	232	290	108	131	165	40	47	60	20	27	40	63	97	155
		995	635																	

〔**備考**〕 1. 公差域クラス d〜u（g，k，m の各 4 および 5 を除く）において，基準寸法が 500 mm をこえるものは省略してある．
2. 基準寸法の“中間区分”のものは，**JIS B 0401-1** による．
3. 表中の各段で，上側の数値は，上の寸法許容差，下側の数値は，下の寸法許容差を示す．

（次ページに続く）

基準寸法 (mm)		軸の公差域クラス																
		js4	js5	js6	js7	k4	k5	k6	m4	m5	m6	n6	p6	r6	s6	t6	u6	x6
をこえ	以下	±	±	±	±	+	+	+	+	+	+	+	+	+	+	+	+	+
—	3	1.5	2	3	5	3	4 0	6	5	6 2	8	10 4	12 6	16 10	20 14	—	24 18	26 20
3	6	2	2.5	4	6	5	6 1	9	8	9 4	12	16 8	20 12	23 15	27 19	—	31 23	36 28
6	10	2	3	4.5	7.5	5	7 1	10	10	12 6	15	19 10	24 15	28 19	32 23	—	37 28	43 34
10	14	2.5	4	5.5	9	6	9 1	12	12	15 7	18	23 12	29 18	34 23	39 28	—	44 33	51 40
14	18																	56 45
18	24	3	4.5	6.5	10.5	8	11 2	15	14	17 8	21	28 15	35 22	41 28	48 35	—	54 41	67 54
24	30															54 41	61 48	77 64
30	40	3.5	5.5	8	12.5	9	13 2	18	16	20 9	25	33 17	42 26	50 34	59 43	64 48	76 60	96 80
40	50															70 54	86 70	113 97
50	65	4	6.5	9.5	15	10	15 2	21	19	24 11	30	39 20	51 32	60 41	72 53	85 66	106 87	141 122
65	80													62 43	78 59	94 75	121 102	165 146
80	100	5	7.5	11	17.5	13	18 3	25	23	28 13	35	45 23	59 37	73 51	93 71	113 91	146 124	200 178
100	120													76 54	101 79	126 104	166 144	232 210
120	140	6	9	12.5	20	15	21 3	28	27	33 15	40	52 27	68 43	88 63	117 92	147 122	195 170	273 248
140	160													90 65	125 100	159 134	215 190	305 280
160	180													93 68	133 108	171 146	235 210	335 310
180	200	7	10	14.5	23	18	24 4	33	31	37 17	46	60 31	79 50	106 77	151 122	195 166	265 236	379 350
200	225													109 80	159 130	209 180	287 258	414 385
225	250													113 84	169 140	225 196	313 284	454 425
250	280	8	11.5	16	26	20	27 4	36	36	43 20	52	66 34	88 56	126 94	190 158	250 218	347 315	507 475
280	315													130 98	202 170	272 240	382 350	557 525
315	355	9	12.5	18	28.5	22	29 4	40	39	46 21	57	73 37	98 62	144 108	226 190	304 268	426 390	626 590
355	400													150 114	244 208	330 294	471 435	696 660
400	450	10	13.5	20	31.5	25	32 5	45	43	50 23	63	80 40	108 68	166 126	272 232	370 330	530 490	780 740
450	500													172 132	292 252	400 360	580 540	860 820

〔**備考**〕 1. 公差域クラスd～u（g，k，mの各4および5を除く）において，基準寸法が500 mmをこえるものは省略してある．
2. 基準寸法の“中間区分”のものは，**JIS B 0401-1**による．
3. 表中の各段で，上側の数値は，上の寸法許容差，下側の数値は，下の寸法許容差を示す．

この歯車計算式は，本書中図面の図番 A2 - 013，A2 - 022，A2 - 028，A2 - 029 の平歯車要目表に記載されている諸元を確認するとともに，さらに深く歯車について知るために示したものである．式は，かみあう歯車の 4 項目のデータを知って，① から順を追って算出していくことができるようになっている．

〔データ〕

小，大歯車のモジュール　m (mm)

小，大歯車の転位係数　x_1，x_2

（平歯車の場合は　$x_1 = 0$，$x_2 = 0$ とする）

基準圧力角　α (°)

小，大歯車の歯数　z_1，z_2

〔計算式〕

① インボリュートα　$\mathrm{inv}\,\alpha$

$$\mathrm{inv}\,\alpha = \tan\alpha - \alpha$$

ただし，後のαは rad 単位の値．

② インボリュートα_w　$\mathrm{inv}\,\alpha_w$

$$\mathrm{inv}\,\alpha_w = 2\cdot\tan\alpha\cdot\left(\frac{x_1 + x_2}{z_1 + z_2}\right) + \mathrm{inv}\,\alpha$$

③ かみあい圧力角　α_w (°)

$$\tan\alpha_w - \alpha_w = \mathrm{inv}\,\alpha_w$$

よりインボリュート関数表の逆引きにより導く．

④ 中心距離増加係数　y

$$y = \frac{z_1 + z_2}{2}\cdot\left(\frac{\cos\alpha}{\cos\alpha_w} - 1\right)$$

⑤ 中心距離　a (mm)

$$a = \left(\frac{z_1 + z_2}{2} + y\right)\cdot m$$

⑥ 基準ピッチ円直径　d_1，d_2 (mm)

$$d_1 = z_1\cdot m,\quad d_2 = z_2\cdot m$$

⑦ 基礎円直径　d_{b1}，d_{b2} (mm)

$$d_{b1} = d_1\cos\alpha,\quad d_{b2} = d_2\cos\alpha$$

⑧ かみあいピッチ円直径　d_{w1}，d_{w2} (mm)

$$d_{w1} = \frac{d_{b1}}{\cos\alpha_w},\quad d_{w2} = \frac{d_{b2}}{\cos\alpha_w}$$

⑨ 歯末のたけ　h_{a1}，h_{a2} (mm)

$$h_{a1} = (1 + y - x_2)\cdot m$$

$$h_{a2} = (1 + y - x_1)\cdot m$$

⑩ 全歯たけ　h (mm)

$$h = [2.25 + y - (x_1 + x_2)]\cdot m$$

⑪ 歯先円直径　d_{a1}，d_{a2} (mm)

$$d_{a1} = d_1 + 2\cdot h_{a1},\quad d_{a2} = d_2 + 2\cdot h_{a2}$$

⑫ 歯底円直径　d_{f1}，d_{f2} (mm)

$$d_{f1} = d_{a1} - 2\cdot h,\quad d_{f2} = d_{a2} - 2\cdot h$$

⑬ 円弧歯厚　s_1，s_2 (mm)

$$s_1 = \left(\frac{\pi}{2} + 2\cdot x_1\cdot\tan\alpha\right)\cdot m$$

$$s_2 = \left(\frac{\pi}{2} + 2\cdot x_2\cdot\tan\alpha\right)\cdot m$$

⑭ ピッチ円歯厚角の½　θ_1，θ_2 (°)

$$\theta_1 = \frac{90}{z_1} + \frac{360\cdot x_1\cdot\tan\alpha}{\pi\cdot z_1}$$

$$\theta_2 = \frac{90}{z_2} + \frac{360\cdot x_2\cdot\tan\alpha}{\pi\cdot z_2}$$

⑮ 弦歯厚　$\bar{s}_1$，$\bar{s}_2$ (mm)

$$\bar{s}_1 = z_1\cdot m\cdot\sin\theta_1$$

$$\bar{s}_2 = z_2\cdot m\cdot\sin\theta_2$$

⑯ キャリパ歯たけ　$\bar{h}_1$，$\bar{h}_2$ (mm)

$$\bar{h}_1 = \frac{z_1\cdot m}{2}\cdot(1 - \cos\theta_1) + h_{a1}$$

$$\bar{h}_2 = \frac{z_2\cdot m}{2}\cdot(1 - \cos\theta_2) + h_{a2}$$

⑰ 法線ピッチ　p_b (mm)

$$p_b = \pi\cdot m\cdot\cos\alpha$$

⑱ かみあい長さ　g_a (mm)

$$g_a = \left[\left(\frac{d_{a1}}{2}\right)^2 - \left(\frac{d_{b1}}{2}\right)^2\right]^{\frac{1}{2}} + \left[\left(\frac{d_{a2}}{2}\right)^2 - \left(\frac{d_{b2}}{2}\right)^2\right]^{\frac{1}{2}} - a\cdot\sin\alpha_w$$

⑲ かみあい率　ε

$$\varepsilon = \frac{g_a}{p_b}$$

- 本書籍は、理工学社から発行されていた『JISにもとづく標準機械製図集（第7版）』を改訂し、第8版としてオーム社から版数を継承して発行するものです。

JISにもとづく標準機械製図集（第8版）

1972年 5月20日　第1版第1刷発行
1986年 3月20日　第2版第1刷発行
1991年 1月25日　第3版第1刷発行
1996年 2月10日　第4版第1刷発行
2001年12月10日　第5版第1刷発行
2007年 3月15日　第6版第1刷発行
2012年 1月31日　第7版第1刷発行
2024年 3月20日　第8版第1刷発行

監修者　北郷　薫
著　者　大柳　康・蓮見善久
発行者　村上和夫
発行所　株式会社 オーム社
郵便番号　101-8460
東京都千代田区神田錦町3-1
電話　03(3233)0641(代表)
URL　https://www.ohmsha.co.jp/

印刷・製本　精文堂印刷
ISBN978-4-274-23161-2　Printed in Japan